TUMU GONGCHENG CAILIAO

土木工程材料

主　编　逄鲁峰

副主编　刘巧玲　王兰芹　孙晓波

参　编　蔡修凯　薛志蔚　张　旭

　　　　王　振　姚少巍

中国电力出版社

CHINA ELECTRIC POWER PRESS

内 容 提 要

本书根据国家最新标准和行业规范、规程，涵盖高等院校土木工程及相关专业本科教育中建筑材料课程教学大纲的要求，结合编者多年从事教学科研和参加各类工程实践经验编写而成，内容上注重知识的实用性，并紧密联系工程实际。全书共分 10 章，具体内容包括：材料的基本性质、气硬性胶凝材料、水泥、混凝土、建筑砂浆、墙体材料、建筑钢材、建筑塑料、沥青和沥青混合料、木材。每章后面还附有习题，以便于学生自学和复习。

本书可作为高等院校土木工程等相关专业的《土木工程材料》专业课程教材，也可作为土木、建筑类等相关专业的参考用书。本书还可供从事土木工作的管理、技术等人员参考学习。

图书在版编目（CIP）数据

土木工程材料/逄鲁峰主编．—北京：中国电力出版社，2012.8（2021.7 重印）
ISBN 978-7-5123-3078-8

Ⅰ.①土…　Ⅱ.①逄…　Ⅲ.①土木工程－建筑材料－高等学校－教材
Ⅳ.①TU5

中国版本图书馆 CIP 数据核字（2012）第 103866 号

中国电力出版社出版发行
北京市东城区北京站西街 19 号　100005　http://www.cepp.sgcc.com.cn
责任编辑：未翠霞　联系电话：010－63412611
责任印制：杨晓东　责任校对：闫秀英
三河市航远印刷有限公司印刷·各地新华书店经售
2012 年 8 月第 1 版·2021 年 7 月第 8 次印刷
787mm×1092mm　1/16·15.25 印张·370 千字
定价：36.00 元

前　　言

　　本书是高等院校土木工程及相关专业基础课程的学习教材，应用性强、适用面宽，为学生提供土木工程材料的基本理论、基本知识和试验技能，为学生今后从事土木工程专业及相关专业的科技工作，并能开展材料选用、检验、质量控制、验收、改性和科学研究建立必要的基础，为大学后续课程（如钢筋混凝土结构和施工等）的学习提供必要的准备，本书也可供土木工程设计、施工、科研、工程管理和监理人员学习参考。

　　本书紧跟新规范、新技术和行业发展态势，突出实用性，重点突出、内容精炼，并符合教育部教学指导委员会制定的教学基本要求，结合工科特色，充分反映学科的新发展、新要求，增加了新技术、新知识、新工艺的介绍，特别注重教学案例、工程案例的介绍，增加了实践教学的比例。

　　本书重点阐明材料的基本性质、气硬性胶凝材料、水泥、混凝土、建筑砂浆、建筑钢材、建筑塑料、沥青和沥青混合料等，同时对常用的土木工程材料如墙体材料、木材等也作了必要的介绍。此外，还择要介绍了典型工程材料质量的检测试验方法。书中附有材料学基础知识、各章练习题，以利于学生自学和复习。

　　本书由山东建筑大学逄鲁峰、山东建筑大学王兰芹、山东建筑大学刘巧玲、山东建筑大学孙晓波、山东建筑大学蔡修凯、山东交通学院张旭、山东省城乡建设勘察院王振、山东建筑大学薛志蔚及河北联合大学姚少巍共同编写，逄鲁峰任主编，刘巧玲、王兰芹、孙晓波任副主编。具体的分工为：第1章及各章的课后练习题由孙晓波编写，第2、3章由刘巧玲编写，第4、8章由逄鲁峰编写，第5、7章由王兰芹编写，第6章由王振编写，第9章由张旭编写，第10章由逄鲁峰和姚少巍编写，附录A由蔡修凯编写，附录B由薛志蔚编写，全书由逄鲁峰统稿。

　　随着基础建设的迅猛发展，土木工程材料也随之涌现出很多新的品种和新材料，因此本书未能涵盖所有的土木工程材料。同时，由于时间仓促及编者学术水平和教学经验有限，书中不当之处及错漏之处在所难免，敬请读者批评指正。

编　者

目　　录

第1章 材料的基本性质

本章是全书的基础，介绍了材料中常用的各种基本概念和基本术语，要求理解并能熟练地掌握运用。

1.1 材料的基本状态参数

1.1.1 密度、表观密度和堆积密度

1. 密度

材料在绝对密实状态下单位体积的质量，称为密度，计算公式如下：

$$\rho = \frac{m}{V} \tag{1-1}$$

式中　ρ——材料的密度，kg/m^3；

　　　m——材料在干燥状态下的质量，kg；

　　　V——材料在绝对密实状态下的体积，m^3。

式（1-1）中的绝对密实状态下的体积，是指材料中实体物质的体积，不包括材料中的孔隙体积。

在土木工程材料中，绝大多数的材料都或多或少的含有一定数量的孔隙，如砖、混凝土、砂浆、石材、陶瓷等；只有少数材料可认为不含孔隙，如钢材、沥青、玻璃等。

对于含孔材料，在测定其密度时要将材料磨成细粉，使其内部封闭孔隙暴露出来，干燥后用排液法测其粉末体积，即为绝对密实体积。材料磨得越细，所得体积也越精确，一般认为，当颗粒的粒径小于 0.2mm 时就可以满足工程的精度要求。

另外，测试材料密度时要先将材料烘干，故密度的大小与材料的含水率无关。

2. 表观密度

材料在自然状态下单位体积的质量，称为表观密度，计算公式如下：

$$\rho_0 = \frac{m}{V_0} \tag{1-2}$$

式中　ρ_0——材料的表观密度，kg/m^3；

　　　m——材料在干燥状态下的质量，kg；

　　　V_0——材料在自然状态下的体积，m^3。

公式中的自然状态下的体积，是指材料的实体体积与材料内部孔隙体积之和。

对于外形规则的材料，可以度量其外形尺寸，按公式计算其自然状态下的体积；对于外形不规则的材料，可用排液法来求其外观体积，为防止液体渗入材料内部而影响检测值，应

在材料表面涂蜡以封闭其开口孔隙。

此外，材料的表观密度与含水状况有关。随着材料含水率增大，其质量也增加，体积也会发生不同程度的变化。因此，一般测定表观密度时，以干燥状态时为准，而对于含水状态下的表观密度，必须注明其含水状况。

3. 堆积密度

散粒材料在自然堆积状态下单位体积的质量，称为堆积密度，计算公式如下：

$$\rho_0' = \frac{m}{V_0'} \tag{1-3}$$

式中　ρ_0'——散粒材料的堆积密度，kg/m^3；

　　　m——材料在干燥状态下的质量，kg；

　　　V_0'——散粒材料的自然堆积体积，m^3。

散粒材料堆积状态下的体积，既包括了颗粒自然状态下的体积，又包括了颗粒间的空隙体积，常用其所填充的容器的标定容积来表示。堆积密度又按材料堆积状态的紧密程度，分为松散堆积密度和紧密堆积密度。

工程上所说的堆积密度一般为松散堆积密度，另外，堆积密度与含水率有关。

1.1.2 孔隙率与空隙率

1. 孔隙率

孔隙率是指材料内部孔隙体积占材料总体积的百分率。其计算公式如下：

$$P = \frac{V_0 - V}{V_0} \times 100\% = \left(1 - \frac{\rho_0}{\rho}\right) \times 100\% \tag{1-4}$$

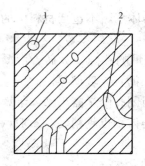
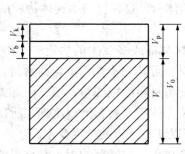

图 1-1　含孔材料体积组成示意图

1—闭口孔隙；2—开口孔隙

V_b—密闭孔隙体积；V_k—连通孔隙体积；V_p—孔隙总体积

大多数的工程材料的内部或多或少都含有一定的孔隙，如图 1-1 所示。这些孔隙会对材料的物理和力学性能产生不同程度的影响。一般来说，材料的孔隙率越大，其表观密度越小，强度越低，吸水率越大，保温性能越好，但其抗冻性和抗渗性也会越差。

对于保温材料和吸声材料，一般要求其孔隙率较高；但对于要求有较高强度的结构性材料，则要求其内部结构致密，孔隙率较小。

一些常见土木工程材料的密度、表观密度和孔隙率见表 1-1。

表 1-1　　　　　　　　　常见土木工程材料的密度、表观密度和孔隙率

材料名称	密度 ρ/（kg/m^3）	表观密度 ρ_0/（kg/m^3）	孔隙率 P（%）
石灰岩	2600	1800～2600	—
花岗石	2600～2900	2500～2700	0.5～3.0
碎石（石灰岩）	2600	—	

续表

材料名称	密度 ρ/(kg/m³)	表观密度 ρ_0/(kg/m³)	孔隙率 P(%)
砂	2600	—	—
普通黏土砖	2500～2800	1600～1800	20～40
水泥	3100	—	—
普通混凝土	—	2100～2600	5～20
钢材	7850	7850	0
木材	1550	400～800	55～75

2. 空隙率

空隙率是散粒材料颗粒间的空隙体积占堆积体积的百分率。其计算公式如下：

$$P' = \frac{V_0' - V_0}{V_0'} \times 100\% = \left(1 - \frac{\rho_0'}{\rho_0}\right) \times 100\% \tag{1-5}$$

散粒材料松散体积组成示意图如图 1-2 所示。对于混凝土、砂浆所用的砂、石等材料，其空隙率的大小对其力学性能及施工性、经济性影响很大；空隙率小的骨料形成的混凝土结构致密。在材料品种、用量一定的前提下，其和易性较好，并且水泥用量较少。

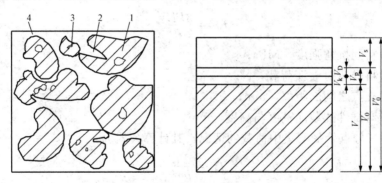

图 1-2 散粒材料松散体积组成示意图
1—颗粒中的实体物质；2—颗粒的开口孔隙；3—颗粒的闭口孔隙；4—颗粒间的空隙
V_s—颗粒间的空隙体积

1.2 材料的力学性质

1.2.1 强度与比强度

1. 强度

材料的强度是指材料在外力作用下破坏时所能承受的最大应力。不同的结构构件所受的外力形式不同，故材料强度又可分为抗压强度、抗拉强度、抗剪强度及抗弯强度等，如图 1-3 所示。

材料的抗压强度、抗拉强度及抗剪强度，可用下式计算：

$$f = \frac{F}{A} \qquad (1-6)$$

式中　f——材料的强度，MPa；

　　　F——破坏荷载，N；

　　　A——受荷面积，mm^2。

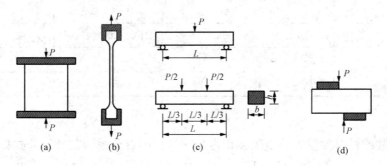

图 1-3　材料受外力示意图

(a) 抗压；(b) 抗拉；(c) 抗弯；(d) 抗剪

抗弯强度根据所受荷载形式的不同，有不同的计算公式。对于在跨中受一集中荷载的情况，其计算公式为：

$$f_m = \frac{3PL}{2bh^2} \qquad (1-7)$$

式中　f_m——材料的抗弯强度，MPa；

　　　P——材料受弯时破坏荷载，N；

　　　L——两支点之间的距离，mm；

　　b，h——受弯试件的截面宽度与高度，mm。

对于在跨中三分点处受两集中荷载的情况，其计算公式为：

$$f_m = \frac{PL}{bh^2} \qquad (1-8)$$

影响材料强度的因素很多，包括材料的组成，材料的孔隙率、含水率；另外，试验时所用试件尺寸的大小以及加荷速度的快慢也会对材料强度产生一定的影响。

2. 比强度

材料的强度与材料表观密度之比称为比强度。比强度是按单位质量计算的材料强度，它是衡量材料轻质高强的一个主要指标。优质的结构材料应具有较高的比强度，才能尽量以较小的截面满足强度要求，同时可以大幅度减小结构构件本身的质量。

1. 2. 2　弹性与塑性

1. 弹性

弹性是指材料在外力作用下产生变形，当外力去除后，能完全恢复原来形状的性质，这种可恢复的变形称为弹性变形。

2. 塑性

塑性是指材料在外力作用下产生变形，当外力去除后，材料仍保持变形后的形状和尺寸，且不产裂缝的性质，这种不可恢复的变形称为塑性变形。

在土木工程材料中没有纯粹的弹性材料，当材料受力不大时，表现为弹性性质；当受力超过某一限度时，则表现为塑性性质。

1.2.3　脆性与韧性

1. 脆性

材料在外力作用下，无明显塑性变形而突然破坏的性质，称为脆性。大部分的无机非金属材料均属脆性材料，如天然石材、陶瓷、混凝土、砂浆等。

脆性材料的特点是抗压强度高，而抗拉、抗折强度低，抵抗冲击、振动荷载的能力差。

2. 韧性

材料在冲击或振动荷载作用下，能吸收较大的能量，产生一定的变形而不破坏的性质，称为韧性。钢材、木材等属于韧性材料，其抗拉强度高于抗压强度，且抵抗冲击或振动荷载的能力较强。

1.2.4　硬度与耐磨性

1. 硬度

硬度是材料表面能抵抗其他较硬物体压入或刻划的能力。不同材料的硬度测定方法不同，钢材、木材和混凝土的硬度用压入法测定，而石材等矿物用刻划法测定。

2. 耐磨性

耐磨性是材料抵抗磨损的能力，用磨损率表示，材料的耐磨性与硬度、强度及内部构造有关。

1.3　材料与水有关的性质

1.3.1　亲水性与憎水性

材料与水接触时，其表面可被水润湿或不被水所润湿，被水润湿的材料称为亲水性材料，不能被水所润湿的材料称为憎水性材料。

当固体材料与水接触时，会产生如图所示的两种情况。在材料、水与空气的三相交汇点处沿水滴表面作切线，此切线与材料和水接触面的夹角，称为润湿角 θ。当 $\theta \leqslant 90°$ 时，材料能被水所润湿而表现出亲水性，如砖瓦、混凝土、砂浆等属于亲水性材料；当 $\theta > 90°$ 时，材料不能被水所润湿而表现出憎水性，如沥青、石蜡等属于憎水性材料。材料润湿示意图如图 1-4 所示。

在土木工程中，常利用憎水性材料作防水材料，或用来对亲水性材料作表面处理，以降低材料的吸水性，提高材料的防水、防潮能力。

1.3.2　吸湿性与吸水性

大多数土木工程材料都属于亲水性材料，如砖瓦、混凝土、石材等，都能在水中或潮湿空气中吸收水分或水蒸气。

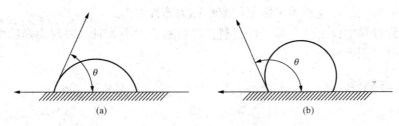

图 1 - 4 材料润湿示意图

(a) 亲水材料；(b) 憎水材料

吸湿性是指材料在潮湿空气中吸收水蒸气的性质，用含水率表示，按下式计算：

$$W_{含} = \frac{m_{含} - m_{干}}{m_{干}} \times 100\% \tag{1-9}$$

式中　$W_{含}$——材料的含水率，%；

　　　$m_{含}$——材料含水时的质量，g；

　　　$m_{干}$——材料干燥时的质量，g。

材料的吸湿性，除与材料本身性质、孔隙率及构造等因素有关外，尚与空气湿度有关。当材料中的水分子与周围空气湿度相平衡时，其含水率称为平衡含水率，吸水性是材料在水中吸水的性质，用吸水率表示，按下式计算：

$$W_{吸} = \frac{m_{吸} - m_{干}}{m_{干}} \times 100\% \tag{1-10}$$

式中　$W_{吸}$——材料的吸水率，%；

　　　$m_{吸}$——材料吸水饱和时的质量，g；

　　　$m_{干}$——材料干燥时的质量，g。

材料的吸水性，一方面取决于材料本身是亲水性还是憎水性，另一方面也与材料孔隙率及孔隙特征有关。

材料吸水后其物理性质及力学性质会发生相应的变化，主要表现为表观密度增大、体积膨胀、强度下降、导热性增大及抗冻性下降等。

1.3.3　耐水性

耐水性是指材料在吸水饱和状态下，不发生破坏，强度也不显著降低的性能，耐水性的优劣用软化系数 K_R 表示。

一般材料吸水后，强度均会有所降低，强度降低越多，软化系数越小，说明材料耐水性越差。

不同材料的软化系数相差甚大，波动于 0～1 之间。将 $K_R > 0.85$ 的材料，称为耐水性材料，长期处于水中或潮湿环境中的重要结构，所用材料必须保证 $K_R > 0.85$，用于受潮较轻或次要结构的材料，其值也不宜小于 0.75。

1.3.4　抗渗性

抗渗性是材料抵抗压力水渗透的性质。对于混凝土和砂浆，抗渗性的好坏用抗渗等级表示，它是以试件不渗透时所能承受的最大水压力表示的，如 P6、P8 等，分别表示试件可承受 0.6MPa、0.8MPa 的压力水而不渗透。

材料抗渗性与孔隙率及孔隙特征有关，开口的连通大孔越多，抗渗性越差；闭口孔隙率大的材料，抗渗性良好。

1.3.5　抗冻性

抗冻性是指材料在吸水饱和状态下，能经受多次冻融循环作用而不破坏，强度也不显著降低的性质。

在负温下，材料毛细管内的水分可冻结成冰，体积膨胀 9%～10%，从而在内部产生应力。当此应力达到一定程度时，将使材料遭到局部破坏；当冰融化时其膨胀应力将消失。材料在冻结和融化的循环作用下而遭受破坏的现象称为冻融破坏。

材料的抗冻性用抗冻等级表示，它是以抗冻试件经受冻融后的强度降低率、质量损失率均不超过一定限度时所能承受的冻融循环次数来表示的，抗冻等级可分为 F15、F25、F50、F100 等。

材料抗冻能力的好坏，与材料充水程度、材料强度及孔隙特征有关。材料含水率越大，强度越低及材料中含有的毛细孔越多，受到冻融循环破坏的可能性就越大。

1.4　材料的热工性能

1.4.1　导热性

当材料两侧存在温差，热量从材料一侧传导到另一侧的性质，称为材料的导热性，导热性用导热系数表示。

材料的导热系数与材料的成分、孔隙构造和含水率等因素有关，由于密闭空气的导热系数很小，所以材料的孔隙率增大，其导热系数减小；具有密闭孔隙的材料比具有连通孔隙材料的导热系数小，当材料吸水、受潮或冰冻后，导热系数将大大提高。

1.4.2　热容量与比热容

材料在受热时吸收热量，冷却时放出热量的性质称为材料的热容量。

单位质量材料温度升高或降低 1K 所吸收或放出的热量为热容量系数或比热。

材料的热容量值对保持建筑物内部温度稳定有很大的意义，热容量值较大的材料或部件，能在热流变动或采暖、空调工作不均衡时，缓和室内的温度波动。

几种典型材料的热工性能指标见表 1-2。

表 1-2　　　　　　　　　　几种典型材料的热工性能指标

材料名称	钢材	混凝土	松木	烧结普通砖	花岗石	密闭空气	水
比热容/[J/(g·K)]	0.48	0.85	2.72	0.88	0.92	1.00	4.18
导热系数/[W/(m·K)]	58	1.52	1.17～0.35	0.80	3.49	0.023	0.58

1.5　材料的耐久性

材料的耐久性，是指用于构筑物的材料在环境的各种因素影响下，能长久地保持其性能的性质。

　　材料在建筑物的使用过程中，除受到各种外力作用外，还长期受到各种使用因素和自然因素的破坏作用，这些破坏作用有物理作用、机械作用、化学作用和生物作用。

　　(1) 物理作用包括温度和干湿的交替变化、循环冻融等。

　　(2) 机械作用包括荷载的持续作用、反复荷载引起材料的疲劳、冲击疲劳、磨损等。

　　(3) 化学作用包括酸、碱、盐等液体或气体对材料的侵蚀作用。

　　(4) 生物作用包括昆虫、菌类等的作用而使材料蛀蚀或腐朽。

　　耐久性是材料的一种综合性质，诸如抗冻性、抗风化性、抗老化性、耐化学侵蚀性等均属于耐久性的范围，此外，材料的强度、抗渗性、耐磨性等性能也与材料的耐久性有密切关系。

　　在土木工程的设计及材料的选用中，必须慎重考虑材料的耐久性问题，以利节约材料，减少维修费用，延长构筑物的使用寿命。

习　　题

一、判断题

1. 含水率为 4% 的湿砂的质量为 100g，其中水的质量为 4g。（　　）

2. 热容量大的材料导热性大，受外界气温影响室内温度变化比较快。（　　）

3. 材料的孔隙率相同时，连通粗孔者比封闭微孔者的导热系数大。（　　）

4. 从室外取质量为 G_1 的砖一块，浸水饱和后质量为 G_2，烘干后质量为 G_3，则砖的质量吸水率为 $W = (G_2 - G_3)/G_1$。（　　）

5. 同一种材料，其表观密度越大，则其孔隙率越大。（　　）

6. 将某种含水的材料，置于不同的环境中，分别测得其密度，其中以干燥条件下的密度为最小。（　　）

7. 吸水率小的材料，其孔隙率也小。（　　）

8. 材料的抗冻性与材料的孔隙率有关，与孔隙中的水饱和程度无关。（　　）

9. 在进行材料抗压强度试验时，大试件比小试件的试验结果值偏小。（　　）

10. 材料在进行强度试验时，加荷速度快者比加荷速度慢者的试验结果值偏小。（　　）

二、单项选择题

1. 普通混凝土标准试件经 28d 标准养护后测得抗压强度为 22.6MPa，同时又测得同批混凝土水饱后的抗压强度为 21.5MPa，干燥状态测得抗压强度为 24.5MPa，该混凝土的软化系数为（　　）。

　　A. 0.96　　　　　　　　B. 0.92　　　　　　　　C. 0.13　　　　　　　　D. 0.88

2. 有一块砖质量为 2525g，其含水率为 5%，该砖所含水量为（　　）。

　　A. 131.25g　　　　　　B. 129.76g　　　　　　C. 120.24g　　　　　　D. 125g

3. 下列概念中，（　　）表示材料的耐水性。

　　A. 质量吸水率　　　　　B. 体积吸水率　　　　　C. 孔隙水饱和系数　　　D. 软化系数

4. 材料吸水后将使材料的（　　）提高（或增大）。

　　A. 耐久性　　　　　　　B. 导热系数　　　　　　C. 密度　　　　　　　　D. 强度

5. 如材料的质量已知，求其表观密度时，测定的体积应为（　　）。

　　A. 材料的密实体积　　　　　　　　　　B. 材料的密实体积与开口孔隙体积

　　C. 材料的密实体积与闭口孔隙体积　　　D. 材料的密实体积与开口及闭口体积

6. 对于某一种材料来说，无论环境怎样变化，其（　　）都是一定值。

　　A. 体积密度　　　　　　　　　　　　　B. 密度

　　C. 导热系数　　　　　　　　　　　　　D. 平衡含水率

7. 封闭孔隙多孔轻质材料最适用作（　　）。

　　A. 吸声　　　　　　B. 隔声　　　　　　C. 保温　　　　　　D. 防火

8. 当材料的润湿角（　　）时，称为憎水性材料。

　　A. $\theta > 90°$　　　B. $\theta < 90°$　　　C. $\theta = 0°$　　　D. $\theta \geqslant 90°$

9. 材料的抗渗性与（　　）有关。

　　A. 孔隙率　　　　　　　　　　　　　　B. 孔隙特征

　　C. 耐水性和憎水性　　　　　　　　　　D. 孔隙率和孔隙特征

10. 脆性材料具有（　　）的性质。

　　A. 抗压强度高　　　　　　　　　　　　B. 抗拉强度高

　　C. 抗弯强度高　　　　　　　　　　　　D. 抗冲击韧性好

三、填空题

1. 材料的吸水性用_____表示，吸湿性用_____表示。

2. 材料耐水性的强弱可以用_____来表示，材料耐水性越好，该值越_____。

3. 称取松散堆积密度为 1400kg/m³ 的干砂 200g，装入广口瓶中，再把瓶中注满水，这时质量为 500g。已知空瓶加满水时的重量为 377g，则该砂的表观密度为_____，空隙率为_____。

4. 同种材料的孔隙率越_____，材料的强度越高；当材料的孔隙率一定时，_____孔隙率越多，材料的绝热性越好。

5. 当材料的孔隙率增大时，则其密度_____，表观密度_____，强度_____，吸水率_____，抗渗性_____，抗冻性_____。

6. 材料作抗压强度试验时，大试件测得的强度值偏低，而小试件相反，其原因是_____和_____。

7. 体积吸水率是指材料体积内被水充实的_____，又约等于_____孔隙率。

8. 同种材料，如孔隙率越大，则材料的强度越_____，保温性越_____，吸水率越_____。

9. 材料的吸水性是指_____，其大小用_____表示；材料的吸湿性是指_____，其大小用_____表示；一般情况下，同种材料的_____大于_____，但是，当材料在空气中吸水达到饱和时其_____等于_____。

10. 一般说来，憎水性材料比亲水性材料的抗渗性_____。

第2章 气硬性胶凝材料

> 本章介绍气硬性胶凝材料的概念，着重介绍石灰、石膏、水玻璃的组成、特性、技术要求及在土木工程中的应用。

土木工程中，能将散粒状材料（如砂、石子等）或块状材料（如砖、石块等）黏结成为整体的材料，统称为胶凝材料。按化学成分将胶凝材料分为有机胶凝材料（如各种沥青及树脂）和无机胶凝材料。无机胶凝材料按其硬化条件的不同又分为气硬性胶凝材料和水硬性胶凝材料。

气硬性胶凝材料是指只能在空气中硬化，也只能在空气中保持或继续发展其强度的胶凝材料，如石膏、石灰、水玻璃等。水硬性胶凝材料是指不仅能在空气中硬化，而且能更好地在水中硬化，并保持和继续发展其强度的胶凝材料，如各种水泥。

2.1 石　　膏

石膏是一种以硫酸钙为主要成分的气硬性胶凝材料。它具有许多优良的建筑性能，在土木工程材料领域中得到了广泛的应用。石膏胶凝材料品种很多，建筑上使用较多的是建筑石膏，其次是高强石膏。此外，还有无水石膏水泥。

2.1.1 石膏的原料、生产及品种

1. 石膏的原料

生产石膏胶凝材料的原料主要是天然二水石膏、天然无水石膏，也可采用化工石膏。

天然二水石膏（$CaSO_4 \cdot 2H_2O$）又称软石膏或生石膏，是生产建筑石膏和高强石膏的主要原料。

天然无水石膏（$CaSO_4$）又称硬石膏，其结晶致密、质地坚硬，不能用来生产建筑石膏和高强石膏，仅用于生产硬石膏水泥及水泥调凝剂等。

化工石膏是指含有 $CaSO_4 \cdot 2H_2O$ 成分的化学工业副产品，化工石膏经适当处理后可代替天然二水石膏。

2. 石膏的生产与品种

将天然二水石膏或化工石膏经加热煅烧、脱水、磨细即得石膏胶凝材料。由于加热温度和方式的不同，可以得到不同性质的石膏产品。现简述如下：

（1）建筑石膏。当常压下加热温度达到 $107 \sim 170℃$ 时，二水石膏脱水变成 β 型半水石膏（即建筑石膏，又称熟石膏），反应式为：

$$CaSO_4 \cdot 2H_2O \xrightarrow{107 \sim 170℃} \beta\text{-}CaSO_4 \cdot \frac{1}{2}H_2O + \frac{3}{2}H_2O$$

（2）高强石膏。若在压蒸条件下（0.13MPa、125℃）加热可产生 α 型半水石膏（即高强石膏）。其反应式为：

$$CaSO_4 \cdot 2H_2O \xrightarrow[\text{0.13MPa}]{125℃} \alpha\text{-}CaSO_4 \cdot \frac{1}{2}H_2O + \frac{3}{2}H_2O$$

（3）可溶性硬石膏。当加热温度升高到 170～200℃ 时，半水石膏继续脱水，生成可溶性硬石膏（$CaSO_4$ Ⅲ），与水调和后仍能很快硬化。当温度升高到 200～250℃ 时，石膏中仅残留很少的水，凝结硬化非常缓慢，但遇水后还能逐渐生成半水石膏直至二水石膏。

（4）死烧石膏。当温度高于 400℃ 时，石膏完全失去水分，成为不溶性硬石膏（$CaSO_4$ Ⅱ），失去凝结硬化能力，成为死烧石膏。但加入某些激发剂（如各种硫酸盐、石灰、煅烧白云石、粒化高炉矿渣等）混合磨细后，则重新具有水化硬化能力，成为无水石膏水泥（或称硬石膏水泥）。无水石膏水泥可制作石膏灰浆、石膏板和其他石膏制品等。

（5）高温煅烧石膏。温度高于 800℃ 时，部分硬石膏分解出 CaO，磨细后的产品成为高温煅烧石膏，此时 CaO 起碱性激发剂的作用，硬化后有较高的强度和耐水性，耐水性也较好，又称地板石膏。

2.1.2　石膏的水化与硬化

石膏与适量的水相混合，最初成为可塑的浆体，但很快失去塑性并产生强度，并发展成为坚硬的固体。这一过程可从水化和硬化两方面分别说明。

1. 石膏的水化

石膏加水后，与水发生化学反应，生成二水石膏并放出热量。反应式如下：

$$\beta\text{-}CaSO_4 \cdot \frac{1}{2}H_2O + 1\frac{1}{2}H_2O \longrightarrow CaSO_4 \cdot 2H_2O + 15.4kJ$$

石膏加水后首先溶解于水，由于二水石膏在常温（20℃）下的溶解度仅为半水石膏的溶解度的 1/5，半水石膏的饱和溶液对于二水石膏就成了过饱和溶液。所以二水石膏胶体颗粒不断从过饱和溶液中析出。二水石膏的析出，使溶液中的二水石膏含量减少，浓度下降，破坏了原有半水石膏的平衡浓度，促使一批新的半水石膏继续溶解和水化，直至半水石膏全部转化为二水石膏为止。这一过程进行的很快，大约需 7～12min。

2. 石膏的凝结硬化

随着水化的进行，二水石膏胶体颗粒不断增多，它比原来半水石膏颗粒细小，即总表面积增大，可吸附更多的水分；同时石膏浆体中的水分因水化和蒸发逐渐减少，浆体逐渐变稠，颗粒间的摩擦力逐渐增大而使浆体失去流动性，可塑性也开始减小，此时称为石膏的初凝。随着水分的进一步蒸发和水化的继续进行，浆体完全失去可塑性，开始产生结构强度，则称为终凝。其后，随着水分的减少，石膏胶体凝集并逐步转变为晶体，且晶体间相互搭接、交错、连生，使浆体逐渐变硬产生强度，即为硬化。

2.1.3　石膏的性质

1. 石膏的特性

（1）凝结硬化快。石膏一般在加水后 30min 左右即可完全凝结，在室内自然干燥条件下，一周左右能完全硬化。为满足施工操作的要求，往往需掺加适量的缓凝剂。

（2）硬化时体积微膨胀。石灰和水泥等胶凝材料硬化时往往产生收缩，而建筑石膏却略有膨胀（膨胀率为 $0.05\%\sim0.15\%$），这能使石膏制品表面光滑饱满、棱角清晰、干燥时不开裂，有利于制造复杂图案花形的石膏装饰制品。

（3）硬化后孔隙率较大，表观密度和强度较低。建筑石膏在使用时，为获得良好的流动性，加入的水量往往比水化所需的水分多。石膏凝结后，多余水分蒸发，在石膏硬化体内留下大量空隙，故其表观密度小，强度较低。

（4）隔热、吸声性良好。石膏硬化体孔隙率高，且均为微细的毛细孔，故导热系数小，具有良好的绝热能力。石膏的大量微孔，尤其是表面微孔使声音传导或反射的能力也显著下降，从而具有较强的吸声能力。

（5）防火性能良好。遇火时，石膏硬化后的主要成分二水石膏中的结晶水蒸发并吸收热量，制品表面形成蒸汽幕，能有效阻止火的蔓延。

（6）具有一定的调温调湿性。由于石膏制品孔隙率大，当空气湿度过大时，能通过毛细孔很快地吸水，在空气干燥时又很快地向周围扩散水分，直到空气湿度达到相对平衡，起到调节室内湿度的作用。同时由于其导热系数小，热容量大，可改善室内空气，形成舒适的表面温度，这一性质和木材相近。

（7）耐水性和抗冻性差。石膏硬化体孔隙率高，吸水性强，并且二水石膏微溶于水，长期浸水会使其强度显著下降，所以耐水性差。若吸水后再受冻，会因结冰而产生崩裂，故抗冻性差。

2. 石膏的技术要求

建筑石膏为白色粉状材料，密度为 $2600\sim2750\text{kg/cm}^3$，堆积密度为 $800\sim1000\text{kg/m}^3$。根据《建筑石膏》（GB/T 9776—2008）规定，建筑石膏按强度、细度、凝结时间指标分为优等品、一等品和合格品三个等级（表 2-1）。

表 2-1　　　　　　　　　　　建筑石膏物理力学性能

等级	细度（0.2mm 方孔筛筛余,%）	凝结时间/min		2h 强度/MPa	
		初凝	终凝	抗折	抗压
3.0				≥3.0	≥6.0
2.0	≤10	≥3	≤30	≥2.0	≥4.0
1.6				≥1.6	≥3.0

由于建筑石膏粉易吸潮，会影响其以后使用时的凝结硬化性能和强度，长期储存也会降低其强度，因此建筑石膏粉储运时必须防潮，储存时间不宜过长，一般不得超过 3 个月。

建筑石膏产品的标记顺序为：产品名称，抗折强度值，标准号。例如，抗折强度为 2.5MPa 的建筑石膏标记为：建筑石膏 2.5GB 9776。

2.1.4 石膏的应用

1. 制备石膏砂浆和粉刷石膏

由于石膏的优良特性，常被用于室内高级抹灰和粉刷。建筑石膏加水、砂及缓凝剂拌合成石膏砂浆，可用于室内抹灰。石膏粉刷层表面坚硬、光滑细腻、不起灰，便于进行再装饰，如粘墙纸、刷涂料等。

2. 石膏板及装饰制品

建筑石膏可与石棉、玻璃纤维、轻质填料等配制成各种石膏板材，它具有轻质、保温隔热、吸声、防火、尺寸稳定及施工方便等性能，广泛应用于高层建筑及大跨度建筑的隔墙。建筑石膏还广泛应用于石膏角线等装饰制品。

2.2 石 灰

石灰是使用较早的矿物胶凝材料之一，其原料分布广，生产工艺简单，成本低廉，在土木工程中应用广泛。

2.2.1 石灰的生产

石灰是用石灰石、白云石、白垩、贝壳等碳酸钙含量高的原料，经 $900 \sim 1000℃$ 煅烧，碳酸钙分解，释放出二氧化碳后，得到的以氧化钙（CaO）为主要成分的产品，又称生石灰。煅烧反应式如下：

$$CaCO_3 \xrightarrow{900 \sim 1000℃} CaO + CO_2$$

由于石灰原料中含有一些碳酸镁，所以石灰中也会含有一定的 MgO。按照《建筑生石灰》（JC/T 497—1992）规定，按氧化镁含量的多少，建筑石灰分为钙质和镁质两类。当生石灰中的 MgO 质量分数小于 5% 的石灰称为钙质石灰，否则为镁质石灰。

在实际生产中，为加快石灰石分解，煅烧温度常提高到 $1000 \sim 1100℃$。由于石灰石原料的尺寸大或煅烧时窑中温度分布不匀等原因，石灰中常含有欠火石灰和过火石灰。欠火石灰中的碳酸钙未完全分解，使用时缺乏黏结力。过火石灰结构密实，表面常包覆一层玻璃釉状物，熟化很慢，若在石灰浆体硬化后再发生熟化，会因熟化产生的膨胀而引起隆起和开裂。为了使石灰熟化的更充分，尽量消除过火石灰的危害，石灰浆应在储灰坑中存放两周以上，这个过程成为石灰的陈伏。"陈伏"期间，储灰坑内的石灰膏表面应保有一层水分，与空气隔绝，以免碳化。

将煅烧成的块状生石灰经过不同的加工，还可得到石灰的另外三种产品：

（1）生石灰粉：由块状石灰磨细制成。

（2）消石灰粉：将生石灰用适量水经消化和干燥而成的粉末，主要成分为 $Ca(OH)_2$，也称熟石灰。

（3）石灰膏：将块状生石灰用过量水消化，或将消石灰粉和水拌合，所得到的具有一定稠度的膏状物，主要成分为 $Ca(OH)_2$ 和水。

2.2.2 石灰的水化与硬化

1. 生石灰的水化

生石灰的水化是指生石灰与水反应生成氢氧化钙的过程，又称为生石灰的熟化或消化，其反应式如下：

$$CaO + H_2O \longrightarrow Ca(OH)_2 + 64.9kJ$$

根据加水量的不同，石灰可熟化成消石灰粉或石灰膏，如图 2-1 所示。石灰熟化的理论需水量为石灰质量的 32%。在生石灰中，均匀加入 $60\% \sim 80\%$ 的水，可得到颗粒细

图 2-1　熟化为石灰膏

小、分散均匀的消石灰粉，其主要成分是 $Ca(OH)_2$。若用过量的水（约为生石灰体积的 3～4 倍）熟化块状生石灰，将得到具有一定稠度的石灰膏，其主要成分也是 $Ca(OH)_2$。石灰熟化时放出大量的热，体积增大 1～2.5 倍。

2. 石灰浆体的硬化

石灰浆体在空气中的硬化，是由下面两个同时进行的过程来完成：

（1）结晶作用。由于干燥失水，引起浆体中氢氧化钙溶液过饱和，结晶出氢氧化钙晶体，产生强度。

（2）碳化作用。在大气环境中，氢氧化钙在潮湿状态下会与空气中的二氧化碳反应生成碳酸钙，并释放出水分，即发生碳化。其反应式为：

$$Ca(OH)_2 + CO_2 + nH_2O \longrightarrow CaCO_3 + (n+1)H_2O$$

由于碳化作用主要发生在与空气接触的表层，且生成的碳酸钙膜层较致密，阻碍了空气中二氧化碳的渗入，也阻碍了内部水分向外蒸发，因此硬化较慢。

2.2.3　石灰的性质

1. 石灰的特性

（1）可塑性和保水性好。生石灰熟化后形成的石灰浆中，石灰粒子形成氢氧化钙胶体结构，颗粒极细（粒径约为 $1\mu m$），比表面积很大（达 $10～30m^2/g$），其表面吸附一层较厚的水膜，降低了颗粒之间的摩擦力，具有良好的塑性。同时可吸附大量的水，因而有较强保持水分的能力，即保水性好。将它掺入水泥砂浆中，配成混合砂浆，可显著提高砂浆的可塑性及和易性。

（2）生石灰水化时水化热大，体积增大。

（3）硬化缓慢。石灰浆的硬化只能在空气中进行，由于空气中 CO_2 含量少，使碳化作用进程缓慢，加之已硬化的表层对内部的硬化起阻碍作用，所以石灰浆的硬化过程较长。

（4）硬化时体积收缩大。由于石灰浆中存在大量游离水，硬化时大量水分蒸发，导致内部毛细管失水紧缩，引起显著的体积收缩变形，使硬化石灰体产生裂纹。故石灰浆体不易单独使用，通常施工时常掺入一定量的骨料（砂子）或纤维材料（麻刀、纸筋等）。

（5）硬化后强度低。生石灰消化时的理论需水量为 32.1%，但为了使石灰浆具有一定的可塑性便于应用，同时考虑到一部分水因消化时水化热大而被蒸发掉，故实际消化用水量很大，多余水分在硬化后蒸发，留下大量孔隙，使硬化石灰体密实度小，强度低。

（6）耐水性差。由于石灰浆硬化慢、强度低，当受潮后，其中尚未碳化的 $Ca(OH)_2$ 易产生溶解，硬化石灰体与水会产生溃散，故石灰不易用于潮湿环境。

2. 石灰的技术要求

（1）建筑生石灰的技术性质。按标准 JC/T 479—1992 规定，钙质石灰和镁质石灰根据其主要技术指标，又可分为优等品、一等品和合格品三个等级，它们的具体指标见表 2-2。

（2）建筑生石灰粉的技术性质。建筑生石灰粉由块状生石灰磨细而成，按化学成分分为钙质生石灰粉和镁质生石灰粉，按标准 JC/T 480—1992，每种生石灰粉又分为三个等级，其主要技术指标见表 2-3。

（3）建筑消石灰粉的技术性质见表 2-4。

（4）在交通行业，《公路路面基层施工技术规范》（JTJ 034—2000）将生石灰和消石灰划分为Ⅰ、Ⅱ、Ⅲ三个等级，见表 2-5。

表 2-2　　　　　　　　　　　　建筑生石灰技术指标

项　　目	钙质生石灰			镁质生石灰		
	优等品	一等品	合格品	优等品	一等品	合格品
（CaO＋MgO）含量（%）　≥	90	85	80	85	80	75
未消化残渣（5mm 圆孔筛筛余，%）≤	5	10	15	5	10	15
CO_2（%）　　　　　　　　　≤	5	7	9	6	8	10
产浆量/（L/kg）　　　　　　　≥	2.8	2.3	2.0	2.8	2.3	2.0

表 2-3　　　　　　　　　　　　建筑生石灰粉技术指标

项　　目		钙 质 生 石 灰 粉			镁 质 生 石 灰 粉		
		优等品	一等品	合格品	优等品	一等品	合格品
（CaO＋MgO）含量（%）　≥		85	80	75	80	75	70
CO_2（%）　　　　　　　　≤		7	9	11	8	10	12
细度	0.9mm 筛筛余（%）≤	0.2	0.5	1.5	0.2	0.5	1.5
	0.125mm 筛筛余（%）≤	7.0	12.0	18.0	7.0	12.0	18.0

表 2-4　　　　　　　　　　　　建筑消石灰粉技术指标

项　　目		钙质消石灰粉			镁质消石灰粉			白云石消石灰粉		
		优等品	一等品	合格品	优等品	一等品	合格品	优等品	一等品	合格品
（CaO＋MgO）含量（%）　≥		70	65	60	65	60	55	65	60	55
游离水（%）		0.4～2	0.4～2	0.4～2	0.4～2	0.4～2	0.4～2	0.4～2	0.4～2	0.4～2
体积安定性		合格	合格	—	合格	合格	—	合格	合格	—
细度	0.9mm 筛筛余（%）≤	0	0	0.5	0	0	0.5	0	0	0.5
	0.125mm 筛筛余（%）≤	3	10	15	3	10	15	3	10	15

2.2.4　石灰的应用

石灰在土木工程中应用范围很广。

1. 建筑室内粉刷

石灰乳由消石灰粉或石灰膏与水调制而成。

石灰乳大量用于建筑室内和顶棚粉刷。石灰乳是一种廉价的涂料，施工方便，在建筑中应用广泛。

2. 石灰砂浆

由石灰膏、砂和水按一定配比制成，一般用于强度要求不高、不受潮湿的砌体和抹灰层。

3. 混合砂浆

用石灰膏或消石灰粉与水泥、砂和水按一定比例可配制水泥石灰混合砂浆，用于砌筑或抹灰工程。

表 2-5　　　　　　　　　　　　石灰的技术指标

项目		钙质生石灰			镁质生石灰			钙质消石灰			镁质消石灰		
	等　级	I	II	III	I	II	III	I	II	III	I	II	III
有效钙加氧化镁含量（%）		≥85	≥80	≥70	≥80	≥75	≥65	≥65	≥60	≥55	≥60	≥55	≥50
未消化残渣含量（5mm圆孔筛的筛余,%）		≤7	≤11	≤17	≤10	≤14	≤20						
含水量（%）								≤4	≤4	≤4	≤4	≤4	≤4
细度	0.71mm 方孔筛的筛余（%）							0	≤1	≤1	0	≤1	≤1
	0.125mm 方孔筛的累计筛余（%）							≤13	≤20	—	≤13	≤20	—
钙镁石灰的分类界限，氧化镁的含量（%）		≤5			>5			≤4			>4		

4. 硅酸盐制品

以石灰（消石灰粉或生石灰粉）与硅质材料（砂、粉煤灰、火山灰、矿渣等）为主要原料，经过配料、拌合、成形和养护后可制得砖、砌块等各种制品。因内部的胶凝物质主要是水化硅酸钙，所以称为硅酸盐制品，常用的有灰砂砖、粉煤灰砖等。

5. 制备生石灰粉

目前，土木工程中大量采用块状生石灰磨细制成的磨细生石灰粉，可不经熟化和"陈伏"直接应用于工程或硅酸盐制品中，提高功效，节约场地，改善了环境。

生石灰粉的主要优点如下：

（1）磨细生石灰细度高，表面积大，水化需水量增大，水化速度提高，水化时体积膨胀均匀。

（2）生石灰粉的熟化与硬化过程彼此渗透，熟化过程中所放热量加速了硬化过程。

（3）过火石灰和欠烧石灰均被磨细，提高了石灰利用率和工程质量。

6. 石灰稳定土

将消石灰粉或生石灰粉掺入各种粉碎或原来松散的土中，经拌合、压实及养护后得到的混合料，称为石灰稳定土。它包括石灰土、石灰稳定砂砾土、石灰碎石土等，广泛用作建筑物的基础、地面的垫层及道路的路面基层。

将石灰粉加到土中并加水拌合后，土的性质和结构很快开始变化。根据化学分析和微观结构分析，通常认为：石灰加入土中后，发生一系列的化学反应和物理化学反应，主要有离子交换反应、$Ca(OH)_2$ 的结晶反应和碳酸化反应以及火山灰反应。这些反应的结果使黏土颗粒絮凝，生成晶体氢氧化钙、碳酸钙和含水硅铝酸钙等凝胶结构。这些胶结物逐渐由凝胶状态向晶体状态转化，致使石灰稳定土的刚度不断增大，强度和水稳性不断提高。

石灰稳定土具有下列一些主要的优点：

（1）石灰稳定土具有较高的抗压强度和一定的抗拉强度。强度形成较好的石灰稳定土是一种整体性材料，具有较好的板体作用。石灰稳定土具有较好的水稳性和一定的冰冻稳定性。

（2）多数土都可以用石灰进行稳定，石灰特别适合用来稳定不适用其他结合料稳定的塑性指数高的黏性土。但是，至少需要拌合两次，第一次拌合后需要闷放 1～2d。

（3）由于石灰稳定土是一种缓凝慢硬材料，从加水拌合到完成压实的延迟时间（甚至达 2～3d）对其压实度和强度没有明显影响。因此，石灰稳定土便于施工。既可以用就地路拌法施工，又可以用集中厂拌法施工，特殊情况下，甚至可用人工拌合。

（4）在缺乏优质粒料的地区，采用石灰稳定土做路面基层（高速和一级公路除外）和底基层，经常是比较经济的。

石灰稳定土的缺点：

（1）石灰稳定土的强度有一定的限制，强度的可调节范围不大，特别是它的抗拉强度较低。因此，它不适宜用做重交通高等级道路路面的基层。

（2）塑性指数小的土，即使用 12％以上的石灰剂量进行稳定，也达不到较高的强度。

（3）石灰土基层的表层较水泥土基层和石灰粉煤灰基层的表层更容易因水浸入而软化，在路面裂缝处的冲刷唧浆现象也更严重。

（4）石灰稳定土的早期强度低，在温度较低时，其强度随龄期增长缓慢。需要在第一次重冰冻到来之前，30～45d 就停止施工。因此，石灰稳定土的施工期短于水泥稳定土的施工期。这一点在实际工作中常常被忽视。

7. 石灰工业废渣稳定土

石灰工业废渣稳定土可分为石灰粉煤灰类和石灰其他废渣类。

二灰（石灰、粉煤灰）稳定土是用石灰和粉煤灰按一定比例与土混合后的一种无机材料。它的具体名称根据所用土的不同而定，二灰与砂砾混合称二灰砂砾土，二灰与碎石混合称二灰碎石土，二灰与细粒土混合称二灰土。近二十多年来，石灰、粉煤灰用作添加于天然细粒土或黏土中的稳定性材料越来越常见，特别在道路工程中的路基施工中，这主要是路基填料用量大，石灰和粉煤灰的材料来源比较广泛，而且价格低廉，施工简单，力学性能和水稳性好，成为土质改良的重要方法。我国公路部门在许多公路建设中（特别是高等级公路）都有用二灰稳定土，铁路部门在路基病害的治理方法也大量应用了改良土。特别需注意的是由于二灰土强度、密度的影响因素比较多，也比较复杂，轻则影响质量，重则导致失败。

2.3　水　玻　璃

水玻璃俗称泡花碱，是一种由碱金属氧化物和二氧化硅结合而成的水溶性硅酸盐材料，其化学通式为 $R_2O \cdot nSiO_2$。其中，n 是氧化硅与碱金属氧化物之间的摩尔比，为水玻璃模数，一般在 1.5～3.5 之间。固体水玻璃是一种无色、天然色或黄绿色的颗粒，高温高压溶解后是无色或略带色的透明或半透明黏稠液体。常见的有硅酸钠水玻璃（$Na_2O \cdot nSiO_2$）和硅酸钾水玻璃（$K_2O \cdot nSiO_2$）等，钾水玻璃在性能上优于钠水玻璃，但其价格较高，故建筑上最常用的是钠水玻璃。

2.3.1 水玻璃的生产

生产硅酸钠水玻璃的主要原料是石英砂、纯碱或含碳酸钠的原料。

生产方法有湿法和干法两种。

1. 湿法生产

将石英砂和苛性钠液体在压蒸锅内（0.2～0.3MPa）用蒸汽加热，并加以搅拌，使其直接反应而成液体水玻璃。

2. 干法生产

将各原料磨细，按比例配合，在熔炉内加热至 1300～1400℃，熔融而成硅酸钠，冷却后即为固态水玻璃，其反应式如下：

$$Na_2CO_3 + nSiO_2 \xrightarrow{1300 \sim 1400℃} Na_2O \cdot nSiO_2 + CO_2 \uparrow$$

然后将固态水玻璃在水中加热溶解成无色、淡黄或青灰色透明或半透明的胶状玻璃溶液，即为液态水玻璃。

2.3.2 水玻璃的硬化

水玻璃在空气中吸收二氧化碳，形成无定形的二氧化硅凝胶（又称硅酸凝胶），凝胶脱水变为二氧化硅而硬化。其反应式为：

$$Na_2O \cdot nSiO_2 + CO_2 + mH_2O \longrightarrow Na_2CO_3 + nSiO_2 \cdot mH_2O$$

由于空气中二氧化碳含量极少，上述硬化过程极慢，为加速硬化，可掺入适量促硬剂，如氟硅酸钠，促使硅胶析出速度加快，从而加快水玻璃的凝结与硬化。反应式为：

$$2(Na_2O \cdot nSiO_2) + mSiO_2 + Na_2SiF_6 \longrightarrow (2n+1)SiO_2 \cdot mH_2O + 6NaF$$

氟硅酸钠的适宜掺量为 12%～15%（占水玻璃质量）。用量太少，硬化速度慢，强度低，且未反应的水玻璃易溶于水，导致耐水性差；用量过多会引起凝结硬化过快，造成施工困难。氟硅酸钠有一定的毒性，操作时应注意安全。

2.3.3 水玻璃的性质

1. 黏结性能较好

水玻璃硬化后的主要成分为硅酸凝胶，比表面积大，因而有良好的黏结性能。对于不同模数的水玻璃，模数越大，黏结力越大；当模数相同时，浓度越稠，黏结力越大。另外，硬化时析出的硅酸凝胶还可以堵塞毛细孔隙，起到防止液体渗漏的作用。

2. 耐热性好、不燃烧

水玻璃硬化后形成的 SiO_2 网状框架在高温下强度不下降，用它和耐热集料配制的耐热混凝土可耐 1000℃的高温而不破坏。

3. 耐酸性好

硬化后的水玻璃主要成分是 SiO_2，在强氧化性酸中具有较好的化学稳定性。因此能抵抗大多数无机酸（氢氟酸除外）与有机酸的腐蚀。

4. 耐碱性与耐水性差

因 SiO_2 和 $Na_2O \cdot nSiO_2$ 均为酸性物质，溶于碱，故水玻璃不能在碱性环境中使用。而硬化产物 NaF、Na_2CO_3 等又均溶于水，因此耐水性也差。

2.3.4　水玻璃的应用

1. 涂刷或浸渍材料

直接将液体水玻璃涂刷或浸渍多孔材料（天然石材、黏土砖、混凝土以及硅酸盐制品）时，能在材料表面形成 SiO_2 膜层，提高其耐水性及抗风化能力，又因材料密实度提高，还可提高强度和耐久性。

石膏制品表面不能涂刷水玻璃，因二者反应，在制品孔隙中生成硫酸钠结晶，体积膨胀，将制品胀裂。

2. 配制防水剂

以水玻璃为基料，加入两种、三种或四种矾可制成二矾、三矾或四矾防水剂。此类防水剂凝结迅速，一般不超过 1min，适用于与水泥浆调和，堵塞漏洞、缝隙等局部抢修。因为凝结过速，不宜用于调配防水砂浆。

3. 用于土壤加固

将模数为 2.5～3 的液体水玻璃和氯化钙溶液通过金属管轮流向地层压入，两种溶液发生化学反应，析出硅酸胶体将土壤颗粒包裹并填实其空隙。硅酸胶体是一种吸水膨胀的果冻状凝胶，因吸收地下水而经常处于膨胀状态，阻止水分的渗透和使土壤固结，由这种方法加固的砂土，抗压强度可达 3～6MPa。

4. 其他

水玻璃还可用于配制耐酸、耐热混凝土和砂浆等。

工程实例分析

　[实例 2-1]　石灰须陈伏

工程背景

某单位四幢六层楼内外墙采用石灰砂浆粉刷，10 月份进行内外墙粉刷，次年 4 月份交付业主使用。此后陆续发现内外墙粉刷层发生爆裂。至 5 月份阴雨天，爆裂点迅速增多，破坏范围上万平方米。爆裂源为微黄色粉粒或粉料。经了解，粉刷过程已发现石灰中有一些粗颗粒。

原因分析

对采集的微黄色爆裂物作 X 射线衍射分析，证实除含石英、长石、CaO、$Ca(OH)_2$、$CaCO_3$ 外，还含有较多的 MgO、$Mg(OH)_2$ 以及少量白云石。这说明粗颗粒中相当部分为 CaO 与 MgO，这些未充分消解的 CaO 和 MgO 在潮湿的环境下缓慢水化，分别生成 $Ca(OH)_2$ 和 $Mg(OH)_2$，固相体积膨胀约 2 倍，从而产生爆裂破坏。还需说明的是，MgO 的水化速度更慢，更易造成危害，所以石灰的陈伏时间一定要达标。避免过火石灰在已硬化的石灰砂浆中熟化，体积膨胀，产生膨胀性破坏。因工期紧，若无现成合格的石灰膏，可选用消石灰粉或生石灰粉。消石灰粉在磨细过程中，把过火石灰磨成细粉，克服了过火石灰在熟化时造成的体积安定性不良的危害，故可不必陈伏可直接使用。生石灰熟化时放出的热可大大加快砂浆的凝结硬化，加水量也较少，硬化后的砂浆强度也较高。

[实例 2-2]　石膏的吸湿与吸水

工程背景

　　某小区住户喜爱石膏制品，全宅均用普通石膏浮雕板作装饰。石膏装饰品使用一段时间后，客厅、卧室效果相当好，但厨房、厕所、浴室的石膏制品出现发霉变形。

原因分析

　　厨房、厕所、浴室等处一般较潮湿，普通石膏制品具有较强的吸湿性和吸水性，在潮湿的环境中，晶体间的黏结力削弱，强度下降、变形，且还会发霉。

　　建筑石膏一般不宜在潮湿和温度过高的环境中使用，欲提高其耐水性，可于建筑石膏中掺入一定量的水泥或其他含活性 SiO_2、Al_2O_3 及 CaO 的材料，如粉煤灰、石灰。另外掺入有机防水剂也可改善石膏制品的耐水性。

习　　题

一、判断题

1. 建筑石膏制品表观密度小，凝结硬化快，装饰性好，强度高，抗冻性好。（　　）
2. 石灰在熟化过程中体积发生膨胀，并放出大量的热量。（　　）
3. 生石灰的主要化学成分是碳酸钙，熟石灰的主要化学成分是氢氧化钙。（　　）
4. 水玻璃常用的促硬剂为氟硅酸钠，适宜掺量为 12%～15%。（　　）
5. 建筑石膏的凝结硬化速度快，故使用时必须掺入缓凝剂。（　　）
6. 石灰的陈伏处理主要是为了消除欠火石灰的危害。（　　）
7. 石灰是一种气硬性胶凝材料，水泥也是一种气硬性胶凝材料。（　　）
8. 石灰具有可塑性好、保水性好的特点，所以常与水泥共用，配制水泥石灰混合砂浆。（　　）
9. 石膏制品中因含有大量的开口孔隙，对室内空气湿度有一定的调节作用。（　　）
10. 石灰浆体硬化后强度低，而且收缩较大，因此石灰不宜单独使用。（　　）

二、单项选择题

1. 建筑石膏凝结硬化时，最主要的特点是（　　）。
　　A. 体积膨胀大　　　　B. 体积收缩大　　　　C. 放出大量的热　　　　D. 凝结硬化快
2. 由于石灰浆体硬化时（　　），以及硬化强度低等缺点，所以不宜单独使用。
　　A. 吸水性大　　　　B. 需水量大　　　　C. 体积收缩大　　　　D. 体积膨胀大
3. 建筑石膏在使用时，通常掺入一定量的动物胶，其目的是为了（　　）。
　　A. 缓凝　　　　B. 提高强度　　　　C. 促凝　　　　D. 提高耐久性
4. 生石灰的主要成分为（　　）。

A. $CaCO_3$ B. CaO C. $Ca(OH)_2$ D. $CaSO_4$

5.（ ）在空气中凝结硬化是受到结晶和碳化两种作用。

A. 石灰浆体 B. 石膏浆体 C. 水玻璃溶液 D. 水泥浆体

6. 在下列胶凝材料中，（ ）在硬化过程中体积有微膨胀性，使此材料可单独使用。

A. 石灰 B. 石膏 C. 水泥 D. 水玻璃

7. 硬化后的水玻璃不仅耐酸性好，而且（ ）也好。

A. 耐水性 B. 耐碱性 C. 耐热性 D. 耐久性

8. 在以下胶凝材料中，属于气硬性胶凝材料的为（ ）。

Ⅰ. 石灰 Ⅱ. 石膏 Ⅲ. 水泥 Ⅳ. 水玻璃

A. Ⅰ、Ⅱ、Ⅲ B. Ⅱ、Ⅲ、Ⅳ C. Ⅰ、Ⅱ、Ⅳ D. Ⅰ、Ⅲ、Ⅳ

9. 为提高建筑砂浆的保水性，可加入适量的（ ）。

A. 生石灰 B. 水 C. 石灰膏 D. 砂子

10. 建筑石膏制品的强度低．耐水性差，是因为建筑石膏的孔隙率大，且（ ）。

A. 加工性能好 B. 可微溶于水
C. 其导热性好 D. 硬化后其体积微膨胀

11. 生石灰在消化（熟化）后需经一定时间的"陈伏"才能使用，其目的是（ ）。

A. 降低石灰水化热 B. 提高石灰抗碳化能力
C. 消除过火石灰的不良影响 D. 增加石灰有效 CaO 含量

三、填空题

1. 水玻璃常用的促硬剂为_____，适宜掺量为_____。

2. 石膏硬化时体积_____，硬化后孔隙率_____。

3. 水玻璃在硬化后，具有耐_____、耐_____等性质。

4. 建筑石膏的化学成分是_____，其硬化特点是：一是凝结硬化速度_____，二是体积产生_____。

5. 为了消除_____石灰的危害，石灰浆应在储灰坑中放置二周以上，此过程称为_____。

第3章 水　　　泥

本章介绍水泥的种类、生产、性质及应用，重点介绍通用硅酸盐水泥的性质及应用作较详细的阐述，对其他水泥仅作一般介绍。

水泥呈粉末状，与水混合后，经物理化学作用能由可塑性浆体变成坚硬的石状体，并能将散粒状材料胶结成为整体，所以水泥是一种良好的矿物胶凝材料。水泥浆体不但能在空气中硬化，还能更好地在水中硬化、保持并继续增长其强度，故水泥属于水硬性胶凝材料。

水泥是最重要的建筑材料之一，在建筑、道路、水利和国防等工程中应用极广，常用来制造各种形式的混凝土、钢筋混凝土、预应力混凝土构件和建筑物，也常用于配制砂浆，以及用作灌浆材料等。

随着基本建设发展的需要，水泥品种越来越多，按化学成分不同，水泥可分为硅酸盐水泥、铝酸盐水泥、硫铝酸盐水泥、铁铝酸盐水泥等。其中以硅酸盐系列水泥产量最大、应用最广。

硅酸盐水泥在国际上统称为波特兰水泥，我国把它命名为硅酸盐水泥是因为其中主要组分为硅酸盐矿物。硅酸盐系列水泥是以硅酸钙为主要成分的水泥熟料、一定量的混合材料和适量石膏，经共同磨细而成。按其性能和用途不同，又可分为通用水泥、专用水泥和特性水泥三大类。

3.1　通用硅酸盐水泥

3.1.1　通用硅酸盐水泥的定义及分类

按国家标准《通用硅酸盐水泥》（GB 175—2007）规定：以硅酸盐水泥熟料和适量石膏，及规定的混合材料制成的水硬性胶凝材料，称为通用硅酸盐水泥。

通用硅酸盐水泥按混合材料的品质和掺量分为硅酸盐水泥、普通硅酸盐水泥、矿渣硅酸盐水泥、火山灰质硅酸盐水泥、粉煤灰硅酸盐水泥和复合硅酸盐水泥，各品种的组分和代号应符合表 3-1 的规定。

3.1.2　通用硅酸盐水泥的生产

通用硅酸盐水泥生产的主要原料是钙质原料和黏土质原料。钙质原料主要提供 CaO，它可以采用石灰岩、凝灰岩和贝壳等，其中多用石灰岩。黏土质原料主要提供 SiO_2，Al_2O_3 及少量 Fe_2O_3，它可以采用黏土、黄土、页岩、泥岩、粉砂岩及河泥等，其中以黏土与黄土用得最广。为满足成分要求还常用校正原料，例如用铁矿粉等铁质原料补充氧化铁的含量；

以砂岩等硅质原料增加二氧化硅的成分等。此外，为了改善煅烧条件，提高熟料质量，还常加入少量矿化剂，如萤石、石膏等。

表 3 - 1   通用硅酸盐水泥的组分

品种	代号	组分（质量分数）				
		熟料＋石膏	粒化高炉矿渣	火山灰质混合材料	粉煤灰	石灰石
硅酸盐水泥	P·Ⅰ	100%	—	—	—	—
	P·Ⅱ	≥95%	≤5%	—	—	—
		≥95%				≤5%
普通硅酸盐水泥	P·O	≥80%且<95%	>5%且≤20%			
矿渣硅酸盐水泥	P·S·A	≥50%且<80%	>20%且≤50%			
	P·S·B	≥30%且<50%	>50%且≤70%			
火山灰质硅酸盐水泥	P·P	≥60%且<80%		>20%且≤40%		
粉煤灰硅酸盐水泥	P·F	≥60%且<80%			>20%且≤40%	
复合硅酸盐水泥	P·C	≥50%且<80%	>20%且≤50%			

通用硅酸盐水泥的生产过程可归结为：原料制备成生料粉（或浆体）、生料煅烧成熟料、加入一定量外掺剂（石膏、混合材料）粉磨成水泥三个阶段，简称"两磨一烧"，如图 3 - 1 所示。

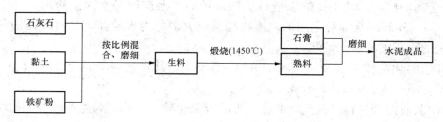

图 3 - 1   通用硅酸盐水泥生产流程图

3.1.3   通用硅酸盐水泥基本组成

1. 水泥熟料的矿物组成及特性

通用硅酸盐水泥熟料主要由四种矿物组成，其名称、分子式和含量范围如下：

硅酸三钙 $3CaO \cdot SiO_2$（简称 C_3S），含量 37%～60%

硅酸二钙 $2CaO \cdot SiO_2$（简称 C_2S），含量 15%～37%

铝酸三钙 $3CaO \cdot Al_2O_3$（简称 C_3A），含量 7%～15%

铁铝酸四钙 $4CaO \cdot Al_2O_3 \cdot Fe_2O_3$（简称 C_4AF），含量 10%～18%

在这四种矿物中，硅酸三钙和硅酸二钙称为硅酸盐矿物，一般占总量的 75%～82%。而铝酸三钙和铁铝酸四钙仅占 18%～25%，称为熔剂矿物。硅酸盐水泥熟料除上述主要组成外，尚含有少量的游离氧化钙、游离氧化镁、含碱矿物以及玻璃体等，但其占总量一般不超过 10%。

各矿物单独作用时表现出不同的特性，见表 3 - 2。

表 3 - 2 硅酸盐水泥熟料矿物特点

矿物名称	硅酸三钙	硅酸二钙	铝酸三钙	铁铝酸四钙
分子式	$3CaO \cdot SiO_2$	$2CaO \cdot SiO_2$	$3CaO \cdot Al_2O_3$	$4CaO \cdot Al_2O_3 \cdot Fe_2O_3$
简写式	C_3S	C_2S	C_3A	C_4AF
水化与硬化速度	快	慢	最快	快
28d 水化放热量	多	少	最多	中
强度	高	早期低、后期高	低	低

通过改变熟料矿物成分之间的比例，水泥的性质就会发生相应的变化。如提高 C_3S 的含量，可制得高强水泥；如提高 C_3S 和 C_3A 含量，可制得快硬水泥；降低 C_3S 和 C_3A 含量，提高 C_2S 含量，可制得中低热水泥等。

2. 水泥混合材料

水泥混合材料通常分为活性混合材料和非活性混合材料两大类。

（1）非活性混合材料。磨细的石英砂、石灰石、慢冷矿渣等属于非活性混合材料。它们与水泥成分不起化学作用或化学作用很小。非活性混合材料掺入水泥中，仅起提高水泥产量、降低水泥标号、减少水化热等作用。

（2）活性混合材料。混合材料磨细后与石灰和石膏拌合，加水后既能在水中又能在空气中硬化的称为活性混合材料。水泥中常用的活性混合材料有：

1）粒化高炉矿渣。粒化高炉矿渣是炼铁高炉的熔融矿渣经水淬急冷形成的疏松颗粒，其粒径为 0.5～5mm。水淬粒化高炉矿渣物相组成大部分为玻璃体，具有较高的化学潜能，故在激发剂的作用下具有水硬性。

高炉矿渣的化学成分主要为 CaO、Al_2O_3、SiO_2，其含量一般达 90％以上，另外还有 MgO、MnO、Fe_2O_3、CaS、FeS 及 TiO_2 等。

2）火山灰质混合材料。凡天然的或人工的以氧化硅、氧化铝为主要成分的矿物质原料，磨成细粉加水后并不硬化，但与石灰混合后再加水拌合，则不但能在空气中硬化，而且能在水中继续硬化者称为火山灰质混合材料。

火山灰质混合材料可分为天然的和人工的两类。天然火山灰质混合材料可分为火山生成的和沉积生成的两种。火山生成的主要有火山灰、火山凝灰岩、浮石等；沉积生成的主要有硅藻土、硅藻石及蛋白石等，这些物质不论其名称如何，化学成分都相似，含有大量的酸性氧化物；人工火山灰质混合材料主要有烧黏土、活性硅质渣、粉煤灰和烧页岩等，这类混合材以黏土燃烧分解形成可溶性无定形 SiO_2 和 Al_2O_3 为主要活性成分。

3）粉煤灰。粉煤灰属于具有一定活性的火山灰质混合材，它是燃煤发电厂电收尘器收集的细灰。由于它是比较大宗的工业废渣，且在颗粒形态和性能方面与其他火山灰质混合材有所不同，因此单独列出加以介绍。

粉煤灰的主要化学成分为 SiO_2、Al_2O_3、Fe_2O_3 和 CaO，根据其 CaO 含量的高低可分为低钙粉煤灰和高钙粉煤灰。低钙粉煤灰的 CaO 含量低于 10％，一般是无烟煤燃烧所得的副产品；高钙粉煤灰的 CaO 含量典型的可达 15％～30％，通常是褐煤和次烟煤燃烧所得的副产品。与低钙粉煤灰相比，高钙粉煤灰通常活性较高，因为它所含的钙绝大部分是以活性结晶化合物形式存在的，如 C_3A、CS，此外其所含的钙离子量使铝硅玻璃的活性得到增强。

不论是高钙粉煤灰还是低钙粉煤灰，都大约含有 60％～85％ 的玻璃体，以及结晶化合物 10％～30％ 和 5％ 左右的未燃尽碳。大部分的粉煤灰颗粒为实心玻璃球状，也有的为空心球。

3. 石膏

一般水泥熟料磨成细粉与水拌合会产生瞬凝现象，掺入适量石膏，不仅可调节凝结时间，同时还能提高早期强度，降低干缩变形，改善耐久性、抗渗性等一系列性能。瞬凝是指水泥与水接触后立即出现的快凝现象。对于掺混合材料的水泥，石膏还会对混合材料起活性激发剂作用。

用于水泥中的石膏一般是二水石膏或无水石膏，所使用的石膏品质有明确的规定：天然石膏必须符合《天然石膏》（GB/T 5483—2008）的规定，采用工业副产石膏时，必须经过试验证明对水泥性能无害。

水泥中石膏最佳掺量与熟料的 C_3A 含量有关、并且与混合材料的种类有关。一般地说，熟料中 C_3A 越多，石膏需多掺；掺混合材料的水泥应比硅酸盐水泥多掺石膏。石膏的掺量以水泥中 SO_3 含量作为控制指标，国标对不同种类的水泥有具体的 SO_3 限量指标。石膏掺量过少，不能合适地调节水泥正常的凝结时间，但掺量过多，则可能导致水泥体积安定性不良。

3.1.4 通用硅酸盐水泥的水化与凝结硬化

水泥加水拌合后成为既有可塑性又有流动性的浆体，同时开始水化，随着水化反应的进行，逐渐失去流动性到达"初凝"。待完全失去可塑性，开始产生强度时，即为"终凝"。随着水化、凝结的继续，浆体逐渐转变为具有一定强度的坚硬固体水泥石，即为硬化。可见，水化是水泥产生凝结硬化的前提，而凝结硬化则是水泥水化的结果。

1. 硅酸盐水泥的水化与凝结硬化

（1）硅酸盐水泥的水化。水泥与水接触后，熟料矿物立即与水发生化学反应，称为水化。水化反应生成水化产物，并放出一定的热量。

水泥是多矿物的集合体，各矿物的水化会互相影响。熟料单矿物的水化反应式如下：

$$2(3CaO \cdot SiO_2) + 6H_2O \longrightarrow 3CaO \cdot 2SiO_2 \cdot 3H_2O + 3Ca(OH)_2$$

　硅酸三钙　　　　　　　　　水化硅酸钙　　　　　　氢氧化钙

$$2(2CaO \cdot SiO_2) + 4H_2O \longrightarrow 3CaO \cdot 2SiO_2 \cdot 3H_2O + Ca(OH)_2$$

　　硅酸二钙

$$3CaO \cdot Al_2O_3 + 6H_2O \longrightarrow 3CaO \cdot Al_2O_3 \cdot 6H_2O$$

　　　铝酸三钙　　　　　　　　水化铝酸三钙

$$4CaO \cdot Al_2O_3 \cdot Fe_2O_3 + 7H_2O \longrightarrow 3CaO \cdot Al_2O_3 \cdot 6H_2O + CaO \cdot Fe_2O_3 \cdot H_2O$$

　　铁铝酸四钙　　　　　　　　　　　　　　　　水化铁酸一钙

在四种熟料矿物中，C_3A 水化速率最快，C_3S 和 C_4AF 水化也很快，而 C_2S 水化最慢。C_3S 和 C_2S 水化生成水化硅酸钙（C-S-H），它不溶于水，以胶体微粒析出，并逐渐凝聚成 C-S-H 凝胶，构成强度很高的空间网状结构；生成的氢氧化钙（CH）在溶液中很快达到过饱和，呈六方板状晶体析出。

铝酸三钙和铁铝酸四钙水化生成的水化铝酸钙为立方晶体，在氢氧化钙饱和溶液中，其一部分还能与氢氧化钙进一步反应，生成六方晶体的水化铝酸四钙。因水泥中掺有少量石膏，故生成的水化铝酸钙会与石膏反应，生成高硫型水化硫铝酸钙（$3CaO \cdot Al_2O_3 \cdot 3CaSO_4 \cdot 31H_2O$）针状晶体，也称钙矾石，常用 Aft 表示。当石膏消耗完后，部分将转变为单硫型水化硫铝酸钙（$3CaO \cdot Al_2O_3 \cdot CaSO_4 \cdot 12H_2O$）晶体，常用 AFm 表示。

综上所述，如果忽略一些次要的和少量的成分，则硅酸盐水泥与水作用后，生成的主要水化产物为：水化硅酸钙和水化铁酸钙凝胶，氢氧化钙、水化铝酸钙和水化硫铝酸钙晶体。在完全水化的水泥石中，水化硅酸钙约占 70%，氢氧化钙约占 20%，钙矾石和单硫型水化硫铝酸钙约占 7%。

（2）硅酸盐水泥的凝结硬化。100 多年来，水泥的凝结硬化理论不断发展和完善，但至今仍有很多问题有待深入研究。下面仅将当前的一般看法做简要介绍。

硅酸盐水泥的凝结硬化过程一般按水化反应速度和物理化学的主要变化，分为四个阶段，见表 3-3。

表 3-3 硅酸盐水泥的凝结硬化过程

凝结硬化阶段	一般的放热反应速度	一般的持续时间	主要的物理化学变化
初始反应期	168J/(g·h)	5～10min	初始溶解和水化
潜伏期	4.2J/(g·h)	1h	凝胶体膜层围绕水泥颗粒成长
凝结期	在 6h 内逐渐增加到 21J/(g·h)	6h	膜层增厚，水泥颗粒进一步水化
硬化期	在 24h 内逐渐降低到 4.2J/(g·h)	6h 至若干年	凝胶体填充毛细孔

1）初始反应期。水泥加水拌合后，未水化的水泥颗粒分散在水中，成为水泥浆体。

2）潜伏期。水泥颗粒的水化从表面开始，水和水泥一接触，水泥颗粒表面的熟料矿物和水反应，形成相应的水化物并溶于水中。此种作用继续下去，使水泥颗粒周围溶液很快达到水化产物的饱和或过饱和状态。由于各种水化产物的溶解度都很小，继续水化的产物以细分散状态的胶体颗粒析出，附在水泥颗粒表面，形成凝胶膜包裹层。在水化初期，水化物不多，包有水化物膜层的水泥颗粒之间还是分离着的，水泥浆具有可塑性。

3）凝结期。水泥颗粒不断水化，水化物膜层不断增厚，使水化反应在一段时间变得缓慢。随着水化反应的不断进行，膜层内部的水化物不断向外突破，最终导致膜层破裂，水化又重新加速。水泥颗粒间的空隙逐渐减少，包有凝胶体的颗粒逐渐接近，以致相互接触，接触点的增多形成了空间网状结构。凝聚结构的形成，使水泥浆开始失去可塑性，此为水泥的初凝，但这时还不具有强度。

4）硬化期。以上过程不断进行，固态的水化产物不断增多并填充颗粒间的空隙，毛细孔越来越少，结晶体和凝胶体互相贯穿，结构逐渐紧密。水泥浆体完全失去可塑性，达到能担负一定荷载的强度。水泥表现为终凝，并开始进入硬化阶段。水泥进入硬化期后，水化速度逐渐减慢，水化物随时间的增长而逐渐增加，扩展到毛细孔中，使结构更趋紧密，强度不断提高。

2. 矿渣硅酸盐水泥的水化硬化

矿渣水泥与水拌合后，首先是熟料矿物与水作用，生成水化硅酸钙、水化铝酸钙、水化铁酸钙、氢氧化钙、水化硫铝酸钙等水化产物，这个过程以及水化产物的性质与纯硅酸盐水泥是相同的。生成的 $Ca(OH)_2$ 则成为矿渣的碱性激发剂，它使矿渣玻璃体中的活性 SiO_2 和

活性 Al_2O_3 进入溶液，并与之形成水化硅酸钙、水化铝酸钙。水泥中所含的石膏则为矿渣的硫酸盐激发剂，与矿渣作用生成水化硫铝（铁）酸钙，此外还可能生成水化铝硅酸钙（C_2ASH_8）等水化产物。

与硅酸盐水泥相比，矿渣水泥的水化产物碱度要低一些，水化产物中的 $Ca(OH)_2$ 含量相对较少，其硬化后主要组成是 C-S-H 凝胶和钙矾石，而且水化硅酸钙凝胶结构比硅酸盐水泥石中的更为致密。

3. 火山灰硅酸盐水泥的水化硬化

火山灰水泥的水化与硬化过程与矿渣水泥类似，它加水拌合后，首先是熟料矿物与水作用，然后是熟料矿物水化释放出的 $Ca(OH)_2$，与混合材料中的活性组分（活性 SiO_2 和活性 Al_2O_3）发生二次反应，生成水化硅酸钙和水化铝酸钙。二次反应结果，减少了熟料水化生成的 $Ca(OH)_2$ 含量，从而又导致熟料水化加速。火山灰水泥的前、后两种反应是互相制约和互为条件的。

火山灰水泥水化的最终产物主要成分为水化硅酸钙凝胶，其次是水化铝酸钙及水化铁酸钙形成的固溶体以及水化硫铝酸钙。在硬化的火山灰水泥浆体中，$Ca(OH)_2$ 的数量比硅酸盐水泥石少很多，且随龄期增长而不断减少、粉煤灰属于火山灰质混合材，因此，粉煤灰水泥的水化硬化过程与火山灰水泥基本相似。

复合水泥中掺有两种或两种以上的混合材料，根据其混合材料的种类和掺量的不同，其水化硬化过程与矿渣水泥或火山灰水泥有不同程度的相似之处。

3.1.5　影响通用硅酸盐水泥凝结硬化的主要因素

1. 熟料矿物组成的影响

硅酸盐水泥的熟料矿物组成，是影响水泥凝结硬化的主要因素。各种矿物的水化特性不同，当水泥中各矿物的相对含量不同时，水泥的凝结硬化将产生明显变化。

2. 水泥细度的影响

水泥颗粒的粗细直接影响水泥的凝结硬化，这是因为水泥加水后，开始仅在水泥颗粒的表面进行水化，而后逐步向颗粒内部发展，而且是一个较长时间的过程。显然，水泥颗粒越细，水化作用的发展就越迅速而充分，使凝结硬化的速度加快，早期强度也就越高。

3. 石膏掺量

水泥粉磨时，通常要掺入一定量的石膏以调节水泥的凝结硬化速度。加入石膏后，石膏与水化铝酸钙作用，生成钙矾石，钙矾石难溶于水，沉淀在水泥颗粒表面形成保护膜，延缓了水泥的凝结。但石膏掺量如果过多，则会水泥凝结加快。同时，还会在后期引起水泥石的膨胀而开裂破坏。

4. 养护湿度和温度的影响

水是参与水泥水化反应的物质，是水泥水化、硬化的必要条件。通常，提高温度可加速硅酸盐水泥的早期水化，使早期强度能较快发展，但对后期强度反而可能有所降低。相反，在较低温度下硬化时，虽然硬化速率慢，但水化产物较致密，所以可获得较高的最终强度。不过在 0℃ 以下，当水结成冰时，水泥的水化、凝结硬化作用将停止。

5. 养护龄期的影响

水泥的水化硬化是一个较长时期不断进行的过程，随着水泥颗粒内各熟料矿物水化程度的提高，凝胶体不断增加，毛细孔隙相应减少，从而随着龄期的增长使水泥石的强度逐渐提高。由于熟料矿物中对强度起决定性作用的 C_3S 在早期的强度发展快，所以水泥在 3～14d 内强度增长较快，28d 后增长缓慢，如 7d 强度可达 28d 强度的 70% 左右。

6. 水泥受潮与久存

水泥受潮后，因表面已水化而结块，从而丧失胶凝能力，严重降低其强度。而且，即使在良好的储存条件下，水泥也不可储存过久，因为水泥会吸收空气中的水分和二氧化碳，产生缓慢水化和碳化作用，经 3 个月后水泥强度约降低 10%～20%，6 个月后约降低 15%～30%，1 年后约降低 25%～40%。

由于水泥水化从颗粒表面开始，水化过程中水泥颗粒被水化产物 C-S-H 凝胶所包裹，随着包裹层厚的增加，反应速率减缓。据研究测试，当包裹层厚达 $25\mu m$ 时，水化将终止。因此，受潮水泥颗粒只在表面水化，若将其重磨，可使其暴露出新表面而恢复部分活性。至于轻微结块（能用手捏碎）的水泥，强度约降低 10%～20%，这种水泥可以适当方式压碎后用于次要工程。

水泥的凝结硬化除上述因素外，还与混合材的掺加量、拌合用水量及掺外加剂种类等因素有关。

3.1.6 通用硅酸盐水泥的技术性质

根据国家标准 GB 175—2007，对通用硅酸盐水泥的主要技术性质要求如下。

1. 化学指标

（1）不溶物。水泥中的不溶物来自熟料中未参与矿物形成反应的黏土和结晶 SiO_2，是燃烧不均匀、化学反应不完全的标志。一般，回转窑熟料不溶物小于 0.5%，立窑熟料小于 1.0%。

（2）烧失量。水泥中烧失量的大小，一定程度上反映了熟料的烧成质量，同时也反映了混合材掺量是否适当以及水泥风化的情况。

（3）氧化镁。熟料中氧化镁含量偏高是导致水泥长期安定性不良的因素之一。熟料中部分氧化镁固熔于各种熟料矿物和玻璃体中，这部分氧化镁并不引起安定性不良，真正造成安定性不良的是熟料中粗大的方镁石晶体。同理，矿渣等混合材料中的氧化镁若不以方镁石结晶形式存在，对安定性也是无害的。因此，国际上有的国家水泥标准规定用压蒸安定性试验合格来限制氧化镁的危害作用是合理的。但我国目前尚不普遍具备作压蒸安定性的试验条件，故用规定氧化镁含量作为技术要求。

（4）三氧化硫（SO_3）。水泥中的 SO_3 主要来自石膏，SO_3 过量，将造成水泥体积安定性不良，国标是通过限定水泥 SO_3 含量控制石膏掺量。

通用硅酸盐水泥化学指标应符合表 3-4 的规定。

2. 碱含量

若水泥中碱含量高，当选用含有活性 SiO_2 的骨料配制混凝土时，会产生碱骨料反应，严重时，会导致混凝土不均匀膨胀破坏。由此而造成的危害，越来越引起人们的重视，因此，国标将碱含量也列入技术要求。根据我国的实际情况，国标规定：水泥中碱含量按 $Na_2O+0.658K_2O$ 计算值表示。若使用活性骨料，用户要求提供低碱水泥时，则水泥中的碱含量应不大于 0.60% 或由双方商定。

表 3 - 4 化 学 指 标 （%）

品种	代号	不溶物	烧失量	三氧化硫	氧化镁	氯离子
硅酸盐水泥	P·I	≤0.75	≤3.0	≤3.5	≤5.0①	≤0.06③
	P·II	≤1.50	≤3.5			
普通硅酸盐水泥	P·O	—	≤5.0			
矿渣硅酸盐水泥	P·S·A	—	—	≤4.0	≤6.0②	
	P·S·B	—	—		—	
火山灰质硅酸盐水泥	P·P	—	—		≤6.0②	
粉煤灰硅酸盐水泥	P·F	—	—	≤3.5		
复合硅酸盐水泥	P·C	—	—			

①如果水泥压蒸试验合格，则水泥中氧化镁含量（质量分数）允许放宽至 6.0%。

②如果水泥中氧化镁含量（质量分数）大于 6.0%，需进行水泥压蒸安定性试验并合格。

③当有更低要求时，该指标由买卖双方确定。

3. 物理性能

（1）细度。细度是指水泥颗粒的粗细程度，它是鉴定水泥品质的主要项目之一。

水泥细度通常采用筛分析法或比表面法（勃氏法）测定。筛析法以 80μm 或 45μm 方孔筛的筛余量表示。比表面积法以 1kg 水泥所具有的总表面积（m²/kg）表示。国家标准规定，硅酸盐水泥和普通硅酸盐水泥的细度用比表面积表示，其比表面积应不小于 300m²/kg。矿渣硅酸盐水泥、火山灰硅酸盐水泥、粉煤灰硅酸盐水泥和复合硅酸盐水泥的细度用筛余量表示，其 80μm 筛余量不大于 10% 或 45μm 筛余量不大于 30%。

（2）凝结时间。水泥的凝结时间有初凝与终凝之分。自加水起至水泥浆开始失去塑性、流动性减小所需的时间，称为初凝时间。自加水时起至水泥浆完全失去塑性、开始有一定结构强度所需的时间，称为终凝时间。国家标准规定硅酸盐水泥的初凝时间不得早于 45min，终凝时间不得迟于 6h30min。普通硅酸盐水泥、矿渣硅酸盐水泥、火山灰硅酸盐水泥、粉煤灰硅酸盐水泥和复合硅酸盐水泥的初凝时间不得早于 45min，终凝时间不得迟于 10h。

水泥凝结时间的测定，是以标准稠度的水泥净浆，在规定温度和湿度下，用凝结时间测定仪来测定。所谓标准稠度是指水泥净浆达到规定稠度时所需的拌合水量，以占水泥质量的百分率表示。硅酸盐水泥的标准稠度用水量，一般在 24%～30% 之间。水泥熟料矿物成分不同时，其标准稠度用水量也有所差别，磨得越细的水泥，标准稠度用水量越大。

规定水泥的凝结时间在施工中具有重要的意义。初凝不宜过快是为了保证有足够的时间在初凝之前完成混凝土成形等各工序的操作；终凝不宜过迟是为了使混凝土在浇捣完毕后能尽早完成凝结硬化，产生强度，以利于下一道工序的及早进行。

（3）体积安定性。水泥的体积安定性是指水泥在凝结硬化过程中体积变化的均匀性。水泥硬化后产生不均匀的体积变化即体积安定性不良，水泥体积安定性不良会使水泥制品、混凝土构件产生膨胀性裂缝，降低建筑物质量，甚至引起严重工程事故。

水泥安定性不良的原因是由于其熟料矿物组成中含有过多的游离氧化钙或游离氧化镁，以及水泥粉磨时所掺石膏超量等所致。熟料中所含的游离氧化钙或游离氧化镁都是在高温下生成的，属过烧氧化物，水化很慢，它要在水泥凝结硬化后才慢慢开始水化，水化时产生体积膨胀，从而引起不均匀的体积变化而使硬化水泥石开裂。

《水泥标准稠度用水量、凝结时间、安定性检验方法》(GB/T 1346—2011)规定，由游离氧化钙引起的水泥安定性不良可采用试饼法或雷氏法检验，在有争议时以雷氏法为准。试饼法是将标准稠度的水泥净浆做成试饼经恒沸 3h 后，用肉眼观察未发现裂纹，用直尺检查没有弯曲现象，则称为安定性合格，反之，为不合格。雷氏法是测定水泥浆在雷氏夹中硬化沸煮后的膨胀值，当两个试件沸煮后的膨胀值的平均值不大于 5.0mm 时，即判为该水泥安定性合格，反之为不合格。由于游离氧化镁的水化作用比游离氧化钙更加缓慢，所以必须用压蒸法才能检验出它的危害作用。

当水泥中石膏掺量过多时，多余的石膏将与已固化的水化铝酸钙作用生成水化硫铝酸钙晶体，体积膨胀 1.5 倍，造成硬化水泥石开裂破坏。石膏的危害需经长期浸在常温水中才能发现。因氧化镁和石膏的危害作用不易快速检验，故常在水泥生产中严格加以控制，国家标准通过化学指标加以限定。

(4) 强度及强度等级。水泥的强度是评定其质量的重要指标。《水泥胶砂强度检验方法(ISO 法)》(GB 17671—1999)规定，将水泥和中国 ISO 标准砂按质量计以 1：3 混合，用 0.5 的水胶比按规定的方法制成 40mm×40mm×160mm 的试件，在标准温度 20℃±1℃ 的水中养护，分别测定其 3d 和 28d 的抗折强度和抗压强度。水泥按 3d 强度又分为普通型和早强型两种类型，其中有代号 R 者为早强型水泥。不同品种不同强度等级的通用硅酸盐水泥，其不同龄期的强度应符合表 3-5 规定。

表 3-5 不同龄期的通用硅酸盐水泥强度要求

品　种	强度等级	抗压强度/MPa		抗折强度/MPa	
		3d	28d	3d	28d
硅酸盐水泥	42.5	≥17.0	≥42.5	≥3.5	≥6.5
	42.5R	≥22.0		≥4.0	
	52.5	≥23.0	≥52.5	≥4.0	≥7.0
	52.5R	≥27.0		≥5.0	
	62.5	≥28.0	≥62.5	≥5.0	≥8.0
	62.5R	≥32.0		≥5.5	
普通硅酸盐水泥	42.5	≥17.0	≥42.5	≥3.5	≥6.5
	42.5R	≥22.0		≥4.0	
	52.5	≥23.0	≥52.5	≥4.0	≥7.0
	52.5R	≥27.0		≥5.0	
矿渣硅酸盐水泥 火山灰质硅酸盐水泥 粉煤灰硅酸盐水泥 复合硅酸盐水泥	32.5	≥10.0	≥32.5	≥2.5	≥5.5
	32.5R	≥15.0		≥3.5	
	42.5	≥15.0	≥42.5	≥3.5	≥6.5
	42.5R	≥19.0		≥4.0	
	52.5	≥21.0	≥52.5	≥4.0	≥7.0
	52.5R	≥23.0		≥4.5	

(5) 密度与堆积密度。在进行混凝土配合比计算和储运水泥时需要知道水泥的密度和堆

积密度，硅酸盐水泥和普通水泥的密度一般在 $3.1\sim3.2\mathrm{g/cm^3}$ 之间。水泥在松散状态时的堆积密度一般在 $900\sim1300\mathrm{kg/m^3}$ 之间，紧密堆积状态可达 $1400\sim1700\mathrm{kg/m^3}$。

（6）水化热。水泥的水化反应是放热反应，其水化过程放出的热称为水泥的水化热。水泥的水化热对混凝土工艺有多方面意义，水化热对大体积混凝土是有害的因素，大体积混凝土由于水化热积蓄在内部，造成内外温差，形成不均匀应力，导致开裂，但水化热对冬季混凝土施工则是有益的，水化热可促进水泥水化进程。

水泥的水化放热量及放热速率与水泥的矿物组成有关，根据熟料单矿物水化热测定结果，可测算得硅酸盐熟料中四种主要矿物的水化放热速率。由于水泥的水化热具有加和性，所以可根据水泥矿物组成含量估算水泥水化热。对于硅酸盐水泥，在水化 3d 龄期内，水化放热量大致为总放热量的 50%，7d 龄期为 75%，而 3 个月可达 90%。由此可见，水泥的水化放热量大部分在 $3\sim7\mathrm{d}$ 内放出，以后逐渐减少。

水泥水化放热量和放热速率还与水泥细度、混合材料种类和数量有关。水泥细度越细，水化反应加速，水化放热速率也增大。掺混合材料可降低水泥水化热和放热速率，因此，大体积混凝土应选用掺混合材料量较大的水泥。

3.1.7　水泥石的腐蚀与防止

硅酸盐水泥硬化后，在一般使用条件下具有较好的耐久性，但在流动的淡水及某些侵蚀性液体如酸性水、硫酸盐溶液和浓碱溶液中会逐渐受到侵蚀。水泥石的几种主要侵蚀作用如下：

1. 软水侵蚀（溶出性侵蚀）

水泥石中的水化产物须在一定浓度的氢氧化钙溶液中才能稳定存在，如果溶液中的氢氧化钙浓度小于水化产物所要求的极限浓度时，则水化产物将被溶解或分解，从而造成水泥石结构的破坏，这就是硬化水泥石软水侵蚀的原理。

雨水、雪水、蒸馏水、工厂冷凝水及含碳酸盐甚少的河水与湖水等都属于软水。当水泥石长期与这些水相接融时，氢氧化钙会被溶出（每升水中能溶氢氧化钙 1.3g 以上）。在静水无压的情况下，由于氢氧化钙的溶解度小，易达饱和，故溶出仅限于表层，影响不大。但在流水及压水力作用下，氢氧化钙被不断溶解流失，使水泥石碱度不断降低，从而引起其他水化产物的分解溶蚀，如高碱性的水化硅酸盐、水化铝酸盐等分解成为低碱性的水化产物，最后会变成胶结能力很差的产物，使水泥石结构遭受破坏，这种现象称为溶析。

当环境水中含有重碳酸盐时，则重碳酸盐与水泥石中的氢氧化钙起作用，生成几乎不溶于水的碳酸钙，其反应式为：

$$Ca(OH)_2 + Ca(HCO_3)_2 \longrightarrow 2CaCO_3 + 2H_2O$$

生成的碳酸钙沉积在已硬化水泥石中的孔隙内起密实作用，从而可阻止外界水的继续侵入及内部氢氧化钙的扩散析出。所以，对需与软水接触的混凝土，若预先在空气中硬化，存放一段时间后使之形成碳酸钙外壳，则可对溶出性侵蚀起到一定的保护作用。

2. 盐类侵蚀

（1）硫酸盐侵蚀。在海水、湖水、盐沼水、地下水、某些工业污水及流经高炉矿渣或煤渣的水中，常含钾、钠、氨的硫酸盐，它们与水泥石中的氢氧化钙起置换作用而生成硫酸钙。硫酸钙与水泥石中的固态水化铝酸钙作用生成高硫型水化硫铝酸钙，其反应式为：

$$3CaO \cdot Al_2O_3 \cdot 6H_2O + 3(CaSO_4 \cdot 2H_2O) + 19H_2O \longrightarrow 3CaO \cdot Al_2O_3 \cdot 3CaSO_4 \cdot 31H_2O$$

生成的高硫型水化硫铝酸钙含有大量结晶水，比原有体积增加1.5倍以上，因此对水泥石起极大的破坏作用。高硫型水化硫铝酸钙呈针状晶体，通常称为"水泥杆菌"，如图3-2所示。

图3-2　水泥石中的水泥杆菌

当水中硫酸盐浓度较高时，硫酸钙将在孔隙中直接结晶成二水石膏，也产生体积膨胀，导致水泥石的开裂破坏。

（2）镁盐侵蚀。在海水及地下水中，常含有大量的镁盐，主要是硫酸镁和氯化镁。它们与水泥石中的氢氧化钙起复分解反应：

$$MgSO_4 + Ca(OH)_2 + 2H_2O \Longrightarrow CaSO_4 \cdot 2H_2O + Mg(OH)_2$$
$$MgCl_2 + Ca(OH)_2 \Longrightarrow CaCl_2 + Mg(OH)_2$$

生成的氢氧化镁松软而无胶凝力，氯化钙易溶于水，二水石膏又将引起硫酸盐的破坏作用。因此，硫酸镁对水泥石起镁盐和硫酸盐的双重侵蚀作用。

3. 酸类侵蚀

（1）碳酸的侵蚀。在工业污水、地下水中常溶解有较多的二氧化碳，这种水分对水泥石的腐蚀作用是通过下面方式进行的：

开始时二氧化碳与水泥石中的氢氧化钙作用生成碳酸钙：

$$Ca(OH)_2 + CO_2 + H_2O \Longrightarrow CaCO_3 + 2H_2O$$

生成的碳酸钙再与含碳酸的水作用转变成重碳酸钙，此反应为可逆反应：

$$CaCO_3 + CO_2 + H_2O \Longrightarrow Ca(HCO_3)_2$$

生成的重碳酸钙易溶于水，当水中含有较多的碳酸，并超过平衡浓度时，则上式反应向右进行，从而导致水泥石中的氢氧化钙通过转变为易溶的重碳酸钙而溶失。氢氧化钙浓度的降低，将导致水泥石中其他水化产物的分解，使腐蚀作用进一步加剧。

（2）一般酸的腐蚀。在工业废水、地下水、沼泽水中常含有无机酸和有机酸。工业窑炉中的烟气常含有二氧化硫，遇水后生成亚硫酸。各种酸类对水泥石都有不同程度的腐蚀作用，它们与水泥石中的氢氧化钙作用后的生成物，或者易溶于水，或者体积膨胀，在水泥石内造成内应力而导致破坏。腐蚀作用最快的是无机酸中的盐酸、氢氟酸、硝酸、硫酸和有机酸中的醋酸、蚁酸和乳酸等。例如，盐酸和硫酸分别与水泥石中的氢氧化钙作用，其反应式

32

如下：

$$2HCl + Ca(OH)_2 \Longrightarrow CaCl_2 + H_2O$$
$$H_2SO_4 + Ca(OH)_2 \Longrightarrow CaSO_4 \cdot 2H_2O$$

反应生成的氯化钙易溶于水，生成的二水石膏继而又起硫酸盐的腐蚀作用。

4. 强碱的腐蚀

碱类溶液如浓度不大时一般无害。但铝酸盐含量较高的硅酸盐水泥遇到强碱（如氢氧化钠）作用后也会被腐蚀破坏。氢氧化钠与水泥熟料中未水化的铝酸盐作用，生成易溶的铝酸钠，其反应式为：

$$3CaO \cdot Al_2O_3 + 6NaOH \Longrightarrow 3Na_2O \cdot Al_2O_3 + 3Ca(OH)_2$$

当水泥石被氢氧化钠浸透后又在空气中干燥，与空气中的二氧化碳作用生成碳酸钠，碳酸钠在水泥石毛细孔中结晶沉积，而使水泥石胀裂。

除上述四种侵蚀类型外，对水泥石有腐蚀作用的还有其他物质，如糖、氨盐、纯酒精、动物脂肪、含环烷酸的石油产品等。

实际上，水泥石的腐蚀是一个极为复杂的物理化学作用过程，在遭受腐蚀时，很少仅为单一的侵蚀作用，往往是几种同时存在，互相影响。但产生水泥石腐蚀的基本内因：一是水泥石中存在有易被腐蚀的组分，即 $Ca(OH)_2$ 和水化铝酸钙；二是水泥石本身不密实，有很多毛细孔通道，侵蚀性介质易于进入其内部。

应该说明，干的固体化合物对水泥石不起侵蚀作用，腐蚀性化合物必须呈溶液状态，而且其浓度要达一定值以上。促进化学腐蚀的因素为较高的温度、较快的流速、干湿交替和出现钢筋蚀锈等。

3.1.8 防止水泥石腐蚀的措施

针对水泥石腐蚀的原理，使用水泥时可采取下列防止措施：

(1) 根据侵蚀环境特点，合理选用水泥品种。例如，采用水化产物中氢氧化钙含量较少的水泥，可提高对各种侵蚀作用的抵抗能力；对抵抗硫酸盐的腐蚀，应采用铝酸三钙含量低于5%的抗硫酸盐水泥。另外，掺入活性混合材料，可提高硅酸盐水泥对多种介质的抗腐蚀性。

(2) 提高水泥石的密实度。从理论上讲，硅酸盐水泥水化只需其质量23%左右的水（化学结合水），但实际用水量约占水泥质量的40%~70%，多余的水分蒸发后会形成连通的孔隙，腐蚀介质就容易侵入水泥石内部，从而加速了水泥石的腐蚀。在实际工程中，提高混凝土或砂浆密实度的措施有：合理进行混凝土配合比设计，降低水胶比，选择性能良好的骨料，掺加外加剂，以及改善施工方法（如振动成形、真空吸水作业）等。

(3) 表面加保护层。当侵蚀作用较强时，可在混凝土或砂浆表面加做耐腐蚀性高且不透水的保护层，保护层的材料可为耐酸石料、耐酸陶瓷、玻璃、塑料、沥青等。对具有特殊要求的抗侵蚀混凝土，还可采用聚合物混凝土。

3.1.9 通用硅酸盐水泥的特性与应用

1. 硅酸盐水泥和普通硅酸盐水泥

(1) 凝结硬化块，强度高，尤其早期强度高。因为决定水泥石28d以内强度的 C_3S 含量高，同时对水泥早期强度有利的 C_3A 含量较高。

（2）抗冻性好。硅酸盐水泥硬化水泥石的密实度比掺大量混合材料水泥的高，且早期强度较高，故抗冻性好。显然，硅酸盐水泥的抗冻性也优于普通水泥。

（3）水化热大。这是由于水化热大的 C_3S 和 C_3A 含量高所致。

（4）不耐腐蚀。水泥石中存在很多氢氧化钙和较多水化铝酸钙，所以这两种水泥的耐软水侵蚀和耐化学腐蚀性差。

（5）不耐高温。水泥石受热到约 300℃ 时，水泥的水化产物开始脱水，体积收缩，强度开始下降，温度达 700～1000℃ 时，强度降低很多，甚至完全破坏，故不耐高温。

2. 矿渣、粉煤灰、火山灰硅酸盐水泥

（1）三种水泥的共性。

1）凝结硬化慢、早期强度低、后期强度发展较快。混合材料在常温下水化反应比较缓慢，因此凝结硬化较慢。早期（3d）强度低，但在硬化后期（28d 以后），由于水化产物增多，使水泥石强度不断增长，最后甚至超过同标号普通硅酸盐水泥。

2）对温度敏感，适合高温养护。这三种水泥在低温下水化明显减慢，强度较低。采用蒸汽或压蒸养护等湿热处理方法，可显著加速硬化速度，且不影响后期强度的增长。

3）耐腐蚀性好。由于熟料少，水化生成的氢氧化钙含量少，并且二次水化还要消耗大量的氢氧化钙，使得水泥石中氢氧化钙量进一步减少，因此抗软水、海水和硫酸盐侵蚀能力较强，宜用于水工工程和海港工程。

4）水化热小。熟料少，使水化放热量大幅度降低，因此可用于大体积混凝土。矿渣水泥具有一定的耐热性，可用于耐热混凝土工程。

5）抗冻性差、耐磨性差。矿渣水泥中混合材料掺量较多，其标准稠度用水量较大，容易使水泥石内部形成毛细管通道或粗大孔隙，且养护不当易产生裂纹。因此，抗冻性、抗渗性和抵抗干湿交替循环性能均不及硅酸盐水泥和普通硅酸盐水泥。

6）抗碳化能力差。由于这三种水泥水化产物中 $Ca(OH)_2$ 含量少，碱度较低，故抗碳化能力差，不易用于 CO_2 浓度高的环境中。

（2）三种水泥的特性。

1）矿渣水泥。由于硬化后 $Ca(OH)_2$ 含量少，矿渣本身又是高温形成的耐火材料，故矿渣水泥的耐热性较好，可用于温度不高于 200℃ 的混凝土工程中，如热工窑炉基础等。矿渣玻璃体对水的吸附能力差，且干燥收缩也较普通水泥大，不易用于有抗渗要求的混凝土。

2）火山灰水泥。火山灰混合材料含有大量孔隙，使其具有良好的保水性，从而具有较高的抗渗性和耐水性，可优先用于有抗渗要求的混凝土工程。火山灰水泥的干缩大，不易用于长期处于干燥环境中的混凝土工程。

3）粉煤灰水泥。由于粉煤灰呈球形颗粒，比表面积小，对水的吸附能力差，需水量小，故粉煤灰水泥的干缩小、抗裂性好。由于它的泌水速度快，若施工不当易产生失水裂缝，因而不宜用于干燥环境。此外，泌水会造成较多的连通孔隙，故粉煤灰水泥的抗渗性较差，不易用于抗渗要求高的混凝土工程。

3.1.10 通用硅酸盐水泥的包装标志及贮运

为了便于识别，避免错用，《通用硅酸盐水泥》（GB 175—2007/XG1—2009）规定，水泥袋上应清楚标明：产品名称，代号，净含量，强度等级，生产许可证编号，生产者名称和地址，出厂编号，执行标准号，包装日期。

包装袋两侧应根据水泥的品种采用不同的颜色印刷水泥名称和强度等级，硅酸盐水泥和普通水泥的印刷采用红色，矿渣硅酸盐水泥采用绿色；火山灰硅酸盐水泥、粉煤灰硅酸盐水泥和复合硅酸盐水泥采用黑色或蓝色。

水泥在运输和贮存时不得受潮和混入杂物，不同品种和强度等级的水泥应分别贮存，不得混杂堆放，并应采取防潮措施。

3.2 特 种 水 泥

特种水泥的品种很多，本章仅介绍土木工程、房屋维修工程中常用的几种，包括快硬硅酸盐水泥、白色硅酸盐水泥、彩色硅酸盐水泥、铝酸盐水泥以及膨胀水泥等。

3.2.1 白色与彩色硅酸盐水泥

凡以适当成分的生料烧至部分熔融，所得以硅酸钙为主要成分、氧化铁含量很少的白色硅酸盐水泥熟料，再加入适量石膏，共同磨细制成的水硬性胶凝材料称为白色硅酸盐水泥，简称白水泥。

1. 白水泥制造原理及生产工艺

普通水泥的颜色主要因其化学成分中所含氧化铁所致。因此，白水泥与普通水泥制造上的主要区别，在于严格控制水泥原料的铁含量，并严防在生产过程中混入铁质。表 3-6 为水泥中含铁量与水泥颜色的关系，白水泥中铁含量只有普通水泥的 1/10 左右。此外，锰、铬等氧化物也会导致水泥白度的降低，故生产中也须控制其含量

表 3-6 水泥中含铁量与水泥颜色的关系

氧化铁含量（%）	3～4	0.45～0.7	0.35～0.4
水泥颜色	暗灰色	淡绿色	白色

白水泥与普通水泥生产方法基本相同，但对原材料要求不同。生产白水泥用的石灰石及黏土原料中的氧化铁含量应分别低于 0.1% 和 0.7%。常用的黏土质原料有高岭土、瓷石、白泥、石英砂等，石灰岩质原料则采用白垩。生产中还需要采取下列措施：要选用无灰分的气体燃料（天然气）或液体燃料（柴油、重油），在粉磨生料和熟料时，为避免混入铁质，球磨机内壁要镶贴白色花岗岩或高强陶瓷衬板，并采用烧结刚玉、瓷球、卵石等作研磨体。为提高白水泥的白度，对白水泥熟料还需经漂白处理，例如，给刚出窑的红热熟料喷水、喷油或浸水，使高价的 Fe_2O_3 还原成低价的 FeO 或 Fe_3O_4；提高白水泥熟料的饱和比（即 KH 值）增加游离 CaO 的含量，并使其吸水消解为 $Ca(OH)_2$；适当提高水泥的细度等。

2. 白水泥的技术性质

（1）强度。根据《白色硅酸盐水泥》（GB/T 2015—2005）规定，白色硅酸盐水泥分为 32.5、42.5、52.5 三个等级，各等级水泥各龄期的强度不得低于表 3-7 的数值。

表 3-7 白水泥的强度要求

强度等级	抗压强度/MPa		抗折强度/MPa	
	3d	28d	3d	28d
32.5	12.0	32.5	3.0	6.0
42.5	17.0	42.5	3.5	6.5
52.5	22.0	52.5	4.0	7.0

（2）白度。将白水泥样品装入压样器中压成表面平整的白板，置于白度仪中测定白度，以其表面对红、绿、蓝三原色光的反射率与氧化镁标准白板的反射率比较，用相对反射百分率表示。根据 GB/T 2015—2005 规定，白水泥的白度值应不低于 87。

（3）细度、凝结时间及体积安定性。白色硅酸盐水泥细度要求为 $80\mu m$ 方孔筛筛余量不超过 10%；凝结时间初凝不早于 45min，终凝不迟于 10h；体积安定性用沸煮法检验必须合格；水泥中三氧化硫含量不得超过 3.5%。

3. 彩色硅酸盐水泥

目前生产彩色硅酸盐水泥多采用染色法，就是将硅酸盐水泥熟料（白水泥熟料或普通水泥熟料）、适量石膏和碱性颜料共同磨细而制成。也可将颜料直接与水泥粉混合而配制成彩色水泥，但这种方法颜料用量大，色泽也不易均匀。

生产彩色水泥所用的颜料应满足以下基本要求：不溶于水，分散性好；耐大气稳定性好，耐光性应在 7 级以上；抗碱性强，应具一级耐碱性；着色力强，颜色浓；不会使水泥强度显著降低，也不能影响水泥正常凝结硬化。无机矿物颜料能较好地满足以上要求，而有机颜料色泽鲜艳，在彩色水泥中只需掺入少量，就能显著提高装饰效果。

白色和彩色硅酸盐水泥在装饰工程中常用来配制彩色水泥浆，配制装饰混凝土，配制各种彩色砂浆用于装饰抹灰，以及制造各种色彩的水刷石、人造大理石及水磨石等制品。

3.2.2 快硬早强水泥

随着建筑业的发展，高、早强混凝土应用量日益增加，高、早强水泥的品种与产量也随之增多。目前，我国快硬、高强水泥已有 5 个系列，近 10 个品种，是世界上少有的品种齐全的国家之一。

下面介绍几种典型的快硬水泥。

1. 快硬硅酸盐水泥

凡以硅酸钙为主要成分的水泥熟料，加入适量石膏，经磨细制成的具有早期强度增进率较快的水硬性胶凝材料，称快硬硅酸盐水泥，简称快硬水泥，快硬水泥以 3d 强度确定其标号。制造过程与硅酸盐水泥基本相同，只是适当增加了熟料中硬化快的矿物，即 C_3S 含量达 50%～60%，C_3A 为 8%～14%，两者总量应不少于 60%～65%。同时适当增加石膏掺量（达 8%），并提高水泥的粉磨细度，通常比表面积达 $450m^2/kg$。

快硬水泥主要用于配制早强混凝土，适用于紧急抢修工程和低温施工工程。

2. 铝酸盐水泥

铝酸盐水泥，它是以铝矾土和石灰石为原料，经煅烧制得以铝酸钙为主要成分、氧化铝含量约 50% 的熟料，再磨细制成的水硬性胶凝材料。

（1）铝酸盐水泥的矿物组成、水化与硬化。铝酸盐水泥的主要矿物成分为铝酸一钙（$CaO \cdot Al_2O_3$，简写为 CA），另外还有二铝酸一钙（$CaO \cdot 2Al_2O_3$，简写为 CA_2）、硅铝酸二钙（$2CaO \cdot Al_2O_3 \cdot SiO_2$，简写为 C_2AS）、七铝酸十二钙（$12CaO \cdot 7Al_2O_3$，简写为 $C_{12}A_7$），以及少量的硅酸二钙（$2CaO \cdot SiO_2$）等。

铝酸盐水泥的水化产物主要为十水铝酸一钙（CAH_{10}）、八水铝酸二钙（C_2AH_8）和铝胶（$Al_2O_3 \cdot 3H_2O$）。CAH_{10} 和 C_2AH_8 具有细长的针状和板状结构，能互相结成坚固的结晶连生体，形成晶体骨架。析出的氢氧化铝凝胶难溶于水，填充于晶体骨架的空隙中，形成较密实的水泥石结构，并迅速产生很高的强度。

（2）铝酸盐水泥的技术要求。铝酸盐水泥常为黄或褐色，也有呈灰色的。《铝酸盐水泥》（GB 201—2000）规定，铝酸盐水泥按 Al_2O_3 的含量分为 CA-50、CA-60、CA-70、CA-80 四个等级。

1）细度。铝酸盐水泥的细度要求为比表面积不小于 $300m^2/kg$ 或 $45\mu m$ 方孔筛筛余不得超过 20%。

2）凝结时间。凝结时间（胶砂）应符合表 3 - 8 要求。

表 3 - 8　　　　　　　　　　　　　凝 结 时 间

水 泥 类 型	初凝时间不得早于/min	终凝时间不得迟于/h
CA—50、CA—70、CA—80	30	6
CA-60	60	18

3）强度。各类型铝酸盐水泥各龄期强度不得低于表 3 - 9。

表 3 - 9　　　　　　　　　　　　　水泥胶砂强度

水泥类型	抗压强度/MPa				抗折强度/MPa			
	6h	1d	3d	28d	6h	1d	3d	28d
CA—50	20[①]	40	50	—	3.0[①]	5.5	6.5	—
CA—60	—	20	45	85	—	2.5	5.0	10.0
CA—70	—	30	40	—	—	5.0	6.0	—
CA—80	—	25	30	—	—	4.0	5.0	—

① 当用户需要时，生产厂应提供结果。

（3）铝酸盐水泥的特性。

1）快凝早强，1d 强度可达最高强度的 80% 以上。

2）水化热大，且放热量集中，1d 内放出水化热总量的 70%～80%，使混凝土内部温度上升较高，故即使在 -10℃ 下施工，铝酸盐水泥也能很快凝结硬化。

3）抗硫酸盐性能很强，因其水化后无 $Ca(OH)_2$ 生成。

4）耐热性好，能耐 1300～1400℃ 高温。

5）长期强度降低，一般降低 40%～50%。

关于铝酸盐水泥长期强度降低的原因，国内外存在许多说法，但比较多的看法认为：一是铝酸盐水泥主要水化产物 CAH_{10} 和 C_2AH_8 为亚稳晶体结构，经一定时间后，特别是在较高温度及高湿度环境中，易转变成稳定的呈立方体结构的 C_3AH_6。立方体晶体相互搭接差，使骨架强度降低。二是在晶形转化的同时，固相体积将减缩约 50%，使孔隙率增加。三是在晶体转变过程中析出大量游离水，进一步降低了水泥石的密度，从而使强度下降。

（4）铝酸盐水泥的应用及施工注意事项。

1）铝酸盐水泥不能用于长期承重的结构及高温高湿环境中的工程，但适用于紧急军事工程（筑路、桥）、抢修工程（堵漏等）、临时性工程，以及配制耐热混凝土，如高温窑炉炉衬等。

2）当配制铝酸盐水泥混凝土时应采用低水胶比。实践证明 W/C<0.40 时，晶形转化后的强度尚能较高。不能在高温季节施工，铝酸盐水泥施工适宜温度 15℃，应控制在不大于 25℃，也不能进行蒸汽养护。不经过试验，铝酸盐水泥不得与硅酸盐水泥或石灰相混，以免引起闪凝和强度下降。

3. 快硬硫铝酸盐水泥

以适当成分的生料，烧成以无水硫铝酸钙［$3(CaO \cdot Al_2O_3) \cdot CaSO_4$］和 β 型硅酸二钙为主要矿物成分的熟料，加入适量石膏磨细制成的水硬性胶凝材料，称为快硬硫铝酸盐水泥。

这种水泥中的无水硫铝酸钙水化很快，在水泥失去塑性前就形成大量的钙矾石和氢氧化铝凝胶，β-C_2S 是高温（1250～1350℃）烧成，活性较高，水化较快，能较早生成 C-S-H 凝胶，C-S-H 凝胶和氢氧化铝凝胶填充于钙矾石结晶骨架的空间，形成致密的体系，从而使快硬硅酸盐水泥获得较高的早期强度。此外，C_2S 水化析出的 $Ca(OH)_2$ 与氢氧化铝和石膏又能进一步生成钙矾石，不仅增加了钙矾石的量，而且也促进了 C_2S 的水化，进一步提高早期强度，使水泥有较好的抗冻性、抗渗性和气密性。

快硬硫铝酸盐水泥具有快凝、早强、不收缩的特点，可用于配制早强、抗渗和抗硫酸盐侵蚀的混凝土，适用于负温施工（冬期施工），浆锚、喷锚支护、抢修、堵漏，水泥制品及一般建筑工程。由于这种水泥的碱度较低，所以适用于玻纤增强水泥制品，但是碱度低也带来了易使钢筋锈蚀的问题，使用时应予注意。此外，钙矾石在 150℃以上会脱水，强度大幅度下降，故耐热性较差。

3.2.3 膨胀水泥及自应力水泥

硅酸盐水泥在空气中硬化时，通常都会产生一定的收缩，收缩将使水泥混凝土制品内部产生微裂缝，对混凝土的整体性不利，若用硅酸盐水泥来填灌装配式构件的接头、填塞孔洞、修补缝隙等，均不能达到预期的效果。但膨胀水泥在硬化过程中能产生一定体积的膨胀，从而能克服或改善一般水泥的上述缺点。在钢筋混凝土中应用膨胀水泥，由于混凝土的膨胀将使钢筋产生一定的拉应力，混凝土受到相应的压应力，这种压应力能使混凝土免于产生内部微裂缝，当其值较大时，还能抵消一部分因外界因素（如水泥混凝土管道中输送的压力水或压力气体）所产生的拉应力，从而有效地改善混凝土抗拉强度低的缺陷。因为这种预先具有的压应力来自于水泥本身的水化，所以称为自应力，并以"自应力值"（MPa）表示混凝土中所产生的压应力大小。

膨胀水泥按自应力的大小可分为两类：当其自应力值大于或等于 2.0MPa 时，称为自应力水泥；当自应力值小于 2.0MPa（通常为 0.5MPa 左右），则称为膨胀水泥。

按基本组成，我国常用的膨胀水泥品种如下：

(1) 硅酸盐膨胀水泥。以硅酸盐水泥为主，外加铝酸盐水泥和石膏配制而成。

(2) 铝酸盐膨胀水泥。以铝酸盐水泥为主，外加石膏组成。

(3) 硫铝酸盐膨胀水泥。以无水硫铝酸钙和硅酸二钙为主要成分，外加石膏而组成。

(4) 铁铝酸盐膨胀水泥。以铁相、无水硫铝酸钙和硅酸二钙为主要矿物，加石膏制成。

上述四种膨胀水泥的膨胀源均来自于在水泥石中形成钙矾石产生体积膨胀而致。调整各种组成的配合比，控制生成钙矾石的数量，可以制得不同膨胀值、不同类型的膨胀水泥。膨胀水泥适用于补偿混凝土收缩的结构工程，作防渗层或防渗混凝土；填灌构件的接缝及管道接头；结构的加固与修补；固结机器底座及地脚螺丝等。自应力水泥适用于制造自应力钢筋混凝土压力管及其配件。

工程实例分析

 ［实例 3-1］　水泥的假凝

工程背景

某工地使用某厂生产的硅酸盐水泥，加水拌合后，水泥浆体在短时间内迅速凝结。后经剧烈搅拌，水泥浆体又恢复塑性，随后过 3h 才凝结。

原因分析

此为水泥假凝现象，假凝是指水泥的一种不正常的早期固化或过早变硬现象。假凝与快凝不同，前者放热量甚微，且经剧烈搅拌后浆体可恢复塑性，并达到正常凝结，对强度无不利影响。假凝现象与很多因素有关，一般认为主要是由于水泥粉磨时磨内温度较高，使二水石膏脱水成半水石膏的缘故。当水泥拌水后，半水石膏迅速水化为二水石膏，形成针状结晶网状结构，从而引起浆体固化。另外，某些含碱较高的水泥，硫酸钾与二水石膏生成钾石膏迅速长大，也会造成假凝。

 ［实例 3-2］　水泥的安全性不良

工程背景

某市一单位修建单位住宅楼，共 10 栋，设计均为 7 层砖混结构，建筑面积 10 000m²，主体完工后进行墙面 1:3 水泥砂浆抹灰，采用某水泥厂生产的 32.5 级水泥，当地优质河砂（中砂）。抹灰后在两个月内相继发现该工程墙面抹灰出现裂缝，并迅速发展，不规则裂缝宽度 0.2~0.6mm 不等，裂缝间距约 40~60cm。开始由墙面一点产生膨胀变形，形成不规则的放射状裂缝，多点裂缝相继贯通，成为典型的龟状裂缝，并且空鼓，空鼓区用小锤轻击，抹灰层即可脱落，实际上此时抹灰与墙体已产生剥离。

原因分析

抹灰前，现浇混凝土表面的凹凸处已填平或凿去，避免了因局部抹灰过厚而产生的干缩开裂。经观察和分析，在墙体和混凝土板交接处、结构主体部位都未出现裂缝，裂缝只出现在抹灰层，且无一定规则，因此，可以排除因地基沉陷、结构变形、构件挠度、错位等引起的开裂。抹灰前对基层的脱模剂、油污等已清理干净；抹灰前对基层浇水充分，抹灰措施采用分层抹灰，水泥砂浆的每遍抹灰厚度以 5～7mm，待前一层砂浆稍干后进行下一层涂抹，每层抹灰跟进适当。后经质监部门查证，该工程所用水泥中氧化镁含量严重超标，致使水泥安定性不合格，施工单位未对水泥进行进场检验就直接使用，因此产生大面积的空鼓开裂。最后该工程墙面抹灰全面返工，造成严重的经济损失。

习　　　题

一、判断题

1. 矿渣硅酸盐水泥水化热小，耐腐蚀能力强，抗冻性差，抗渗性好。（　　）

2. 用沸煮法能检验水泥中游离氧化镁对水泥体积安定性的影响。（　　）

3. 硅酸盐水泥适用于大体积工程。（　　）

4. 水泥的生产原料主要有石灰石、黏土和铁矿粉。（　　）

5. 与粉煤灰水泥相比，普通硅酸盐水泥的抗冻性较好。（　　）

6. 硅酸盐水泥中对抗折强度起重要作用的熟料矿物为铁铝酸四钙，耐腐蚀性最差的熟料矿物为铝酸三钙。（　　）

7. 引起水泥体积安定性不良的原因是含有过多的游离氧化钙、游离氧化镁及石膏掺量过多。（　　）

8. 硅酸盐水泥熟料矿物中，单独与水作用时水化放热量最高，且反应速度最快的矿物是铝酸三钙。（　　）

9. 火山灰水泥不宜用于有冻融及干湿交替作用的混凝土工程。（　　）

10. 水泥石经受的腐蚀破坏中俗称为"水泥杆菌"的腐蚀破坏是由环境中的硫酸盐所导致，其破坏的实质是膨胀性腐蚀。（　　）

二、单项选择题

1. 用煮沸法检验水泥安定性，只能检查出由（　　）所引起的安定性不良。
   A. 游离 CaO　　　　B. 游离 MgO　　　　C. （A+B）　　　　D. SO_3

2. 干燥地区夏季施工的现浇混凝土不宜使用（　　）水泥。
   A. 硅酸盐　　　　B. 普通　　　　C. 火山灰　　　　D. 矿渣

3. 引起硅酸盐水泥体积安定性不良的原因之一是水泥熟料中（　　）含量过多。
   A. C_3S　　　　B. 游离氧化钙　　　　C. 氢氧化钙　　　　D. C_3A

4. （　　）不是水泥主要的技术要求。
   A. 细度　　　　B. 体积安定性　　　　C. 坍落度　　　　D. 凝结时间

5. 在下列四种水泥中，（　　）的水化热最高。
   A. 硅酸盐水泥　　　　B. 火山灰水泥　　　　C. 粉煤灰水泥　　　　D. 矿渣水泥

6. 对水泥凝结时间的要求是（　　）。
   A. 初凝时间长，终凝时间短　　　　B. 初凝时间短，终凝时间长
   C. 初凝时间、终凝时间均短　　　　D. 初凝时间、终凝时间均长

7. 在完全水化的硅酸盐水泥中，（　　）是主要水化产物，约占 70%。
   A. 水化硅酸钙凝胶　　　　B. 氢氧化钙晶体

C. 水化铝酸钙晶体   D. 水化铁酸钙凝胶

8. 在严寒地区水位升降范围内使用的混凝土工程宜优先选用（　　）水泥。

A. 矿渣   B. 粉煤灰   C. 火山灰   D. 普通

9. 在生产水泥时，若掺入的石膏量不足则会发生（　　）。

A. 快凝现象   B. 水泥石收缩   C. 体积安定性不良   D. 缓凝现象

10. 水泥强度检验时，按质量计水泥与标准砂是按（　　）的比例，用（　　）的水胶比来拌制胶砂的。

A. 1∶2   B. 1∶2.5   C. 1∶3   D. 0.5

E. 0.45   F. 0.6

三、填空题

1. 水泥细度越细，水化放热量越大，凝结硬化后_____越大。

2. 生产硅酸盐水泥时，必须掺入适量石膏，其目的是_____，当石膏掺量过多时，会造成_____。

3. 硅酸盐水泥熟料中最主要的矿物成分是_____、_____、_____和_____。

4. 硅酸盐水泥的水化产物中胶体为_____和_____。

5. 硅酸盐水泥中对抗折强度起重要作用的矿物是_____，早期强度低、但后期强度高的矿物是_____。

6. 硅酸盐水泥的主要水化产物有四种，其中的_____是水泥（石）强度的主要来源。

7. 硅酸盐水泥熟料矿物中，_____含量高，则水泥强度高，且强度发展快。

8. 与硅酸盐水泥相比，火山灰水泥的水化热_____，耐软水能力_____，干缩_____。

9. 造成水泥石腐蚀的内在结构原因是_____。

10. 与粉煤灰水泥相比，普通硅酸盐水泥的抗冻性较_____。

第4章 混 凝 土

本章主要介绍了普通混凝土组成材料的品种、技术要求及选用原则，各种组成材料的各项性质要求、测定方法及对混凝土性能的影响；混凝土拌合物的性质及其测定和调整方法；硬化混凝土的力学性质、变形性质和耐久性及其影响因素；普通混凝土的配合比设计方法。

4.1 普通混凝土的组成材料

混凝土是由胶凝材料、水、粗骨料和细骨料按适当比例配合、拌制成拌合物，经一定时间硬化而成的人造石材。混凝土种类繁多，按所用胶凝材料种类不同可分为水泥混凝土、石膏混凝土、水玻璃混凝土、沥青混凝土、聚合物混凝土等。土木工程中用量最大的为水泥混凝土，属于水泥基复合材料。

混凝土按表观密度的大小可分为四种：

（1）重混凝土：干表观密度大于 2800kg/m³，是用表观密度大的骨料（重晶石、铁矿石和钢屑等）制成的混凝土。常用重混凝土的干表观密度大于 3200kg/m³。由于其对 X 射线和 γ 射线有较高的屏蔽能力，重混凝土主要用于核反应堆以及其他放射性工程中。

（2）普通混凝土：干表观密度为 2300～2800kg/m³，用普通的砂、石作骨料配制而成，常用普通混凝土干表观密度为 2300～2500kg/m³。普通混凝土广泛应用于房屋、桥梁、大坝、路面、海洋等工程，是各种工程中用量最大的混凝土。

（3）次轻混凝土：干表观密度为 1950～2300kg/m³，除采用轻粗骨料外，还部分使用了普通天然密实的粗骨料。次轻混凝土主要用于高层、大跨度结构。

（4）轻混凝土：干表观密度小于 1950kg/m³，是采用轻骨料或引入气孔制成的混凝土，包括轻骨料混凝土、多孔混凝土和大孔混凝土。强度等级较高的轻混凝土可用于桥梁、房屋等承重结构，强度等级较低的轻混凝土主要作隔热保温用。

混凝土还可按照主要功能或结构特征、施工特点来分类，如防水混凝土、耐热混凝土、高强混凝土、泵送混凝土、流态混凝土、喷射混凝土、纤维混凝土等。

普通混凝土一般是由水泥、砂、石和水所组成，其结构如图 4-1 所示。为改善混凝土的某些性能还常加入适量的外加剂和掺合料。水和水泥组成水泥浆，水泥浆包裹在砂的表面，并填充于砂的空隙中形成砂浆，砂浆又包裹在石子的表面，并填充石子的空隙。水泥浆和砂浆在混凝土拌合物中分别起到润滑砂、石的作用，使混凝土具有施工要求的流动性，并使混凝土易于成形密实。硬化后，水泥石将砂、石牢固地胶结成为整体，使混凝土具有所需的强度、耐久性等性能。通常所用砂、石的强度高于水泥石的强度，且砂、石占混凝土总体积的 65%～75%，因而它们在混凝土中起到骨架的作用，故称为骨料。骨料主要起到限制与减小混凝土的干缩与开裂，减少水泥用量、降低水泥水化热与混凝土温升，降低混凝土成本的作用，并可起到提高混凝土强度和耐久性的作用。

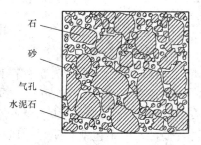

图 4-1　混凝土结构示意图

混凝土是一种非均质多相复合材料。从亚微观上来看，混凝土是由粗、细骨料，水泥的水化产物、毛细孔、气孔、微裂纹（因水化热、干缩等致使水泥石开裂）、界面微裂纹（因干缩、泌水所致）及界面过渡层等组成。混凝土在受力之前，内部就存在有许多微裂纹。界面过渡层是由于泌水等原因，在骨料表面形成的厚度约为 $30\sim60\mu m$ 的水泥石薄层，结构相对较为疏松，其中常含有微裂纹或孔隙。界面过渡层对混凝土的强度和耐久性有着重大的影响，特别是粗骨料与砂浆（或水泥石）的界面。从宏观上看，混凝土是由骨料和水泥石组成的二相复合材料。因此，混凝土的性质主要取决于混凝土中骨料与水泥石的性质，它们的相对含量以及骨料与水泥石间的界面黏结强度。

骨料的强度一般均高于水泥石的强度，因而普通混凝土的强度主要取决于水泥石的强度和界面黏结强度，界面黏结强度又取决于水泥石的强度和骨料的表面状况（粗糙程度、棱角的多少、黏附的泥等杂质的多少、吸水性的大小等），凝结硬化条件及混凝土拌合物的泌水性等，界面是普通混凝土中最为薄弱的环节。

4.1.1　水泥

1. 水泥品种选择

配制普通混凝土常用的水泥有：硅酸盐水泥、普通水泥、矿渣水泥、火山灰水泥、粉煤灰水泥和复合水泥。必要时也可采用快硬硅酸盐水泥或其他水泥。水泥品种的选择应根据混凝土工程特点、所处环境条件以及设计施工的要求进行，常用水泥品种的选择可参照本书 3.1.9 节。

2. 水泥强度等级选择

水泥强度等级的选择应与混凝土的设计强度等级相适应。水泥强度等级选择的一般原则是：配制高强度的混凝土，选用强度等级高的水泥；配制低强度的混凝土，选用强度等级低的水泥。对 C30 及其以下的混凝土，水泥强度等级一般应为混凝土强度等级的 1.5～2.5 倍；对 C30～C50 的混凝土，水泥强度等级一般应为混凝土强度等级的 1.1～1.5 倍；对 C60 以上的高强混凝土，水泥强度等级与混凝土强度等级的比值可小于 1.0，但一般不宜低于 0.70。如配制混凝土的水泥强度偏低，会使水泥用量过大，不经济，而且会显著增加混凝土的水化热、温升、干缩与徐变。如配制混凝土的水泥强度偏高，则水泥用量必然偏少，会影响混凝土的和易性和密实度，导致该混凝土的耐久性差。如必须用强度等级高的水泥配低强度的混凝土，可通过掺入一定数量的混合材来改善和易性，提高密实度。

过分追求高强度水泥或早强型水泥在很多情况下是非常有害的，高强度水泥或早强型水泥，特别是铝酸三钙含量高的水泥，凝结硬化速度快、水化放热量高、化学收缩和干缩大，常会使混凝土在尚未凝结的情况下，即在塑性阶段出现大量表面裂纹（即早期塑性开裂）、对混凝土的耐久性极为不利，此种现象在掺用膨胀剂、高效减水剂、促凝型外加剂等的混凝土中更易出现。

4.1.2 骨料

1. 骨料的分类

骨料按粒径大小分为粗骨料和细骨料。

粒径在 0.15~4.75mm（方孔筛）的骨料称为细骨料，俗称砂。砂按产源分为天然砂和人工砂两类。天然砂是由自然风化、水流搬运和分选、堆积形成的、粒径小于 4.75mm 的岩石颗粒，但不包括软质岩、风化岩石的颗粒，包括河砂、湖砂、海砂和山砂。山砂表面粗糙、棱角多，含泥量和有机质含量较多。海砂长期受海水的冲刷，表面圆滑，较为清洁，但海砂中常混有贝壳和较多的盐分。河砂和湖砂的表面圆滑，较为清洁，且分布广，为混凝土主要用砂，特别是河砂的耐磨性较机制砂高，故在混凝土路面中广泛使用。人工砂是经过除土处理的机制砂、混合砂的统称。机制砂指由机械破碎、筛分制成的，粒径小于 4.75mm 的岩石颗粒，但不包括软质岩、风化岩石的颗粒。混合砂指由机制砂和天然砂混合制成的砂。人工砂的原料为尾矿、卵石，来源广泛，特别是在天然砂源缺乏及有大量尾矿、卵石需要处理和利用的地区，人工砂更具备发展条件。

粒径大于 4.75mm 的骨料称为粗骨料，俗称石子，常用的有碎石和卵石两类。碎石是天然岩石经过机械破碎、筛分制成的，粒径可以人为控制，表面粗糙，多棱角，含泥量较少的岩石颗粒。卵石是由自然风化、水流搬运、分选和堆积而成的、粒径大于 4.75mm 的岩石颗粒。卵石和碎石颗粒的长度大于该颗粒所属相应粒级的平均粒径 2.4 倍者称为针状颗粒；厚度小于该颗粒所属相应粒级的平均粒径 0.4 倍者称为片状颗粒（平均粒径指该粒级上、下限粒径的平均值）。

2. 骨料的技术性质对混凝土性能的影响

骨料的各项性能指标将直接影响到混凝土的施工性能和使用性能。骨料的主要技术性质包括：颗粒级配及粗细程度、颗粒形态和表面特征、强度、坚固性、含泥量、泥块含量、有害物质及碱骨料反应等。

（1）颗粒级配及粗细程度。颗粒级配表示骨料大小颗粒的搭配情况。在混凝土中骨料间的空隙是由水泥浆所填充，为达到节约水泥和提高强度的目的，应尽量减少骨料的总表面积和骨料间的空隙。骨料的总表面积通过骨料粗细程度控制，骨料间的空隙通过颗粒级配来控制。

图 4-2 可知：如果骨料粗细相同，则空隙很大 [图 4-2（a）]；粗颗粒间填充了小的颗粒，则空隙就减少了 [图 4-2（b）]；当用更小的颗粒填充，其空隙就更小 [图 4-2（c）]。由此可见，要想减小颗粒间的空隙，就必须有大小不同的颗粒搭配。

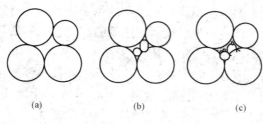

(a)　　　　(b)　　　　(c)

图 4-2　骨料颗粒级配

在配制混凝土时，骨料的颗粒级配和粗细程度这两个因素应同时考虑。当骨料的级配良好且颗粒较大，则使空隙及总表面积均较小，这样的骨料比较理想，不仅水泥浆用量较少，而且还可以提高混凝土的密实性和强度。砂、卵石和碎石的颗粒级配应符合国家标准《建筑用砂》（GB/T 14684—2001）及《建筑用卵石、碎石》（GB/T 14685—2001）的技术要求。

　　粗骨料颗粒级配有连续级配与间断级配之分。连续级配是从最大粒径开始，由大到小各级相连，其中每一级石子都占有相当的比例，连续级配在工程中应用较多。间断级配是各级石子不连续，即省去中间的一、二级石子。例如，将 5～10mm 与 20～40mm 两种粒级的石子配合使用，中间缺少 10～20mm 的石子，即称为间断级配。间断级配会降低骨料的空隙率，可节约水泥，但易使混凝土拌合物产生离析，故工程中应用较少。

　　细骨料的粗细与颗粒级配，通常采用筛分析法测定与评定，即采用一套筛孔尺寸为 9.50mm、4.75mm、2.36mm、1.18mm、0.60mm、0.30mm、0.150mm 的方孔筛，将绝干质量 $m=500g$ 砂由粗到细依次筛分，然后称量每一个筛上砂的筛余量（即每个筛上的砂试样质量的百分率）和各筛的累计筛余百分率（即该筛上的分计筛余百分率与大于该筛的各筛上的分计筛余百分率之和）。按其细度模数分为三种规格：粗砂（3.7～3.1）、中砂（3.0～2.3）、细砂（2.2～1.6）。细度模数是衡量砂粗细程度的指标。细度模数越大，表示砂越粗，表示式为：

$$M_{\mathrm{X}} = \frac{(A_2 + A_3 + A_4 + A_5 + A_6) - 5A_1}{100 - A_1}$$

式中　　　　　　　　　　M_{X}——细度模数；

A_1、A_2、A_3、A_4、A_5、A_6——4.75mm、2.36mm、1.18mm、600μm、300μm、150μm 筛的累计筛余百分率。

　　砂的细度模数只反映砂子总体上的粗细程度，并不能反映级配的优劣。细度模数相同的砂子其级配可能有很大差别。砂子的颗粒级配好坏直接影响堆积密度，各种粒径的砂子在量上合理搭配，可使堆积起来的砂子空隙达到最小，因此，级配是否合格是砂子的一个重要技术指标。

　　（2）颗粒形态和表面特征。骨料特别是粗骨料的颗粒形状和表面特征对水泥混凝土和沥青混合料的性能有显著的影响。通常，骨料颗粒有浑圆状、多棱角状、针状和片状四种类型。其中，较好的是接近球体或立方体的浑圆状和多棱角状颗粒；呈细长和扁平的针状和片状颗粒对水泥混凝土的和易性、强度和稳定性等性能有不良影响，因此，应限制骨料中针、片状颗粒的含量。

　　针片状骨料的比表面积与空隙率较大，且内摩擦力大，受力时易折断，含量高时会显著增加混凝土的用水量、水泥用量及混凝土的干缩与徐变，降低混凝土拌合物的流动性及混凝土的强度与耐久性，针片状颗粒还影响混凝土的铺摊效果和平整度。国内大部分采石厂使用颚式破碎机加工骨料，虽然生产效率高，价格便宜，但骨料中的针片状颗粒多、质量低，在很大程度上制约了配制的混凝土质量。锤式、反击式、对流式破碎机生产的粒型较好。

　　粗骨料中针、片状颗粒含量要求为：C60 与 C60 以上的混凝土、泵送混凝土、自密实混凝土、高耐久性混凝土须小于 10%，高性能混凝土须小于 5%；C30～C55 的混凝土以及有耐久性要求的混凝土，小于 15%；C30 以下的混凝土，须小于 25%（道路混凝土须小于 20%）；C10 及 C10 以下的混凝土，可放宽到 40%。

　　骨料的表面特征又称表面结构，是指骨料表面的粗糙程度及孔隙特征等。骨料按表面特征分为光滑的、平整的和粗糙的颗粒表面。骨料的表面特征主要影响混凝土的和易性和胶结料的黏结力：表面粗糙的骨料制作的混凝土的和易性较差，与胶结料的黏结力较强；反之，表面光滑的骨料制作的混凝土的和易性较好，但与胶结料的黏结力较差。

（3）强度。粗骨料在水泥混凝土中起骨架作用，应具有一定的强度，粗骨料的强度可用抗压强度和压碎指标值两种方法表示。碎石的强度用岩石抗压强度和碎石的压碎指标值来表示，卵石的强度用压碎指标值来表示，工程上可采用压碎指标值来进行质量控制。

岩石的抗压强度是用 50mm×50mm×50mm 的立方体试件或 ϕ50mm×50mm 的圆柱体试件，在吸水饱和状态下测定的抗压强度值。压碎指标值的测定，是将一定质量气干状态下的 9.5～19.0mm 的粗骨料装入压碎指标测定仪（钢制的圆筒）内，放好压头，在试验机上经 3～5min 均匀加荷至 200kN，卸荷后用 2.5mm 筛筛除被压碎的细粒，之后称量筛上的筛余量 m_1，则压碎指标 δ_a 为：

$$\delta_a = \frac{m - m_1}{m} \times 100\%$$

压碎指标值越大，则粗骨料的强度越小。C60 及 C60 以上的混凝土应进行岩石的抗压强度检验，岩石的抗压强度与混凝土强度等级之比不应小于 1.5。《普通混凝土用砂石质量及检验方法标准》（JGJ 52—2006）对石子压碎指标值的限量，见表 4-1 和表 4-2。

表 4-1　　　　　　　　　　　　碎石的压碎指标值

岩　石　品　种	混凝土强度等级	碎石压碎指标值（%）
沉积岩	C60～C40	≤10
	≤C35	≤16
变质岩或深成的火成岩	C60～C40	≤12
	≤C35	≤20
喷出的火成岩	C60～C40	≤13
	≤C35	≤30

注：沉积岩包括石灰岩、砂岩等。变质岩包括片麻岩、石英岩等。深成的火成岩包括花岗岩、正长岩、闪长岩和橄榄岩等。喷出的火成岩包括玄武岩和辉绿岩。

表 4-2　　　　　　　　　　　　卵石的压碎指标值

混凝土强度等级	C60～C40	≤C35
压碎指标值（%）	≤12	≤16

（4）坚固性。坚固性是指骨料在自然风化和其他外界物理化学因素作用下抵抗破裂的能力。骨料在长期受到各种自然因素的综合作用下，其物理力学性能会逐渐下降，这些自然因素包括温度变化、干湿变化和冻融循环等。对粗骨料及天然砂采用硫酸钠溶液法进行试验，对人工砂采用压碎指标法进行试验。

坚固性用硫酸钠饱和溶液法测定：将骨料试样在硫酸钠饱和溶液中浸泡至饱和，然后取出烘干，经 5 次循环后，测定因硫酸钠结晶膨胀引起的质量损失。

（5）含泥量与泥块含量。粒径小于 0.075mm 的黏土、淤泥、石屑等粉状物统称为泥。块状的黏土、淤泥统称为泥块或黏土块（对于细骨料指粒径大于 1.18mm，经水洗手捏后成为小于 0.60mm 的颗粒；对于粗骨料指粒径大于 4.75mm，经水洗捏后成为小于 2.36mm 的颗粒）。泥常包覆在砂粒的表面，因而会大大降低砂与水泥石间的界面黏结力，使混凝土的强度降低，同时泥的比表面积大，含量多时会降低混凝土拌合物流动性，或增加拌合用水量和水泥用量以及增大混凝土的干缩与徐变，并使混凝土的耐久性降低。

（6）有害物质。骨料中除不应有草根、树叶、塑料、煤块、炉渣等杂物外，还应对有机物、硫化物、硫酸盐、云母、轻物质、氯化物等的含量做出限制。

硫化物、硫酸盐、有机物等对水泥石有腐蚀作用，云母表面光滑，与水泥石的黏结力差，且本身强度低，会降低混凝土的强度和耐久性。

轻物质（表观密度小于 2000kg/m^3）本身强度低，与水泥石黏结不牢，因而会降低混凝土强度及耐久性。

氯离子对钢筋有腐蚀作用，当采用海砂配制混凝土时，海砂中氯离子含量不应大于 0.06%（以干砂的质量计）；对于预应力混凝土，则不宜用海砂。

（7）碱骨料反应。碱骨料反应是指水泥、外加剂及环境中的碱与骨料中的碱活性矿物在潮湿环境下缓慢反应并导致混凝土开裂破坏的膨胀现象，碱骨料反应包括碱-硅酸盐反应和碱-碳酸盐反应等。

重要工程混凝土使用的骨料或者骨料中含有无定型二氧化硅可能引起碱-骨料反应时，应进行专门试验，以确定骨料是否可用。

（8）骨料的含水状态。骨料含水状态可分为干燥状态、气干状态、饱和面干状态和湿润状态四种，如图 4-3 所示。

干燥状态：含水率等于或接近于零，如图 4-3（a）所示。

气干状态：含水率与大气湿度相平衡，如图 4-3（b）所示。

饱和面干状态：骨料表面干燥而内部孔隙含水达到饱和，如图 4-3（c）所示。

湿润状态：骨料内部孔隙充满水，而且表面还附有一层表面水，如图 4-3（d）所示。

在拌制混凝土时，由于骨料含水状态不同，将影响混凝土的用水量和骨料用量。骨料在饱和面干状态时的含水率，称为饱和面干吸水率。在计算混凝土中各项材料的配合比时，如以饱和面干骨料为基准，则不会影响混凝土的用水量和骨料用量，因为饱和面干骨料既不从混凝土中吸取水分，也不向混凝土拌合物中释放水分。因此一些大型水利工程常以饱和面干状态骨料为基准，这样混凝土的用水量控制比较准确。

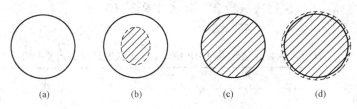

图 4-3 骨料含水状态

（a）全干状态；（b）气干状态；（c）饱和面干状态；（d）湿润状态

一般工业和民用建筑工程中的混凝土配合比设计，常以干燥状态骨料为基准。这是因为坚固的骨料其饱和面干吸水率一般不超过 2%，而且在工程施工中，必须经常测定骨料的含水率，以及时调整混凝土组成材料实际用量的比例，从而保证混凝土的质量。

3. 建筑用砂的技术要求

《建设用砂》（GB/T 14684—2011）对建设用砂做出了规定。

（1）颗粒级配。砂的颗粒级配应符合表 4-3 的规定，砂的级配类别应符合表 4-4 的规定。对于砂浆用砂，4.75mm 筛孔的累计筛余量应为 0。砂的实际颗粒级配除 4.75mm 和

$600\mu m$ 筛档外，可以略有超出，但各级累计筛余超出值总和应不大于 5%。

表 4-3　　　　　　　　　　　砂的颗粒级配

砂的分类	天　然　砂			机　制　砂		
级配区	1 区	2 区	3 区	1 区	2 区	3 区
方筛孔	累计筛余（%）					
4.75mm	10~0	10~0	10~0	10~0	10~0	10~0
2.36mm	35~5	25~0	15~0	35~5	25~0	15~0
1.18mm	65~35	50~10	25~0	65~35	50~10	25~0
600μm	85~71	70~41	40~16	85~71	70~41	40~16
300μm	95~80	92~70	85~55	95~80	92~70	85~55
150μm	100~90	100~90	100~90	97~85	94~80	94~75

表 4-4　　　　　　　　　　　级　配　类　别

类　别	Ⅰ	Ⅱ	Ⅲ
级配区	2 区	1、2、3 区	

（2）含泥量、石粉含量和泥块含量。天然砂的含泥量和泥块含量应符合表 4-5 的规定。

表 4-5　　　　　　　　　　　含泥量和泥块含量

类　别	Ⅰ	Ⅱ	Ⅲ
含泥量（按质量计,%）	≤1.0	≤3.0	≤5.0
泥块含量（按质量计,%）	0	≤1.0	≤2.0

机制砂 MB 值≤1.4 或快速法试验合格时，石粉含量和泥块含量应符合表 4-6 的规定；机制砂 MB 值＞1.4 或快速法试验不合格时，石粉含量和泥块含量应符合表 4-7 的规定。

表 4-6　　　　　石粉含量和泥块含量（MB 值≤1.4 或快速法试验合格）

类　别	Ⅰ	Ⅱ	Ⅲ
MB 值	≤5.0	≤1.0	≤1.4 或合格
石粉含量（按质量计,%）	≤10.0		
泥块含量（按质量计,%）	0	≤1.0	≤2.0

表 4-7　　　　　石粉含量和泥块含量（MB 值＞1.4 或快速法试验不合格）

类　别	Ⅰ	Ⅱ	Ⅲ
石粉含量（按质量计,%）	≤1.0	≤3.0	≤5.0
泥块含量（按质量计,%）	0	≤1.0	≤2.0

（3）有害物质。砂中如含有云母、轻物质、有机物、硫化物及硫酸盐、氯化物、贝壳，其限量应符合表 4-8 的规定。

表 4-8　　　　　　　　　　　　　　　　　有害物质限量

类　　别		I	II	III
云母（按质量计,%）	≤	1.0	2.0	
轻物质（按质量计,%）	≤	1.0		
有机物		合格		
硫化物及硫酸盐（按 SO_3 质量计,%）	≤	0.5		
氯化物（以氯离子质量计,%）	≤	0.01	0.02	0.06
贝壳（按质量计,%）	≤	3.0	5.0	8.0

（4）坚固性。采用硫酸钠溶液法进行试验，砂的质量损失应符合表 4-9 的规定。

表 4-9　　　　　　　　　　　　　　　　　坚固性指标

类　　别	I	II	III
质量损失（%）	≤8		≤10

机制砂除了满足上述的规定外，压碎指标还应满足表 4-10 的规定。

表 4-10　　　　　　　　　　　　　　　　压　碎　指　标

类　　别	I	II	III
单级最大压碎指标（%）	≤20	≤25	≤30

（5）表观密度、松散堆积密度、空隙率。砂的表观密度、堆积密度、空隙率应符合如下规定：表观密度不小于 $2500kg/m^3$；松散堆积密度不小于 $1400kg/m^3$；空隙率不大于 44%。

（6）碱集料反应。经碱集料反应试验后，试件应无裂缝、酥裂、胶体外溢等现象，在规定的试验龄期膨胀率应小于 0.10%。

4. 建筑用卵石、碎石的技术要求

《建设用卵石、碎石》（GB/T 14685—2011）对建设用卵石、碎石做出了规定。

（1）颗粒级配。卵石、碎石的颗粒级配应符合表 4-11 的规定。

表 4-11　　　　　　　　　　　　　　　卵石、碎石的颗粒级配

级配情况	公称粒级/mm	累计筛余（%）											
		方孔筛孔径/mm											
		2.36	4.75	9.50	16.0	19.0	26.5	31.5	37.5	53	63	75	90
连续级配	5~16	95~100	85~100	30~60	0~10	0							
	5~20	95~100	90~100	40~80	—	0~10	0						
	5~25	95~100	90~100	—	30~70		0~5	0					
	5~31.5	95~100	90~100	70~90		15~45		0~5	0				
	5~40	—	95~100	70~90		30~65			0~5	0			

续表

级配情况	公称粒级/mm	累计筛余（%）											
		方孔筛孔径/mm											
		2.36	4.75	9.50	16.0	19.0	26.5	31.5	37.5	53	63	75	90
单粒粒级	5～10	95～100	80～100	0～15	0								
	10～16		95～100	80～100	0～15								
	10～20		95～100	85～100		0～15	0						
	16～25			95～100	55～70	25～40	0～10						
	16～31.5		95～100	—	85～100			0～10	0				
	20～40			95～100		80～100			0～10	0			
	40～80					95～100			70～100		30～60	0～10	0

（2）含泥量和泥块含量。卵石、碎石的含泥量和泥块含量应符合表4-12的规定。

表4-12 　　　　　　　　　　**卵石、碎石的含泥量和泥块含量**

类　别	I	II	III
含泥量（按质量计,%）	≤0	≤1.0	≤1.5
泥块含量（按质量计,%）	0	≤0.2	≤0.5

（3）针片状颗粒含量。卵石、碎石的针片状颗粒含量应符合表4-13的规定。

表4-13 　　　　　　　　　　**卵石、碎石的针片状颗粒含量**

类　别	I	II	III
针片状颗粒总含量（按质量计,%）	≤5	≤10	≤15

（4）有害物质。有害物质应符合表4-14的规定。

表4-14 　　　　　　　　　　**有害物质限量**

类　别	I	II	III
有机物	合格	合格	合格
硫化物及硫酸盐（按SO_3质量计,%）	≤0.5	≤1.0	≤1.0

（5）坚固性。采用硫酸钠溶液法进行试验，卵石、碎石的质量损失应符合表4-15的规定。

表4-15 　　　　　　　　　　**坚固性指标**

类　别	I	II	III
质量损失（%）	≤5	≤8	≤12

（6）强度。

1）岩石抗压强度。在水饱和状态下，其抗压强度火成岩应不小于80MPa，变质岩应不小于60MPa，水成岩应不小于30MPa。

2）压碎指标。压碎指标应符合表 4-16 的规定。

表 4-16 　　　　　　　　　　　　　　压 碎 指 标

类　　别	Ⅰ	Ⅱ	Ⅲ
碎石压碎指标（％）	≤10	≤20	≤30
卵石压碎指标（％）	≤12	≤14	≤16

（7）表观密度、连续级配松散堆积空隙率。卵石、碎石表观密度、连续级配松散堆积空隙率应符合如下的规定：

1）表观密度不小于 2600kg/m³。

2）连续级配松散堆积空隙率应符合表 4-17 的规定。

表 4-17 　　　　　　　　　　　连续级配松散堆积空隙率

类　　别	Ⅰ类	Ⅱ类	Ⅲ类
孔隙率（％）	≤43	≤45	≤47

（8）吸水率。吸水率应复合表 4-18 的规定。

表 4-18 　　　　　　　　　　　　　　吸 水 率

类　　别	Ⅰ类	Ⅱ类	Ⅲ类
吸水率（％）	≤1.0	≤2.0	≤2.0

（9）碱集料反应。经碱集料反应试验后，试件应无裂缝、酥裂、胶体外溢等现象，在规定的试验龄期膨胀率应小于 0.10％。

4.1.3　拌合用水及养护用水

混凝土的拌合用水及养护用水应符合《混凝土用水标准》（JGJ 63—2006）的规定。凡符合国家标准的生活饮用水，均可拌制混凝土。

混凝土拌合用水水源可分为饮用水、地表水、地下水、海水以及经适当处理或处置后的工业废水。

对混凝土用水质量的要求是：不得影响混凝土的和易性及凝结（水泥初凝时间差及终凝时间差均不大于 30min，且初凝及终凝时间应符合水泥标准的要求）；不得有损于混凝土强度（水泥胶砂强度 3d、28d 强度不应低于饮用水配制的水泥胶砂 3d、28d 强度的 90％）及污染表面；不得降低混凝土的耐久性和腐蚀钢筋。

海水中含有硫酸盐、镁盐和氯化物，对水泥石有侵蚀作用、造成钢筋锈蚀，因此不得用于拌制钢筋混凝土和预应力混凝土工程。拌合水中有害物质含量限值见表 4-19。

表 4-19 　　　　　　　　　　　　水中有害物质含量限值

项　　目	预应力混凝土	钢筋混凝土	素混凝土
pH 值	≥5	≥4.5	≥4.5
不溶物/（mg/L）	≤2000	≤2000	≤5000
可溶物/（mg/L）	≤2000	≤5000	≤10 000

续表

项　　目	预应力混凝土	钢筋混凝土	素混凝土
Cl^- /(mg/L)	≤500	≤1000	≤3500
SO_4^{2-} /(mg/L)	≤600	≤2000	≤2700
碱含量/(mg/L)	≤1500	≤1500	≤1500

注：1. 对于使用年限为 100 年的结构混凝土，Cl^- 含量不得超过 500mg/L；对使用钢丝或经热处理钢筋的预应力混凝土，Cl^- 不得超过 350mg/L。

2. 碱含量按 $Na_2O+0.685K_2O$ 计算值来表示。采用非碱性活性骨料时，可不检验碱含量。

4.1.4　混凝土外加剂

在拌制混凝土过程中掺入，用以改善混凝土性能的物质，称为混凝土化学外加剂，简称混凝土外加剂。外加剂掺量一般不大于水泥质量的 5%（特殊情况除外）。外加剂的掺量虽小，但其技术经济效果却显著，因此，外加剂已成为混凝土的重要组成部分，被称为混凝土的第五组分，越来越广泛地应用在混凝土中。混凝土外加剂按功能主要分为四类：

（1）改善混凝土拌合物流变性能的外加剂，包括各种减水剂、引气剂和泵送剂等。

（2）调节混凝土凝结时间、硬化性能的外加剂，包括缓凝剂、早强剂和速凝剂等。

（3）改善混凝土耐久性的外加剂，包括引气剂、防水剂和阻锈剂等。

（4）改善混凝土其他性能的外加剂，包括加气剂、膨胀剂、防冻剂、着色剂、防水剂等。

建筑工程上常用的外加剂有减水剂、早强剂、缓凝剂、引气剂和复合型外加剂等。

外加剂的掺入方法有三种：①先掺法：先将外加剂与水泥混合，然后再与骨料和水一起搅拌；②后掺法：在混凝土拌合物送到浇筑地点后，才加入外加剂并再次搅拌均匀；③同掺法：将外加剂先溶于水形成溶液再加入拌合物中一起搅拌。

1. 减水剂

减水剂是在不影响混凝土拌合物和易性的条件下，具有减水及增强作用的外加剂，是当前外加剂中品种最多、应用最广的一种混凝土外加剂。《混凝土外加剂应用技术规范》（GB 50119—2003）减水率大于 12%〔《公路工程混凝土外加剂》（JT/T 523—2004）、《水工混凝土外加剂技术规程》（DL/T 5100—1999）等规定大于 15%〕的称为高效减水剂或高效塑化剂或超塑化剂，大多属于表面活性剂，按主要化学成分不同可分为木质素系减水剂、多环芳香族磺酸盐系减水剂、水溶性树脂磺酸盐系减水剂等；按用途又分为普通减水剂、高效减水剂、早强减水剂、缓凝减水剂、缓凝高效减水剂和引气减水剂等。

（1）表面活性剂的基本知识。表面活性剂是指溶于水并定向排列于液体表面或两相界面上，从而显著降低表面张力或界面张力的物质，或能起到湿润、分散、乳化、润滑、起泡等作用的物质。表面活性剂是由憎水基和亲水基两个基团组成，憎水基指向非极性液体、固体或气体；亲水基指向水，产生定向吸附，形成单分子吸附膜，使液体、固体或气体界面张力显著降低。

在表面活性剂-油类（或水泥）-水的体系中，表面活性剂分子多吸附在水-气界面上，亲水基指向水，憎水基指向空气，呈定向单分子层排列；或吸附在水-油类（或水泥）颗粒界面上，亲水基指向水，憎水基指向油类（或水泥）颗粒，呈定向单分子层排列，使水-气界面或水-油类（或水泥）颗粒，呈定向单分子层排列，降低水-气界面或水-油类（或水泥）颗粒界面的界面能。

表面活性剂分子的亲水基的亲水性大于憎水基的憎水性时，称为亲水性的表面活性剂；反之，称为憎水性的表面活性剂。根据表面活性剂的亲水基在水中是否电离，分为离子型表面活性剂与非离子型（分子型）表面活性剂。如果亲水基能电离出正离子，本身带负电荷，称为阴离子型表面活性剂；反之，称为阳离子型表面活性剂。如果亲水基既能电离出正离子又能电离出负离子，则称为两性型表面活性剂。常用减水剂多为阴离子型表面活性剂。

（2）减水剂的机理和作用。减水剂尽管种类繁多，减水作用机理却相似。

水泥加水后，由于水泥颗粒在水中的热运动，使水泥颗粒之间在分子力的作用下形成絮凝状结构（图 4-4）。这些絮凝结构中包裹着部分拌合水，被包裹着的水没有起到提高流动性的作用。如果能把这部分被包裹着的水释放出来，分散在每个水泥颗粒的周围，则可大大提高水泥浆的流动性；或在流动性不变的情况下，可大大降低拌合用水量，且能提高混凝土的强度，而减水剂就能起到这种作用。

加入减水剂后，减水剂分子的亲水基指向水，憎水基指向水泥颗粒，定向吸附在水泥颗粒表面，形成单分子吸附膜，起到如下作用：①降低了水泥颗粒的表面能，因而降低了水泥颗粒的粘连能力，使之易于分散；②水泥颗粒表面带有同性电荷，产生静电斥力，使水泥颗粒分开，破坏了水泥浆中絮凝结构，释放出被包裹着的水；③减水剂的亲水基又吸附了大量极性水分子，增加了水泥颗粒表面溶剂化水膜的厚度，润滑作用增强，使水泥颗粒间易于滑动；④表面活性剂降低了水的表面张力和水与水泥颗粒间的界面张力，水泥颗粒更易于润湿，如图 4-5 所示。

图 4-4　水泥浆絮凝结构

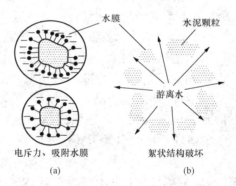

图 4-5　减水剂的作用机理示意图

在保持混凝土流动性和强度不变的情况下，使用减水剂可以减少拌合水量和水泥用量，节省水泥。还可减少混凝土拌合物的泌水、离析现象，密实混凝土结构，从而提高混凝土的抗渗性、抗冻性。

（3）常用减水剂。

1）木质素减水剂。木质素系减水剂的主要品种是木质素磺酸钙（又称 M 型减水剂）。M 型减水剂是由生产纸浆或纤维浆的废液，经发酵处理、脱糖、浓缩、喷雾干燥而成的棕色粉末，含量 60％以上，属阴离子型表面活性剂。

M 型减水剂的掺量，一般为水泥质量的 0.2％～0.3％，当保持水泥用量和混凝土坍落度不变时，其减水率为 10％～15％，混凝土 28d 抗压强度提高 10％～20％；若保持混凝土的抗压强度和坍落度不变，可节省水泥用量 10%～15% 左右；若保持混凝土配合比不变，则可提高混凝土的坍落度 80～100mm。

M 型减水剂除了减水之外，还有两个作用：一是缓凝作用，当掺量较大或在低温下缓凝作用更为显著，掺量过多除增强缓凝外，还导致混凝土强度降低；二是引气作用，掺用后可改善混凝土的抗渗性、抗冻性，改善混凝土拌合物的和易性，减小泌水性。

M 型减水剂可用于一般混凝土工程，尤其适用于大模板、大体积浇筑、滑模施工、泵送混凝土及夏季施工等。M 型减水剂不宜单独用于冬季施工，也不宜单独用于蒸养混凝土和预应力混凝土。

2）多环芳香族磺酸盐系减水剂。这类减水剂的主要成分为萘或萘的同系物的磺酸盐与甲醛的缩合物，故又称萘系减水剂，属阴离子型表面活性剂。萘系减水剂通常是由工业萘或煤焦油中的萘、蒽、甲基萘等馏分，经磺化、水解、缩合、中和、过滤、干燥而制成。

萘系减水剂的减水、增强效果显著，属高效减水剂。萘系减水剂的适宜掺量为水泥质量的 0.5%～1.0%，减水率为 10%～25%，混凝土 28d 强度提高 20% 以上。在保持混凝土强度和坍落度相近时，可节省水泥用量 10%～20%。掺用萘系减水剂后，混凝土的其他力学性能以及抗渗性、耐久性等均有所改善，且对钢筋无锈蚀作用。我国市场上这类减水剂的品牌多达几十种，大部分为非引气性减水剂，对混凝土凝结时间基本无影响。

萘系减水剂对不同品种水泥的适应性较强，主要适用于配制高强混凝土、泵送混凝土、大流动性混凝土、自密实混凝土、早强混凝土、冬季施工混凝土、蒸汽养护混凝土及防水混凝土等。

部分萘系减水剂常含有高达 5%～25% 的硫酸钠，使用时应予以注意。

3）水溶性树脂系减水剂。水溶性树脂系减水剂是普遍使用的高效减水剂，这类减水剂是以一些水溶性树脂（如三聚氰胺树脂、古马隆树脂等）为主要原料的减水剂。

树脂系减水剂是早强、非引气型高效减水剂，其分散、减水、早强及增强效果比萘系减水剂更好，但价格较高。树脂系减水剂的掺量约为水泥质量的 0.5%～2.0%，减水率为 20%～30%，混凝土 3d 强度提高 30%～100%，28d 强度提高 20%～30%。这种减水剂除具有显著的减水、增强效果外，还能提高混凝土的其他力学性能和混凝土的抗渗性、抗冻性，对混凝土的蒸养适应性也优于其他外加剂。树脂减水适用于早强、高强、蒸养以及流态混凝土。

4）聚羧酸盐系减水剂。此类减水剂可显著提高混凝土的强度，坍落度损失小，掺量不大时无缓凝作用。特别适合泵送混凝土、大流动性混凝土、自密实混凝土、高性能混凝土等，但是价格昂贵。另外，聚羧酸盐系减水剂多以液体供应。

合成聚羧酸系减水剂常选用的单体主要有以下四种类型：

①不饱和酸——马来酸、马来酸酐、丙烯酸和甲基丙烯酸。

②聚链烯基物质——聚链烯基烃、醚、醇及磺酸。

③聚苯乙烯磺酸盐或酯。

④（甲基）丙烯酸盐或酯、丙烯酰胺。

因此，实际的聚羧酸系减水剂可由二元、三元、四元等单位共聚而成。所选单体不同，则分子组成也不同。但是，无论组成如何，聚羧酸系减水剂分子大多呈梳形结构。特点是主链上带有多个活性基团，并且极性较强；侧链上也带有亲水性活性基团，并且数量多；憎水基的分子链较短、数量少。

聚羧酸系高效减水剂液状产品的固体含量一般为 18%～25%。与其他高效减水剂相比，一是其减水率高，一般为 25%～35%，最高可达 40%，增强效果显著，并有效地提高混凝土的抗渗性、抗冻性；二是具有很强的保塑性，能有效地控制混凝土拌合物的坍落度经时损失；三是具有一定的减缩功能，能减小混凝土因干缩而带来的开裂风险。由于该类减水剂含有许多羟基（—OH）、醚基（—O—）和羧基（—COO⁻）等亲水性基团，故具有一定的液—气界面活性作用。因此聚羧酸系减水剂具有一定的缓凝性和引气性，并且气孔尺寸大，使用时需要加入消泡剂。

5）糖蜜系减水剂，简称糖钙，是利用制糖生产过程中提炼食糖后剩下的残液（称为糖蜜），经石灰中和处理调制成的一种粉状或液体状产品。主要成分为糖钙、蔗糖钙，是非离子型表面活性剂。

糖蜜系减水剂与 M 剂相似，属缓凝型减水剂，适宜掺量为 0.1%～0.3%，减水率 6%～10%，提高坍落度约 50mm，28d 强度提高 10%～20%，抗冻性、抗渗性等耐久性有所提高，节省水泥 10%，缓凝 3h 以上，对钢筋无锈蚀作用。

糖蜜系减水剂常用做缓凝剂，主要用于大体积混凝土、夏季施工混凝土、水工混凝土等。当用于其他混凝土时，常与早强剂、高效减水剂等复合使用。

糖蜜系减水剂使用时，应严格控制其掺量，掺量过多，缓凝严重，甚至数天不硬化。

6）氨基磺酸盐系减水剂。氨基磺酸盐系减水剂为氨基磺酸盐甲醛缩合物，由带氨基、羟基、羧基、磺酸（盐）等活性基团的单体，通过滴加甲醛，在水溶液中温热或加热缩合而成，该类减水剂以芳香族氨基磺酸盐甲醛缩合物为主。

氨基磺酸盐系减水剂，有固体质量百分含量为 25%～55% 的液状产品以及浅黄褐色粉末状的粉剂产品。该类减水剂的主要特点之一是氯离子含量低（约为 0.01%～0.1%）以及 Na_2SO_4 含量低（约为 0.9%～4.2%）。

氨基磺酸盐系减水剂在水泥颗粒表面呈环状、引线状和齿轮状吸附，能显著降低水泥颗粒表面的 ζ 负电位，因此其分散减水作用机理仍以静电斥力为主，并具有较强的空间位阻斥力作用及水化膜润滑作用。同时，由于具有强亲水性羟基（—OH），能使水泥颗粒表面形成较厚的水化膜，故具有较强的水化膜润滑分散减水作用。所以，氨基磺酸盐系减水剂对水泥颗粒的分散效果更强，对水泥的适应性明显提高，不但减水率高，而且保塑性好。氨基磺酸盐系减水剂无引气作用，由于分子结构中具有羟基（—OH），故具有轻微的缓凝作用。

按有效成分计算氨基磺酸盐系高效减水剂的掺量一般为水泥质量的 0.2%～1.0%，最佳掺量为 0.5%～0.75%。在此掺量下，对流动性混凝土的减水率为 28%～32%；对塑性混凝土的减水率为 17%～23%，具有显著的早强和增强作用，比掺萘系及三聚氰胺系的混凝土早期强度增长更快。在初始流动性相同的条件下，混凝土坍落度经时损失明显低于掺萘系及三聚氰胺系减水剂的混凝土。但是，与其他高效减水剂相比，当掺量过大时，混凝土更易泌水。

7）脂肪族羟基磺酸盐减水剂。脂肪族减水剂是以羟基化合物为主体，并通过磺化打开羟基，引入亲水性磺酸基团，然后，在碱性条件下与甲醛缩合形成一定分子量大小的脂肪族高分子链，使该分子形成具有表面活性分子特性的高分子减水剂。

该类减水剂主要原料为丙酮、亚硫酸钠或亚硫酸氢钠，按一定的摩尔比混合，在碱性条件下进行磺化、缩合反应而成。

该类减水剂的减水分散作用以静电斥力作用为主，掺量通常为水泥用量的 $0.5\%\sim1.0\%$，减水率可达 $15\%\sim20\%$，属早强型非引气减水剂。有一定的坍落度损失，尤其适用于混凝土管桩的生产。

2. 缓凝剂

缓凝剂能延缓混凝土凝结时间，并对混凝土后期强度发展无不利影响。高温季节施工的混凝土、泵送混凝土、滑模施工混凝土及远距离运输的商品混凝土，为保持混凝土拌合物具有良好的和易性，要求延缓混凝土的凝结时间；大体积混凝土工程，需延长放热时间，以减少混凝土结构内部的温度裂缝；分层浇筑的混凝土，为消除冷接缝，常需在混凝土中掺入缓凝剂。缓凝剂的主要种类有：木钙、糖钙、柠檬酸钠、葡萄糖酸钠、葡萄糖酸钙等。它们能吸附在水泥颗粒表面，并在水泥颗粒表面形成一层较厚的溶剂化水膜，因而起到缓凝作用，特别是含糖分较多的缓凝剂，糖分的亲水性很强，溶剂化水膜厚，缓凝性更强，故糖钙缓凝效果更好。

缓凝剂掺量一般为 $0.1\%\sim0.3\%$，可缓凝 $1\sim5h$。根据需要调节缓凝剂的掺量，可使缓凝时间达到 24h，甚至 36h。掺加缓凝剂后可降低水泥水化初期的水化放热；此外，还具有增强后期强度的作用。缓凝剂掺量过多或搅拌不均时，会使混凝土或局部混凝土长时间不凝而报废，但超量不是很大时，经过延长养护时间之后，混凝土强度仍可继续发展。掺加柠檬酸、柠檬酸钠后会引起混凝土大量泌水，故不宜单独使用。在混凝土拌合料搅拌 $2\sim3min$ 以后加入缓凝剂，可使凝结时间较与其他材料同时加入延长 $2\sim3h$。

缓凝剂的基本特性有：延缓混凝土凝结时间，但掺量不宜过大，否则引起混凝土强度下降；延缓水泥水化放热速度，有利于大体积混凝土施工；对水泥品种适应性较差，不同水泥品种的缓凝效果不同，甚至会出现相反效果。因此，使用前应进行试验。

3. 早强剂

早强剂可加速混凝土硬化，缩短养护周期，加快施工进度，提高模板周转率，多用于冬季施工或紧急抢修工程。

早强剂的常用种类有氯盐类、硫酸盐类、有机氨类等，各类早强剂的早强作用机理不尽相同。

（1）氯盐。氯盐系早强剂主要有氯化钙（$CaCl_2$）和氯化钠（$NaCl$），其中氯化钙是使用最早、应用最为广泛的一种早强剂。氯盐的早期作用主要是通过生成水化氯铝酸钙（$3CaO \cdot Al_2O_3 \cdot 3CaCl_2 \cdot 32H_2O$ 和 $3CaO \cdot Al_2O_3 \cdot CaCl_2 \cdot 10H_2O$）以及氧氯化钙 [$CaCl_2 \cdot 3Ca(OH)_2 \cdot 12H_2O$ 和 $CaCl_2 \cdot Ca(OH)_2 \cdot H_2O$] 实现早强的。

氯化钙除具有促凝、早强作用外，还具有降低冰点的作用。因其含有氯离子（Cl^-），会加速钢筋锈蚀，故掺量必须严格控制。掺量一般为 $1\%\sim2\%$，可使 1d 强度提高 $70\%\sim140\%$，3d 强度提高 $40\%\sim70\%$。对后期强度影响较小，并可提高抗冻性。

氯化钠的掺量、作用及应用同氯化钙，但作用效果稍差，且后期强度会有一定降低。

《混凝土外加剂应用技术规范》（GB 50119—2003）及《混凝土结构工程施工质量验收规范》（GB 50204—2002）规定，在钢筋混凝土中，氯化钙掺量小于或等于 1%，在无筋混凝土中，掺量小于或等于 3%；经常处于潮湿或水位变化区的混凝土、遭受侵蚀介质作用的混凝土、骨料具有碱活性的混凝土、薄壁结构混凝土、大体积混凝土、预应力混凝土、装饰混凝土、使用冷拉或冷拔低碳钢丝的混凝土结构中，不允许掺入氯盐早强剂。为防止氯化钙对钢筋的锈蚀作用，常与阻锈剂复合使用。

氯盐早强剂主要适宜于冬季施工混凝土、早强混凝土，不适宜于蒸汽养护混凝土。

（2）硫酸钠。硫酸钠（Na_2SO_4），又称元明粉，是硫酸盐系早强剂之一，是应用较多的一种早强剂。硫酸钠的早强作用是通过生成二水石膏，进而生成水化硫铝酸钙实现的。

硫酸钠具有缓凝、早强作用，一般掺量为 $0.5\% \sim 2.0\%$，可使混凝土 3d 强度提高 $20\% \sim 40\%$，抗冻性及抗渗性有所提高，对后期强度无明显影响，对钢筋无锈蚀作用。当骨料为碱活性骨料时，不能掺加硫酸钠，以防止碱—骨料反应。掺量过多时，会引起硫酸盐腐蚀。硫酸钠的应用范围较氯盐系早强剂更广。

（3）三乙醇胺。三乙醇胺为无色或淡黄色油状液体，无毒，呈碱性，属非离子型表面活性剂。

三乙醇胺的早强作用机理与前两种早强剂不同，它不参与水化反应，不改变水泥的水化产物。它能降低水溶液的表面张力，使水泥颗粒更易于润湿，且可增加水泥的分散程度，从而加快了水泥的水化速度，对水泥的水化起到催化作用，使水化产物增多，水泥石的早期强度得以提高。

三乙醇胺一般掺量为 $0.02\% \sim 0.05\%$，可使 3d 强度提高 $20\% \sim 40\%$，对后期强度影响较小，抗冻、抗渗等性能有所提高，对钢筋无锈蚀作用，但会增大干缩。

除上述三种早强剂外，工程中还使用石膏、硫代硫酸钠（大苏打）、明矾石（硫酸钾铝）、硝酸钙、硝酸钾、亚硝酸钠、亚硝酸钙、甲酸钠、乙酸钠、重铬酸钠等。早强剂在复合使用时，效果更佳。

通常，高效减水剂都能在不同程度上提高混凝土的早期强度。若将早强剂与减水剂复合使用，既可进一步提高早期强度，又可使后期强度增长，并可改善混凝土的施工性能。因此，早强剂与减水剂的复合使用，特别是无氯盐早强剂与减水剂的复合早强减水剂发展迅速。如硫酸钠与木钙、糖钙及高效减水剂等的复合早强减水剂已得到广泛应用。

早强剂或早强减水剂掺量过多会引起混凝土表面起霜，影响后期强度和耐久性，并对钢筋的保护也有不利作用，有时还会造成混凝土过早凝结或出现假凝。

4. 引气剂

引气剂属憎水性表面活性剂。引气剂的作用机理是：由于它的表面活性，能定向吸附在水-气界面上，且显著降低水的表面张力，使水溶液形成众多新的表面（即水在搅拌下易产生气泡）；同时，引气剂分子定向排列在气泡上，形成单分子吸附膜，使液膜坚固而不易破裂；此外，水泥中的微细颗粒以及氢氧化钙与引气剂反应生成的钙皂，被吸附在气泡膜壁上，使气泡的稳定性进一步提高。因此，可在混凝土中形成稳定的封闭球型气泡，其直径为 $0.01 \sim 0.5mm$。

混凝土拌合物中，气泡的存在增加了水泥浆的体积，相当于增加了水泥浆量；同时，形成的封闭、球型气泡有"滚珠轴承"的润滑作用，可提高混凝土拌合物的流动性，或可减水。在硬化后混凝土中，这些微小气泡"切断"了毛细管渗水通路，提高了混凝土的抗渗性，降低了混凝土的水饱和度；同时，这些大量的未充水的微小气泡能够在结冰时让尚未结冰的多余水进入其中，从而起到缓解膨胀压力，提高抗冻性的作用。在同样含气量下，气泡直径越小，则气泡数量越多，气泡间距系数越小，水迁移的距离越短，对抗冻性的改善越好。

　　引气剂的主要类型有：松香树脂类（松香热聚物、松香皂），烷基苯磺酸盐类（烷基苯磺酸钠、烷基磺酸钠），木质素磺酸盐类（木质素磺酸钙等），脂肪醇类（脂肪醇硫酸钠、高级脂肪醇衍生物），非离子型表面活性剂（烷基酚环氧乙烷缩合物）等。

　　不同引气剂的适宜掺量和引气效果不同，并具有减水效果，如松香热聚物的适宜掺量为水泥质量的 0.005%～0.02%。引气量为 3%～5%，减水率为 8%。引气剂在混凝土中有以下特性：

　　（1）改善混凝土拌合物的和易性。在拌合物中，微小而封闭的气泡可起滚珠的作用，减少颗粒间的摩擦阻力，使拌合物的流动性大大提高。若使流动性不变可减水 10% 左右，由于大量微小气泡的存在，使水分均匀地分布在气泡表面，从而使拌合物具有较好的保水性。

　　（2）提高混凝土的抗渗性、抗冻性。引气剂改善了拌合物的保水性、减少拌合物泌水，因此泌水通道的毛细管也相应减少。同时引入大量封闭的微孔，堵塞或割断了混凝土中毛细管渗水通道，改变了混凝土的孔结构，使混凝土抗渗性显著提高。气泡有较大的弹性变形能力，对由水结冰所产生的膨胀应力有一定的缓冲作用，因而混凝土的抗冻性得到提高，耐久性也随之提高。

　　（3）降低混凝土强度。混凝土中含气量每增加 1%，其抗压强度下降 3%～5%。因此，引气剂的掺量应严格控制，一般引气量以 3%～6% 为宜。

　　（4）降低混凝土弹性模量。由于大量气泡的存在，使混凝土的弹性变形增大，弹性模量有所降低，这对混凝土的抗裂性是有利的。

　　（5）不能用于预应力混凝土和蒸汽（或蒸压）养护混凝土。

　　（6）出料到浇筑的停放时间不宜过长。当采用插入式振捣棒振捣时，振捣时间不宜超过 20s。

5. 膨胀剂

　　膨胀剂是指其在混凝土拌制过程中与硅酸盐类水泥、水拌合后经水化反应生成钙矾石或氢氧化钙等，使混凝土产生膨胀的外加剂，分为硫铝酸钙类、氧化钙类、硫铝酸钙－氧化钙类。

　　膨胀剂常用品种为 UFA 型（硫铝酸钙型），目前还有低碱型 UEA 膨胀剂和低掺量的高效 UEA 膨胀剂。膨胀剂的掺量（内掺，即等量替代水泥）为 10%～14%（低掺量的高效膨胀剂掺量为 8%～10%），可使混凝土产生一定的膨胀，抗渗性提高 2～3 倍，或自应力值达 0.2～0.6MPa，且对钢筋无锈蚀作用，并使抗裂性大幅提高。掺加膨胀剂的混凝土水胶比不宜大于 0.50，施工时应在终凝前进行多次抹压，并采取保湿措施；终凝后，需立即浇水养护，并保证混凝土始终处于潮湿状态或处于水中，养护龄期必须大于 14d，养护不当会使混凝土产生大量的裂纹。

　　各膨胀剂的成分不同，引起膨胀的原因也不相同。膨胀剂的使用应注意以下几个问题：

　　（1）掺硫铝酸钙类膨胀剂的膨胀混凝土（或砂浆），不得用于长期处于温度为 80℃ 以上的工程中。

　　（2）掺硫铝酸钙类或氧化钙类膨胀剂的混凝土，不宜同时使用氯盐类外加剂。

　　（3）掺铁屑膨胀剂的填充用膨胀砂浆，不得用于有杂散电流的工程，也不得用在镁铝材料接触的部位。

　　膨胀剂主要适用于长期处于水中、地下或潮湿环境中有防水要求的混凝土、补偿收缩混凝土、接缝、地脚螺丝灌浆料、自应力混凝土等，使用时需配筋。

6. 防冻剂

在我国北方，为防止混凝土早期受冻，冬季施工（日平均气温低于 5℃）常掺加防冻剂。防冻剂是指在规定的温度下，能显著降低混凝土的冰点，使混凝土液相不冻结或部分冻结，以保证水泥的水化作用，并在一定时间内获得预期强度的外加剂。

混凝土工程可采用下列几种防冻剂：①氯盐类，如氯化钙、氯化钠，或以氯盐为主的其他早强剂、引气剂、减水剂复合的外加剂；②氯盐和阻锈剂（亚硝酸钠）为主复合的外加剂；③无氯盐类，以亚硝酸盐、硝酸盐、乙酸钠或尿素为主的复合外加剂。

含亚硝酸盐和碳酸盐的防冻剂严禁用于预应力混凝土工程，铵盐、尿素严禁用于办公、居住等室内建筑工程。这些氨类物质在使用过程中以氨气形式释放出来，当室内空气浓度达 $0.3mg/m^3$ 时就感觉有异味和不适；$0.6mg/m^3$ 时可引起眼结膜刺激等，高浓度时还可引起头晕、头痛、恶心、胸闷及肝脏等多个系统损害。《混凝土外加剂中释放氨的限量》（GB 18588—2001）规定：混凝土外加剂中的氨量必须小于或等于 0.10%（质量分数）。该标准适用于各类具有室内使用功能的混凝土外加剂，不适用于桥梁、公路及其他室外工程用外加剂。

为提高防冻剂的防冻效果，防冻剂多与减水剂、早强剂及引气剂等复合，使其具有更好的防冻性。目前，工程上使用的都是复合防冻剂。按照《混凝土防冻剂》（JC 475—2004）和《水工混凝土外加剂技术规程》（DL/T 5100—1999）混凝土防冻剂应满足表 4 - 20 的要求。

表 4 - 20　　　　　　　　　　　混凝土防冻剂技术要求

试验项目		JC 475—2004						《公路工程水泥混凝土外加剂与矿物掺合料应用技术指南》(2006)			DL/T 5100—1999		
		一等品			合格品								
减水率（%）		≥10			—			≥10			>8		
泌水率比（%）		≤80			≤100			≤80			<100		
含气量（%）		≥2.5			≥2.0			≥2.5			>2.5		
凝结时间差/min	初凝	−150～+150			−210～+210			−150～+150			−120～+120		
	终凝												
抗压强度比（%）≥	温度/℃	−5	−10	−15	−5	−10	−15	−5	−10	−15	−5	−10	−15
	f_{28}	100	100	95	95	90	90	100	100	95	95	95	90
	f_{-7}	20	12	10	20	10	8	20	12	10	—	—	—
	f_{-7+28}	95	90	85	95	85	80	95	90	85	95	90	85
	f_{-7+56}	100						100			100		
28d 收缩率比（%）		≤135						≤130			<125		
抗渗压力（或高度）比（%）		渗透高度比≤100						渗透高度比≤100			>100（或<100）		
抗冻性		50 次冻融强度损失率比≤100%						F50					
对钢筋锈蚀作用		应说明对钢筋有无锈蚀作用											

注：f_{-7+28} 表示混凝土在规定负温下养护 7d，之后转入正温标准养护条件下养护 28d 的抗压强度值，其余类推。

7. 速凝剂

速凝剂是一种使砂浆或混凝土迅速凝结硬化的化学外加剂。速凝剂与水泥加水拌合后立即反应，使水泥中的石膏丧失其缓冲作用，C_3A 迅速水化，从而产生快速凝结。速凝剂分为粉剂和液态两种，按照《喷射混凝土用速凝剂》（JC 477—2005）和《水工混凝土外加剂技术规程》（DL/T 5100—1999），速凝剂的性能应满足表 4-21 的要求。

表 4-21　　　　　　速凝剂的性能要求

项　目		JC 477—2005		DL/T 5100—1999	《公路工程水泥混凝土外加剂与矿物掺合料应用技术指南》（2006）
		一等品	合格品		
细度（80μm,%）　<		15	15	15	15
含水率（%）　<		2	2	2	2
净浆凝结时间（min）　<	初凝	3	5	3	3
	终凝	8	12	10	8
砂浆抗压强度比（%）　>	1d	7	6	—	—
	28d	75	75	75	75
1d砂浆抗压强度（MPa）　≥		—	—	8.0	7.0

速凝剂主要用于喷射混凝土、堵漏工程等。

8. 防水剂

防水剂是指能降低砂浆或混凝土在静水压力下的透水性的外加剂。

混凝土体内分布着大小不同的孔隙（凝胶孔、毛细孔和大孔）。防水剂的主要作用是要减少混凝土内部的孔隙，提高密实度或改变孔隙特征以及堵塞渗水通道，以提高混凝土的抗渗性。

常采用引气剂、引气减水剂、膨胀剂、氯化铁、氯化铝、三乙醇胺、硬脂酸钠、甲基硅醇钠、乙基硅醇钠等外加剂作为防水剂。工程中使用较多的为复合防水剂，除上述成分外，有时还掺入少量高活性的矿物材料，如硅灰。

目前市场上有一种水泥基渗透结晶型防水材料，它是以硅酸盐水泥或普通硅酸盐水泥、精细石英砂或硅砂等为基材，掺入活性化学物质（催化剂）及其他辅料组成的渗透型防水材料。其防水机理是通过混凝土中的毛细孔隙或微裂纹，在有水条件下逐步渗入混凝土的内部，并与水泥水化产物反应生成结晶物质而使混凝土致密。产品分为防水剂和防水涂料，使用时直接掺入到水泥混凝土中或加水调制成浆体涂刷于水泥混凝土的表面或干撒在刚刚成型后的水泥混凝土表面进行抹压（可撒适量水使防水材料被润湿）。水泥基渗透结晶型防水材料的防水效果好，并可使表层混凝土的强度提高 20%～30%。水泥基渗透结晶型防水材料在初凝后必须进行喷雾养护，以使其能充分渗入到混凝土内部。防水剂的性能应满足《砂浆、混凝土防水剂》（JC 474—2008）与《水泥基渗透结晶型防水材料》（GB 18445—2001）的技术要求。

此外，还有防水堵漏材料，它可使砂浆或混凝土在 2～10min 内初凝，15min 内终凝，主要用于有水渗流部位的防水处理，其质量应满足《无机防水堵漏材料》（GB 23440—2009）的要求。

9. 泵送剂

泵送剂是指能改善混凝土拌合物泵送性能的外加剂。泵送剂主要由高效减水剂、缓凝剂、引气剂、保塑剂等组成，引气剂起到保证混凝土拌合物的保水性和黏聚性的作用，保塑剂起到防止坍落度损失的作用。泵送剂可提高混凝土坍落度 80～150mm 以上，并可保证混凝土拌合物在泵送时不发生严重的离析、泌水，泵送剂应符合表 4-22 的要求。

表 4-22　　　　　　　　　　　　混凝土泵送剂技术要求

试 验 项 目			JC 473—2001		《公路工程水泥混凝土外加剂与矿物掺合料应用技术指南》（2006）	DL/T 5100—1999
			一等品	合格品		
坍落度增加值（mm）		≥	100	80	100	10
常压泌水率比（%）		≤	90	100	90	100
压力泌水率比（%）		≤	90	95	90	95
含气量（%）		≤	4.5	5.5	4.5	4.5
坍落度	保留值（mm）≥	30min	150	120	150	
		60min	120	100	120	
	损失率（%）≤	30min				20
		60min				30
抗压强度比（%） ≥		3d	85		90	85
		7d		80		
		28d	90			
28d 弯拉强度比（%） ≥			—		90	—
28d 收缩率比（%） ≤			135		125	125
对钢筋锈蚀作用			应说明有无锈蚀作用		应说明有无锈蚀作用	应说明有无锈蚀作用

泵送剂主要用于泵送施工的混凝土，特别是预拌混凝土、大体积混凝土、高层建筑混凝土施工等，也可用于水下灌注混凝土，但应加入水中抗分离剂。

10. 絮凝剂

絮凝剂也称水中抗分离剂，能有效减少骨料与水泥浆的分离，防止水泥被水冲走，保证混凝土拌合物在水中浇筑后仍有足够的水泥和砂浆，从而保证水下浇筑混凝土的强度及其他性能，其主要品种有纤维素、丙烯酰胺、丙烯酸钠、聚乙烯醇、聚氧化乙烯等，常用掺量为 2.5%～3.5%。按照 DL/T 5100—1999，絮凝剂的技术要求见表 4-23。

表 4-23　　　　　　　　　　　混凝土水中抗分离剂的技术要求

类型	泌水率（%）	含气量（%）	坍落度损失/cm		水中分离度		凝结时间/h		水气强度比[1]（%）	
			30min	120min	悬着物含量	pH	初凝	终凝	7d	28d
普通型	<0.5	<4.5[3]	<3.0[3] (2.0)[2]	—	<50[3] (90)[2]	<12	>5	>24	>60	>70
缓凝型				<3.0[3] (5.0)[2]	<50[3] (85)[2]		>12	<36		

①水气强度比为水下 500mm 一次投料装模与空气中按标准试验方法同温度同龄期养护抗压强度之比。

②《公路工程水泥混凝土外加剂与矿物掺合料应用技术指南》（2006）要求的指标值。

③《公路工程水泥混凝土外加剂与矿物掺合料应用技术指南》（2006）与 DL/T 5100—1999 的共同要求指标值。

11. 阻锈剂

阻锈剂是指能抑制或减轻混凝土中钢筋锈蚀的外加剂。阻锈剂较环氧涂层钢筋保护法、阴极保护法等成本低、施工方便、效果明显。

当外加剂中含有氯盐时，或环境中含有氯盐时，需掺入阻锈剂，以保护钢筋。阻锈剂的掺量一般在 2%～5%，极端环境下（如氯盐为主的盐碱地、撒除冰盐环境、海边浪溅区）的掺量为 6%～15%。对于一些重要结构，除掺入混凝土中外，还应在浇筑混凝土前用含阻锈剂 5%～10% 的溶液涂覆钢筋表面以增加防腐效果；对于修复工程，浓度应提高至 10%～20%。

阻锈剂分为阳极型、阴极型和复合型。阳极型为含氧化性离子的盐类，起到增加钝化膜的作用，主要有亚硝酸钠、亚硝酸钙、铬酸钾、氯化亚锡、苯甲酸钠；阴极型大多数是表面活性物质，在钢筋表面形成吸附膜，起到减缓或阻止电化学反应的作用，主要有氨基醇类、羧酸盐类、磷酸酯等，某些可在阴极生成难溶于水的物质也能起到阻锈作用，如氟铝酸钠、氟硅酸钠等。阴极型的掺量大，效果不如阳极型的好，复合型对阳极和阴极均有保护作用。

工程上主要使用亚硝酸盐，但亚硝酸钠严禁用于预应力混凝土工程。阻锈剂应复合使用以减少掺量、增加阻锈效果。按照《钢筋阻锈剂应用技术规程》（YB/T 9231—2009）阻锈剂的基本性能应满足表 4-24 和表 4-25 的要求。

表 4-24　　　　　　　　　　　　单功能阻锈剂的基本性能

性能	试验项目		指标要求	检测方法标准
阻锈性能	盐水浸渍试验		钢筋棒无锈，电位 0～−250mV	YB/T 9231—2009 附录 A.1
	盐水中浸烘试验		掺阻锈剂比不掺阻锈剂的混凝土中的钢筋腐蚀面积百分率减少 95% 以上	YB/T 9231—2009 附录 A.2
	电化学综合试验		电流小于 150μA	YB/T 9231—2009 附录 A.3
对混凝土性能影响试验	抗压强度比（%）	7d	≥90	GB 8076—2008
		28d	≥90	
	初凝时间差/min	初凝	−120～+120	GB 8076—2008
		终凝	−120～+120	
	抗渗性		不降低	DL/T 5150—2001

表 4-25　　　　　　　　　　　　多功能阻锈剂的基本性能

性能	试验项目		指标要求	检测方法标准
阻锈性能	盐水浸渍试验		钢筋棒无锈，电位 0～−250mV	YB/T 9231—2009 附录 A.1
	盐水中浸烘试验		掺阻锈剂比不掺阻锈剂的混凝土中的钢筋腐蚀面积百分率减少 95% 以上	YB/T 9231—2009 附录 A.4
	抗硫酸盐侵蚀性	抗蚀系数 K	≥0.85	JC/T 1011—2006 附录 A
		膨胀系数 E	≤1.50	

性能	试验项目		指标要求	检测方法标准
对混凝土性能影响试验	抗压强度比（%）	3d	≥90	JC 473—2001
		7d	≥90	
		28d	≥90	
	坍落度保留值/mm	30min	≥150	
		60min	≥120	

除上述外加剂外，混凝土中应用的外加剂还有减缩剂、保水剂、增稠剂等。

混凝土中应用外加剂时，需满足《混凝土外加剂应用技术规程》（GB 50119—2003）的规定。

4.1.5　混凝土掺合料

在制备混凝土拌合物时，为了节约水泥、改善混凝土性能、调节混凝土强度等级而加入的天然或人工的矿物材料，称为混凝土矿物掺合料，它已成为混凝土的第六组分。矿物掺合料的比表面积一般应大于 $350m^2/kg$。比表面积大于 $600m^2/kg$ 的称为超细矿物掺合料，其增强效果更优，但对混凝土早期塑性开裂有不利影响。

用于混凝土中的掺合料可分为两大类：

（1）非活性矿物掺合料。非活性矿物掺合料一般与水泥组分不起化学作用，或化学作用很小，如磨细石英砂、石灰石，或活性指标达不到要求的矿渣等材料。

（2）活性矿物掺合料。活性矿物掺合料虽然本身不硬化或硬化速度很慢，但能与水泥水化产生的 $Ca(OH)_2$ 发生化学反应，生成具有水硬性的胶凝材料，如粒化高炉矿渣粉、火山灰质材料、粉煤灰、硅灰等。

1. 粉煤灰

粉煤灰是由煅烧煤粉的锅炉烟气中收集到的细粉末，其颗粒多呈球形，表面光滑。粉煤灰按其钙含量分为高钙粉煤灰和低钙粉煤灰。

（1）粉煤灰的技术要求。粉煤灰的细度、活性氧化硅和活性氧化铝的数量等直接影响粉煤灰的质量。为提高粉煤灰的活性，经常将粉煤灰进行磨细处理。高钙粉煤灰的活性优于低钙粉煤灰，但使用时需注意其体积安定性必须合格。低钙粉煤灰的来源比较广泛，是当前国内外用量最大、使用范围最广的混凝土掺合料。《用于水泥和混凝土中的粉煤灰》（GB/T 1596—2005）将粉煤灰分为三个等级（表 4 - 26）。

表 4 - 26　　　　　　　　　　粉煤灰质量指标与等级

质 量 指 标		等　级		
		I	II	III
细度（0.045mm 方孔筛的筛余量，%）　≤		12	25	45
需水量比（%）　≤		95	105	115
烧失量（%）　≤		5	8	15

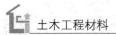

质 量 指 标		等 级		
		Ⅰ	Ⅱ	Ⅲ
含水量（%）	≤	1		不做规定
三氧化硫（%）	≤	3		

注：1. 表中需水量比是对干排法获得的粉煤灰而言，对湿排法获得的粉煤灰要求质量均匀。

2. 需水量比指对比样品达到同一流动度 125～135mm 范围内的加水量比。

3. 质量指标中任何一项不满足，都应重新在同一批粉煤灰中加倍取样重新检验，若复检后仍达不到要求，该批粉煤灰降级处理或处理为不合格。

（2）粉煤灰在混凝土中的作用、掺量及掺用方法。粉煤灰为球形玻璃体微珠，掺入到混凝土中可减少用水量或可提高混凝土拌合物的和易性，特别是混凝土拌合物的流动性。此外，掺加粉煤灰还可以减小混凝土的干缩，提高混凝土的体积安定性。

掺粉煤灰的混凝土简称为粉煤灰混凝土。粉煤灰质量的好坏直接影响混凝土的性能，因而重要工程应采用Ⅰ、Ⅱ级粉煤灰，Ⅲ级粉煤灰主要用于改善混凝土的和易性，详见表 4-27。粉煤灰掺量过多时，混凝土的抗碳化性变差，对钢筋的保护力降低。所以，粉煤灰取代水泥的最大限量（以质量计）须满足表 4-28 的规定。对于密实度很高的混凝土，可放宽此限制。

表 4-27　　　　　不同等级粉煤灰的用途与超量系数

粉煤灰等级	Ⅰ	Ⅱ	Ⅲ
适用的混凝土工程	钢筋混凝土、跨度小于 6m 预应力混凝土、≥C30 的混凝土	钢筋混凝土、≥C30 的混凝土	<C30 的无筋混凝土
超量系数	1.1～1.4	1.3～1.7	1.5～2.0

注：1. 经试验论证，粉煤灰的等级可较适用范围要求的等级降低一级。

2. 此表摘自 GB/T 1596—2005。

表 4-28　　　　　粉煤灰取代水泥的最大限量

混凝土种类	粉煤灰取代水泥最大限量（%）			
	硅酸盐水泥	普通硅酸盐水泥	矿渣硅酸盐水泥	火山灰质硅酸盐水泥
预应力混凝土	25	15	10	—
钢筋混凝土、C40 及其以上混凝土、高抗冻性混凝土、蒸养混凝土	30	25	20	15
C30 及其以下混凝土、泵送混凝土、大体积混凝土、水下混凝土、地下混凝土、压浆混凝土	50	40	30	20
碾压混凝土	65	55	45	35

注：1. 当钢筋保护层小于 5cm 时，粉煤灰取代水泥的最大限度应比表中规定相应减少 5%。

2. 此表摘自 GB/T 1596—2005。

混凝土中掺用粉煤灰可采用以下三种方法：

1）等量取代法。以粉煤灰等量（以质量计）取代混凝土中的水泥。当配制超强混凝土或大体积混凝土时，可采用此法。

2）超量取代法。粉煤灰掺量超过取代的水泥量，超量的粉煤灰取代部分细骨料。超量取代的目的是增加混凝土中胶凝材料的数量，以补偿由于粉煤灰取代水泥而造成的强度降低。粉煤灰的超量系数（粉煤灰掺量与取代水泥量的比值），须满足表 6-16 的规定。

3）外加法。在水泥用量不变的情况下，掺入一定数量的粉煤灰，主要用于改善混凝土拌合物的和易性。

（3）粉煤灰应用范围。粉煤灰适用于普通工业与民用建筑结构用的混凝土，尤其适用于配制预应力混凝土、高强混凝土、高性能混凝土、泵送混凝土与流态混凝土、大体积混凝土、抗渗混凝土、高抗冻性混凝土、抗硫酸盐与抗软水侵蚀的混凝土、蒸养混凝土、轻骨料混凝土、地下与水下工程混凝土、压浆混凝土、碾压混凝土、道路混凝土等。

根据 GB/T 1596—2005，当粉煤灰用于抗冻性要求高的混凝土时，必须掺加引气剂；而且根据《公路水泥混凝土路面滑模施工技术规程》（JTJ/T 037.1—2000）用于水泥混凝土路面工程时不得使用湿排灰、潮湿粉煤灰和已结块的粉煤灰；此外，非大体积工程低温季节施工时，粉煤灰掺量不宜过多。

2. 硅灰

硅灰是电弧炉冶炼硅金属或硅铁合金时的副产品，是极细的球形颗粒。硅灰中 SiO_2 达 80% 以上，主要是无定形的 SiO_2。硅灰颗粒的平均粒径为 $0.1\sim0.2\mu m$，比表面积为 $20\,000\sim25\,000m^2/kg$，因而具有极高的活性。

硅灰有很高的火山灰活性，硅灰取代水泥的效果远远高于粉煤灰，它可大幅提高混凝土的强度、抗渗性、抗侵蚀性，并可明显抑制碱-骨料反应，降低水化热，减小温升。由于硅灰的活性极高，即使在早期也会与氢氧化钙发生水化反应。所以，利用硅灰取代水泥后还可提高混凝土的早期强度。由于硅灰的比表面积巨大，故掺加硅灰后混凝土拌合物的泌水性和流动性明显降低，须配以减水剂才能保证混凝土的和易性。硅灰对混凝土的早期干裂有不利影响，使用时需特别注意。

硅灰取代水泥量一般为 5%～15%，使用时必须同时掺加减水剂，以保证混凝土的流动性。掺用硅灰和高效减水剂可配制出 100MPa 以上的超高强混凝土，但由于硅灰价格高，故只用于高强或超高强混凝土、泵送混凝土、高耐久性混凝土以及其他高性能混凝土。

3. 磨细粒化高炉矿渣

由粒化高炉矿渣磨细而得（磨细时可添加少量的石膏），简称磨细矿渣或矿渣粉。磨细矿渣的活性与其碱性系数 $[M=(m_{CaO}+m_{MgO})/(m_{SiO_2}+m_{Al_2O_3})$，$M>1$ 为碱性矿渣，$M=1$ 为中性矿渣，$M<1$ 为酸性矿渣$]$ 和质量系数 $[K=(m_{CaO}+m_{MgO}+m_{Al_2O_3})/(m_{SiO_2}+m_{MnO}+m_{TiO_2})]$ 有着密切的关系。通常采用碱性系数 $M>1$，质量系数 $K\geqslant1.2$ 的粒化高炉矿渣来磨制。磨细矿渣除含有活性 SiO_2 和 Al_2O_3 外，还含有部分 $\beta-C_2S$，因而磨细矿渣具有较高的活性，其最大掺量与效果均高于粉煤灰。

磨细矿渣的掺量为 10%～70%，对拌合物的流动性影响不大，可明显降低混凝土的温升。细度较低时，随掺量的增加，泌水量增大。对混凝土的干缩影响不大，但超细矿渣会增大混凝土的塑性开裂。磨细矿渣的适用范围与粉煤灰基本相同，但最大掺量可更高。

4. 磨细天然沸石

磨细天然沸石，由天然沸石（主要为斜发沸石和丝光沸石）磨细而成，代号 Z。沸石是含有微孔的含水铝酸盐矿物，SiO_2 含量为 60%～70%，Al_2O_3 含量为 8%～12%，内比表面积很大。因此，磨细沸石具有较高的活性，其效果优于粉煤灰。

磨细天然沸石的掺量一般为 5%～20%，掺加后混凝土拌合物的流动性降低，掺量大时，对流动性影响显著。掺加沸石粉可提高混凝土的抗冻性、抗渗性，抑制碱-骨料反应（优于磨细矿渣和粉煤灰），但干缩有所增大。

两种以上矿物掺合料复合使用可以获得更好的技术效果。因此，在条件允许的情况下，应尽量复合使用矿物掺合料。

工程实例分析

 ［实例 4-1］ **使用受潮水泥**

工程背景

广西百色某车间单层砖房屋，采用预制空心板及 12m 跨现浇钢筋混凝土大梁，1983 南 10 月开工，使用进场已 3 个多月并存放在潮湿环境的水泥。1984 年拆完大梁底模和支撑，1 月 4 日下午房屋全部倒塌。

原因分析

事故的主要原因是使用受潮水泥，且采用人工搅拌，无严格配合比，致使混凝土大梁倒塌。用回弹仪测定混凝土平均强度仅 5MPa 左右，有些地方竟测不出回弹值。此外还存在振捣不实，配筋不足等问题。

防治措施

施工现场入库水泥应按品种、标号、出厂日期分别堆放，并建立标志。先到先用，防止混乱。防止水泥受潮，水泥不慎受潮，可分情况处理、使用。

（1）有粉块，尚无硬块。通过试验，按实际强度使用。

（2）部分水泥结成硬块。通过试验，按实际强度用于非重要、受力较小的部位，或用于建筑砂浆。

（3）大部分水泥结成硬块。视情况用作混凝土掺合料。

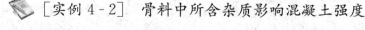 ［实例 4-2］ **骨料中所含杂质影响混凝土强度**

工程背景

某中学一栋砖混结构教学楼，在结构完工、进行屋面施工时，屋面局部倒塌。审查设计方面，未发现任何问题。对施工方面审查发现：

设计强度为 C20 的混凝土，施工时未留试块，事后鉴定其强度仅 7.5MPa 左右，在断口处，可清楚看到砂、石未洗干净，骨料中混有鸽蛋大小的黏土块和树叶等杂质。此外，梁主筋偏于一侧，梁的受拉区 1/3 宽度内几乎无钢筋。

原因分析

　　骨料的杂质对混凝土的强度有重要的影响，必须严格控制杂质含量。树叶等杂质会影响混凝土的强度；泥黏附在骨料的表面，妨碍水泥石与骨料的黏结，降低黏结强度，增大用水量，加大混凝土的干缩，降低抗渗性和抗冻性；泥块对混凝土性质影响更为严重。

　　［实例 4-3］　含糖分的水使混凝土两天仍未凝结

工程背景

　　某糖厂建宿舍，以自来水拌制混凝土，浇筑后用曾装过食糖的麻袋覆盖混凝土表面，再淋水养护。后来，发现该水泥混凝土两天后仍未凝结，而水泥经检验无质量问题。

原因分析

　　由于养护水淋于曾装过食糖的麻袋，养护水已成糖水，而含糖分的水对水泥的凝结有抑制作用，故使混凝土凝结异常。

　　［实例 4-4］　氯盐防冻剂锈蚀钢筋

工程背景

　　北京某钢筋混凝土工程冬期施工，为使混凝土防冻，在浇筑混凝土时掺入水泥用量 3% 的氯盐。建成使用两年后，在 A 柱柱顶附近掉下一块直径约 40mm 的混凝土碎块。停业检查事故原因，发现除设计有失误外，其中一重要原因是在浇筑混凝土时掺加的氯盐防冻剂，它不仅对混凝土有影响，而且腐蚀钢筋。观察底层柱破坏处钢筋，纵向钢筋及箍筋均已生锈，原直径 $\phi6$ 的钢筋锈蚀后仅为 $\phi5.2$ 左右。锈蚀后的箍筋难以承受纵筋所产生的横拉力，使得箍筋在最薄弱处断裂，混凝土保护层剥落。

防治措施

　　施工时加氯盐防冻，应同时对钢筋采取相应的阻锈措施。该工程因混凝土碎块下掉，引起使用者的高度重视，对现有柱进行加固处理，使房屋倒塌事故得以避免。

4.2　混凝土拌合物的性能

　　混凝土的各组成材料按一定比例配合，经搅拌均匀、未凝结硬化之前，称为混凝土拌合物或新拌混凝土。混凝土拌合物应便于施工，以保证获得质量良好的混凝土。混凝土拌合物的性能主要包括和易性和凝结时间等指标。

4.2.1　和易性

1. 和易性的概念

　　和易性是指混凝土拌合物易于施工操作（搅拌、运输、浇灌、捣实）并能获得质量均匀、成形密实混凝土的性能。和易性是一项综合的技术性质，包括流动性、黏聚性和保水性三方面的含义。

（1）流动性。流动性是指混凝土拌合物在自重或施工机械振捣的作用下，能产生流动，并均匀、密实地填满模板的性能。流动性好的混凝土操作方便，易于捣实、成形。

（2）黏聚性。黏聚性是指混凝土拌合物在施工过程中，组成材料之间具有一定的黏聚力，不致产生分层和离析的现象。在外力作用下，混凝土拌合物各组成材料的沉降不相同，如配合比不当，黏聚性差，施工中易发生分层（即混凝土拌合物各组分出现层状分离现象）、离析（即混凝土拌合物内某些组分分离、析出现象）等情况。致使混凝土硬化后产生"蜂窝"、"麻面"等缺陷，影响混凝土强度和耐久性。

（3）保水性。保水性是指混凝土拌合物在施工过程中，具有一定的保水能力，不致产生严重的泌水现象（指混凝土拌合物中部分水从水泥浆中泌出的现象）。保水性不良的混凝土易出现泌水，水分泌出后会形成连通孔隙，影响混凝土的密实性；泌出的水聚集到混凝土表面，会引起表面疏松；泌出的水集聚在骨料或钢筋的下表面会形成孔隙，削弱骨料或钢筋与水泥石的黏结力，影响混凝土质量。

由此可见，混凝土拌合物的流动性、黏聚性、保水性有其各自的内容，既彼此联系又相互存在矛盾。

2. 和易性的测定方法及评定

和易性是一项综合技术性质，很难用一种指标来全面反映。通常是以测定拌合物流动性（稠度）为主，黏聚性和保水性通过观察的方法进行评定。根据拌合物流动性不同，分别用坍落度法、坍落扩展度法和维勃稠度法测定混凝土的稠度。

（1）坍落度与坍落扩展度法。在工地和试验室，常通过坍落度试验测定拌合物的流动性。坍落度试验的方法是：将混凝土拌合物按规定方法装入坍落度筒内，如图 4-6 所示。装满刮平后，垂直向上将筒提起，移到一旁；混凝土拌合物由于自重将会产生坍落现象；然后，量出坍落尺寸（图 4-7），该尺寸就是坍落度，坍落度越大，表示流动性越好。该法适用于坍落度不小于 10mm，且骨料最大粒径不大于 40mm 的混凝土拌合物。

 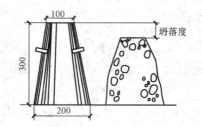

图 4-6 坍落度筒　　　　　　　图 4-7 坍落度测定示意图

当坍落度大于 220mm 时，坍落后呈薄饼状，用钢尺测量混凝土扩展后最终的最大和最小直径。在两直径之差小于 50mm 的条件下，用其算术平均值作为坍落扩展度值；直径坍落至 500mm 时所需的时间记为 T_{500}，两者主要用于评价自密实混凝土。扩展度越大，则混凝土的自流平性与自密实性越高，说明混凝土拌合物的黏度越小，流动越快。

黏聚性的检测方法是：用捣棒在已坍落的混凝土锥体侧面轻轻敲打。若锥体逐渐下沉，则表示黏聚性良好；如果锥体倒塌，部分崩裂或出现石子离析现象，则表示黏聚性不良。

保水性是以混凝土拌合物中的水泥浆析出的程度评定。坍落度筒提起后，如有较多水泥浆从底部析出，混凝土拌合物锥体也因失浆而骨料外露，表明混凝土拌合物的保水性不好。如坍落度筒提起后无水泥浆或仅有少量水泥浆自底部析出，表示此混凝土拌合物保水性良好。

根据坍落度不同，可将混凝土拌合物分为 4 级，见表 4 - 29。坍落度试验只适用于骨料最大粒径不大于 40mm，坍落度不小于 10mm 的混凝土拌合物。

表 4 - 29　　　　　　　　　　　　混凝土按坍落度的分级

级别	名称	坍落度/mm	级别	名称	坍落度/mm
T_1	低塑性混凝土	10~40	T_3	流动性混凝土	100~150
T_2	塑性混凝土	50~90	T_4	大流动性混凝土	≥160

注：在分级判定时，坍落度检验结果值，取舍到邻近的 10mm。

（2）维勃稠度法。对于干硬性的混凝土拌合物（坍落度值小于 10mm）通常采用维勃稠度仪（图 4 - 8）测定稠度（即维勃稠度）。维勃稠度测试方法是：开始在坍落度筒中按规定方法装满拌合物，提起坍落度筒，在拌合物锥体顶面放一透明圆盘，开启振动台，用秒表记录透明圆盘底面完全为水泥浆布满所需的时间，所读秒数称为维勃稠度值。该法适用于骨料最大粒径不超过 40mm，维勃稠度在 5~30s 之间的混凝土拌合物的稠度测定。混凝土拌合物流动性按维勃稠度大小分为四级，见表 4 - 30。

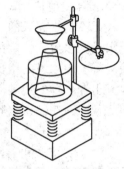

图 4 - 8　维勃稠度仪

表 4 - 30　　　　　　　　　　　　混凝土按维勃稠度的分级

级别	名称	维勃稠度/s	级别	名称	维勃稠度/s
V_1	超干硬性混凝土	≥31	V_3	干硬性混凝土	20~11
V_2	特干硬性混凝土	30~21	V_4	半干硬性混凝土	10~5

3. 影响和易性的主要因素

影响混凝土拌合物和易性的主要因素有以下几方面：

（1）水泥品种及细度。水泥对拌合物和易性的影响主要是水泥品种及水泥细度。需水量大的水泥比需水量小的水泥配制的拌合物，在其他条件相同的情况下，流动性变小，但其黏聚性和保水性较好。例如，矿渣水泥与普通水泥相比，其流动性较大，但黏聚性及保水性较差。

（2）骨料的性质。骨料的品种、规格与质量对混凝土拌合物的和易性有较大的影响。卵石和河砂的表面光滑，因而采用卵石、河砂配制混凝土时，混凝土拌合物的流动性大于用碎石、山砂和破碎砂配制的混凝土。采用粒径粗大、级配良好的骨料时，由于骨料的比表面积和空隙率较小，因而混凝土拌合物的流动性大，黏聚性及保水性好。但细骨料过粗时，会引起黏聚性和保水性下降。采用含泥量、泥块含量、云母含量及针、片状颗粒含量较少的粗、细骨料时，混凝土拌合物的流动性较大。

（3）水泥浆数量——浆集比。浆集比是指混凝土拌合物中水泥浆与骨料的质量比。混凝土拌合物中的水泥浆，赋予混凝土拌合物以一定的流动性。

在水胶比不变的情况下，浆集比越大、则拌合物的流动性越好。但若水泥浆过多，易出现流浆现象，使拌合物黏聚性变差，同时对混凝土的强度与耐久性也会产生一定影响，而且水泥用量也大。浆集比偏小时，水泥浆不能填满骨料空隙或不能很好地包裹骨料表面，会产生崩坍现象，黏聚性变差。因此，混凝土拌合物中水泥浆的含量应以满足流动性要求为度，不宜过量。

（4）水泥浆的稠度——水胶比。水泥浆的稠度由水胶比决定。水胶比是指混凝土拌合物中水与胶凝材料的质量比。在胶凝材料用量不变的情况下，水胶比越小，水泥浆越稠，混凝土拌合物的流动性越小。当水胶比过小时，水泥浆干稠，混凝土拌合物的流动性过低，会使施工困难，不能保证混凝土的密实性。增加水胶比会使流动性加大。如果水胶比过大，又会造成混凝土拌合物的黏聚性和保水性不良，从而产生流浆、离析现象，并严重影响混凝土的强度。所以，水胶比不能过大或过小，一般应根据混凝土强度和耐久性要求合理地选用。

无论是水泥浆的多少还是水泥浆的稀稠，实际上对混凝土拌合物流动性起决定作用的是用水量的多少（恒定用水量法则），因为无论是提高水胶比或增加水泥浆用量，最终会表现为混凝土用水量的增加。应当注意，在试拌混凝土时，不能用单纯改变用水量的办法来调整混凝土拌合物的流动性。因单纯改变用水量，会影响混凝土的强度和耐久性，与设计不符。因此，应该在保持水胶比不变的条件下，用调整水泥浆量的办法来调整混凝土拌合物的流动性。

（5）砂率。砂率 β_s 是指混凝土中砂的质量占砂、石总质量的百分率。砂率的变动会使骨料的空隙率和骨料的总表面积有显著改变，因而对混凝土拌合物的和易性产生显著影响。砂率过大，则粗、细骨料总的比表面积和空隙率大，在水泥浆数量一定的前提下，减薄了起到润滑骨料作用的水泥浆层的厚度，使混凝土拌合物的流动性减小；若砂率过小，则粗、细骨料总的空隙率大，混凝土拌合物中砂浆量不足，包裹在粗骨料表面的砂浆层厚度过薄，对粗骨料的润滑程度和黏聚性不够，甚至不能填满粗骨料的空隙，因而砂率过小，会降低混凝土拌合物的流动性，特别是使混凝土拌合物的黏聚性及保水性大大降低，产生离析、分层、流浆及泌水等现象，并对混凝土的其他性能也产生不利的影响。

合理砂率是指在用水量及胶凝材料用量一定的情况下，混凝土拌合物获得最大的流动性及良好的黏聚性与保水性的砂率值，如图 4-9 所示；或指在保证混凝土拌合物具有所要求的流动性及良好的黏聚性与保水性条件下，使胶凝材料用量最少的砂率值，如图 4-10 所示。

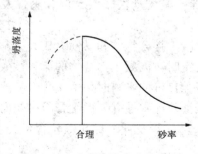

图 4-9 砂率与坍落度的关系

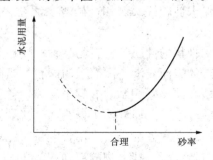

图 4-10 砂率与水泥用量的关系

确定或选择砂率的原则是，在保证混凝土拌合物的黏聚性及保水性的前提下，应尽量用较小的砂率，以节约胶凝材料用量，提高混凝土拌合物的流动性。对于混凝土量大的工程，应通过试验确定合理砂率。

（6）外加剂。在拌制混凝土时，加入很少量的外加剂（如减水剂、引气剂）能使混凝土拌合物在不增加胶凝材料用量的条件下获得良好的和易性，增大流动性和改善黏聚性、降低泌水性。并且由于改变了混凝土的孔结构，尚能提高混凝土的耐久性。外加剂对混凝土性能影响在"混凝土外加剂与掺合料"部分介绍。

（7）其他因素。混凝土拌合物的流动性随时间的延长，由于水分的蒸发、骨料的吸水及水泥的水化与凝结，而变得干稠，流动性逐渐降低，将这种损失称为经时损失。

在条件相同的情况下，用火山灰质硅酸盐水泥拌制的混凝土拌合物的流动性较小，而用矿渣硅酸盐水泥拌制的混凝土拌合物的保水性较差。

掺加粉煤灰等矿物掺合料，可提高混凝土拌合物的黏聚性和保水性。特别是在水胶比和流动性较大时，效果更为明显。

4. 和易性的调整与改善

调整混凝土拌合物的和易性时，一般应先调整黏聚性和保水性，然后调整流动性，且调整流动性时，须保证黏聚性和保水性不受大的损害，并不得损害混凝土的强度和耐久性。

（1）当混凝土流动性小于设计要求时，为了保证混凝土的强度和耐久性，不能单独加水，必须保持水胶比不变，增加水泥浆用量。

（2）当坍落度大于设计要求时，可在保持砂率不变的前提下，增加砂石用量。

（3）改善骨料级配，可增加混凝土流动性，也可改善黏聚性和保水性。

（4）掺减水剂或引气剂是改善混凝土和易性的有效措施。

（5）采用最佳砂率，当黏聚性不良时适当增加砂率。

4.2.2 凝结时间

水泥的水化反应是混凝土产生凝结的主要原因，但是混凝土的凝结时间与配制该混凝土所用的水泥的凝结时间并不一致，因为水泥浆体的凝结和硬化过程要受到水化产物在空间填充情况的影响。因此，水胶比的大小会明显影响混凝土凝结时间。水胶比越大，凝结时间越长。一般来说，配制混凝土所用的水胶比与测定水泥凝结时间规定的水胶比不同，所以这两者的凝结时间便有所不同。而且混凝土的凝结时间还会受到其他各种因素的影响，例如，环境温度的变化、混凝土中掺入的外加剂等，都会明显影响混凝土的凝结时间。

通常，用贯入阻力仪测定混凝土拌合物的凝结时间。先用 5mm 筛孔的筛从拌合物中筛取砂浆，按一定方法装入规定的容器中，然后每隔一定时间测定砂浆贯入到一定深度时的阻力，绘制贯入阻力与时间的关系曲线，从而确定凝结时间。通常情况下，混凝土的凝结时间为 6～10h，但水泥组成、环境温度、外加剂等都会对混凝土凝结时间产生影响。当混凝土拌合物在 10℃ 下养护时，初凝和终凝时间要比 23℃ 时分别延缓 4h 和 7h。

工程实例分析

 ［实例 4-5］ 骨料含水量波动对混凝土和易性的影响

工程背景

某混凝土搅拌站用的骨料含水量波动较大，混凝土强度不仅离散程度较大，而且有时会出现卸料及泵送困难，有时又易出现离析现象。请分析原因。

原因分析

由于骨料，特别是砂的含水量波动较大，使实际配合比中的加水量随之波动，以致加水量不足时，混凝土坍落度不足；水量过多时，则坍落度过大，混凝土强度的离散程度也较大。当坍落度过大时，易出现离析。若振捣时间过长，坍落度过大，还会造成"过振"。

 ［实例 4-6］ 碎石形状对混凝土和易性的影响

工程背景

某搅拌站按原混凝土配方均可生产出性能良好的泵送混凝土。后因供应的问题进了一批针片状多的碎石。当班技术人员未引起重视，仍按原配方配制混凝土，后发觉混凝土坍落度明显下降，难以泵送，临时现场加水泵送。请对此过程予以分析。

原因分析

混凝土坍落度下降的原因是碎石针片状增多，表面积增大。在其他材料及配方不变的条件下，坍落度必然下降。

当坍落度下降难以泵送时，简单地现场加水虽可解决泵送的问题，但对混凝土的强度和耐久性都有不利影响，还会引起泌水。

4.3 硬化后混凝土的性能

4.3.1 混凝土的受力破坏特点

如前所述，由于水化热、干燥收缩及泌水等原因，混凝土在受力前就在水泥石中存在有微裂纹，特别是骨料的表面处存在着部分界面微裂纹。当混凝土受力后，在微裂纹处产生应力集中，使这些微裂纹不断扩展、数量不断增大，并逐渐汇合连通，最终形成若干条可见的裂缝而使混凝土破坏。

通过显微镜观测混凝土的受力破坏过程，表明混凝土的破坏过程是内部裂纹产生、发生与汇合的过程，可分为四个阶段。混凝土单轴静力受压时的变形与荷载关系，如图 4-11 所示。

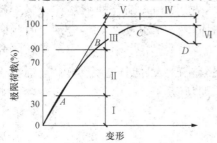

图 4-11 混凝土受压变形曲线
Ⅰ—界面裂缝无明显变化；Ⅱ—界面裂缝快速发展；Ⅲ—出现砂浆裂缝和连续裂缝；Ⅳ—连续裂缝快速发展；Ⅴ—裂缝缓慢增长；Ⅵ—裂缝迅速增长

当荷载达到"比例极限"（约为极限荷载的 30%）以前，混凝土的应力较小，界面微裂纹无明显的变化（Ⅰ阶段），此时，荷载与变形近似为直线关系。

荷载超过"比例极限"后，界面微裂纹的数量、宽度和长度逐渐增大，但尚无明显的砂浆裂纹（Ⅱ阶段）。此时，变形增大的速度大于荷载增大的速度，荷载与变形已不再是直线关系。

当荷载超过"临界荷载"（约为极限荷载的 70%～90%）时，界面裂纹继续产生与扩展，同时开始出现砂浆裂纹，部分界面裂纹汇合（Ⅲ阶段）。此时，变形速度明显加快，荷载与变形曲线明显弯曲。

达到极限荷载后，裂纹急剧扩展、汇合，并贯通成若干条宽度很大的裂纹，同时混凝土的承载力下降，变形急剧增大，直至混凝土破坏（Ⅳ阶段）。

由此可见，混凝土的受力变形与破坏是混凝土内部微裂纹产生、扩展、汇合的结果，只有当微裂纹的数量、长度与宽度达到一定程度时，混凝土才会完全破坏。

4.3.2 混凝土的强度

混凝土的强度包括抗压、抗拉、抗弯、抗剪以及握裹钢筋强度等；其中，抗压强度最大，工程中主要使用混凝土承受压力。混凝土的抗压强度与其他强度间有一定的相关性，可以根据抗压强度来估计其他强度值，因此混凝土的抗压强度是最重要的一项性能指标。

1. 混凝土立方体抗压强度与强度等级

《普通混凝土力学性能试验方法标准》（GB/T 50081—2002）规定，将混凝土拌合物制作边长为150mm 的立方体试件，在标准条件（温度 $20\pm2℃$，相对湿度 95%以上）下，养护到 28d 龄期，测得的抗压强度值为混凝土立方体试件抗压强度（简称立方体抗压强度），以 f_{cu} 表示。

按照《混凝土结构设计规范》（GB 50010—2010），混凝土强度等级应按立方体抗压强度标准值确定。立方体抗压强度标准值系指按标准方法制作和养护的边长为 150mm 的立方体试件，在 28d 龄期用标准试验方法测得的具有 95%保证率的抗压强度，以 $f_{cu,k}$ 表示。普通混凝土划分为十四个强度等级：C15、C20、C25、C30、C35、C40、C45、C50、C65、C70、C75、C80。混凝土强度等级是混凝土结构设计、施工质量控制和工程验收的重要依据。

钢筋混凝土结构的混凝土强度等级不应低于C15；当采用 HRB335 级钢筋时，混凝土强度等级不宜低于 C20；当采用 HRB400 和 RRB400 级钢筋以及承受重复荷载的构件，混凝土强度等级不得低于 C20。

预应力混凝土结构的混凝土强度等级不应低于C30；当采用钢绞线、钢丝、热处理钢筋作预应力筋时，混凝土强度等级不宜低于 C40。

2. 混凝土的轴心抗压强度和轴心抗拉强度

（1）轴心抗压强度。混凝土的立方体抗压强度只是评定强度等级的一个标志，它不能直接用作结构设计的依据。为了符合工程实际，在结构设计中混凝土受压构件的计算采用混凝土的轴心抗压强度。轴心抗压强度设计值和标准值分别以 f_c 和 f_{ck} 表示。

轴心抗压强度的测定采用 150mm×150mm×300mm 棱柱体作为标准试件。试验表明，轴心抗压强度 f_c 比同截面的立方体强度 f_{cu} 小，棱柱体试件高宽比越大，轴心抗压强度越小。但当 h/a 达到一定值后，强度就不再降低。但是过高的试件在破坏前，由于失稳产生较大的附加偏心，又会降低抗压的试验强度值。在立方抗压强度 $f_{cu}=10\sim55MPa$ 的范围内，轴心抗压强度 f_c 与 f_{cu} 之比约为 $0.70\sim0.80$。

（2）轴心抗拉强度。混凝土是一种脆性材料，在受拉时很小的变形就要开裂，它在断裂前没有残余变形。

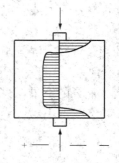

图 4-12 混凝土劈裂
抗拉试验示意图

混凝土的抗拉强度只有抗压强度的 1/20~1/10，且随着混凝土强度等级的提高比值降低。

混凝土在工作时一般不依靠其抗拉强度。但抗拉强度对于混凝土抗裂性有重要意义，在结构设计中，抗拉强度是确定混凝土抗裂能力的重要指标，有时也用它来间接衡量混凝土与钢筋的黏结强度等。

混凝土抗拉强度采用立方体劈裂试验来测定，称为劈裂抗拉强度 f_{ts}。该方法的原理是在试件的两个相对表面的中线上作用均匀分布的压力，这样就能够在压力作用平面内产生均布拉伸应力（图 4-12），混凝土劈裂抗拉强度应按下式计算：

$$f_{ts} = \frac{2F}{\pi A} = 0.637 \frac{F}{A} \qquad (4-1)$$

式中 f_{ts}——混凝土劈裂抗拉强度，MPa；

       F——破坏荷载，N；

       A——试件劈裂面面积，mm^2。

混凝土轴心抗拉强度 f_t 可按劈裂抗拉强度 f_{ts} 换算得到。试验结果表明，混凝土的轴心抗拉强度与劈拉强度的比值约为 0.9。

各强度等级的混凝土轴心抗压强度标准值 f_{ck}、轴心抗拉强度 f_{tk}，应按表 4-31 采用。

表 4-31   混凝土强度标准值

强度种类	混 凝 土 强 度 等 级													
	C15	C20	C25	C30	C35	C40	C45	C50	C55	C60	C65	C70	C75	C80
f_{ck}	10.0	13.4	16.7	20.1	23.4	26.8	29.6	32.4	35.5	38.5	41.5	44.5	47.4	50.2
f_{tk}	1.27	1.54	1.78	2.01	2.20	2.39	2.51	2.64	2.74	2.85	2.93	2.99	3.05	3.11

还需要注意的是，相同强度等级的混凝土轴心抗压强度设计值 f_c、轴心抗拉强度设计值 f_t，低于混凝土轴心抗压、轴心抗拉强度标准值 f_{ck} 和 f_{tk}。

3. 混凝土的抗折强度

混凝土的抗折强度（即抗弯强度、抗拉强度），略高于劈拉强度。公路路面、机场跑道路面等，以抗折强度作为主要设计指标。

根据《普通混凝土力学性能试验方法标准》（GB/T 50081—2002）规定，试验装置如图 4-13 所示。试验机应能施加均匀、连续、速度可控的荷载，并带有能使两个相等荷载同时作用在试件跨度 3 分点处的抗折试验装置。抗折强度试件应符合表 4-32 规定，采用非标准试件时换算系数为 0.85。

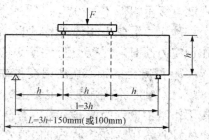

图 4-13 抗折试验装置图

表 4-32   抗折强度试件尺寸

标 准 试 件	非 标 准 试 件
150mm×150mm×600mm（或 550mm）的棱柱体	100mm×100mm×400mm 的棱柱体

4. 影响混凝土强度的因素

影响混凝土强度的因素很多。可从原材料因素、生产工艺因素及试验因素三方面讨论。

（1）原材料因素。

1）水泥强度。从混凝土的结构与混凝土的受力破坏过程可知，混凝土的强度主要取决于水泥石的强度和界面黏结强度。水泥强度的大小直接影响混凝土强度。水泥强度等级越高，水泥石的强度越高，对骨料的黏结作用也越强。在配合比相同的条件下，所用水泥强度等级越高，制成的混凝土强度越高。试验表明，混凝土的强度与水泥强度成正比关系。

2）水胶比。当用同一种水泥时，混凝土的强度主要决定于水胶比，如图 4 - 14 所示。水泥水化时所需的结合水一般只占水泥质量的 23% 左右，为了获得必要的流动性，在拌制混凝土拌合物时，实际采用较大的水胶比。当混凝土硬化后，多余的水分或残留在混凝土中形成水泡，或蒸发后形成气孔，内部的孔隙削弱了混凝土抵抗外力的能力。因此，满足和易性要求的混凝土，在水泥强度等级相同的情况下，水胶比越小，水泥石的强度越高，与骨料黏结力也越大，混凝土的强度就越高。如果加水太少（水胶比太小），拌合物过于干硬，在一定的捣实成形条件下，无法保证浇灌质量，混凝土中将出现较多的孔洞，强度也将降低。

3）骨料的种类、质量和数量。在水泥强度等级与水胶比相同的条件下，碎石混凝土的强度往往高于卵石混凝土，特别是在水胶比较小时。如水胶比为 0.40 时，碎石混凝土较卵石混凝土的强度高 20%～35%；而当水胶比为 0.65 时，两者的强度基本上相同。其原因是水胶比小时，界面黏结是主要矛盾而水胶比大时，水泥石强度成为主要矛盾。

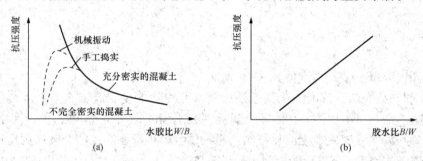

图 4 - 14　混凝土强度与水胶比及胶水比的关系
（a）强度与水胶比的关系；（b）强度与胶水比的关系

泥及泥块等杂质含量少、级配好的骨料，有利于骨料与水泥石间的黏结，充分发挥骨料的骨架作用，并可降低用水量与水胶比，因而有利于强度提高，对高强混凝土尤为重要。

粒径粗大的骨料，可降低用水量及水胶比，有利于提高混凝土的强度。对于高强混凝土，较小粒径的粗骨料可明显改善粗骨料与水泥石的界面黏结强度，提高混凝土的强度。

大量试验表明，混凝土强度与水胶比、水泥强度等级等因素之间保持近似恒定的关系。一般采用下面直线型的经验公式表示：

$$f_{cu} = \alpha_a f_{ce}(B/W - \alpha_b) \tag{4-2}$$

式中　B/W——胶水比，即胶凝材料与水质量比；

　　　f_{cu}——混凝土 28d 抗压强度，MPa；

　　　f_{ce}——水泥 28d 抗压强度实测值，MPa；

　　　α_a，α_b——回归系数，与骨料的品种、水泥品种等因素有关。

一般，水泥厂为了保证水泥的出厂强度等级，水泥实际抗压强度往往比其强度等级高。当无水泥 28d 抗压强度实测值时，可用水泥强度等级（$f_{ce,g}$）代入公式中，并乘以水泥强度等级富余系数 γ_c，即 $f_{ce}=\gamma_c \cdot f_{ce,g}$，$\gamma_c$ 值应按统计资料确定。

回归系数 α_a，α_b 应根据工程所使用的水泥、骨料，通过试验由建立的水胶比与混凝土关系式确定；当不具备试验统计资料时，其回归系数可按《普通混凝土配合比设计规程》（JGJ 55—2011）选用，见表 4-33。

表 4-33　　　　　　　　回归系数 α_a，α_b 选用表

石子品种 回归系数	碎石	卵石	石子品种 回归系数	碎石	卵石
α_a	0.53	0.49	α_b	0.20	0.13

上面的经验公式，一般只适用于流动性混凝土和低流动性混凝土，对于干硬性混凝土则不适用。利用混凝土强度经验公式，可进行下面两个问题的估算：

①根据所用水泥强度和水胶比来估算所配制的混凝土强度。

②根据水泥强度和要求的混凝土强度等级来计算应采用的水胶比。

[例 4-1]　已知某混凝土所用水泥强度为 36.4MPa，水胶比为 0.45，碎石，试估算该混凝土 28d 强度值。

[解]　因为 $W/B=0.45$，所以 $B/W=1/0.45=2.22$

碎石：$\alpha_a=0.53$，$\alpha_b=0.20$

代入混凝土强度公式有：

$$f_{cu}=0.53 \times 36.4 \times (2.22-0.20)=39.0\text{MPa}$$

答：估计该混凝土 28d 强度值为 39.0MPa。

4）外加剂和掺合料。混凝土中加入外加剂，可按要求改变混凝土的强度及强度发展规律。如掺入减水剂，可减少拌合用水量，提高混凝土强度；如掺入早强剂，可提高混凝土早期强度，但对其后期强度发展无明显影响；超细掺合料可配制高性能、超高强度的混凝土。

（2）生产工艺因素。这里所指的生产工艺因素，包括混凝土生产过程中涉及的施工（搅拌、捣实）、养护条件、养护时间等因素。如果这些因素控制不当，会对混凝土强度产生严重影响。

1）施工条件——搅拌与振捣。在施工过程中，必须将混凝土拌合物搅拌均匀，浇筑后必须振捣密实，才能使混凝土达到预期强度。

机械搅拌合振捣的力度比人力强，采用机械搅拌比人工搅拌的拌合物更均匀，采用机械振捣比人工振捣的混凝土更密实。强力的机械捣实可适用于更低水胶比的混凝土拌合物，获得更高的强度。图 4-14（a）中虚线部分显示，在低水胶比时，机械捣实比人工捣实有更高的强度。

改进施工工艺可提高混凝土强度，如采用分次投料搅拌工艺；采用高速搅拌工艺；采用高频或多频振捣器；采用二次振捣工艺等，都会有效地提高混凝土强度。

2）养护条件。混凝土的养护条件主要指所处的环境温度和湿度，它们是通过影响水泥水化过程而影响混凝土强度。

混凝土施工可采用浇水、覆盖保湿、喷涂养护剂、冬季蓄热养护等方法进行养护；混凝

土构件或制品厂生产可采用蒸汽养护、湿热养护或潮湿自然养护等方法进行养护。选用的养护方法应满足施工养护方案或生产养护制度的要求。对于混凝土浇筑面，尤其是平面结构，宜边浇筑成形边采用塑料薄膜覆盖保湿。

养护温度高，水泥的水化速度快，早期强度高，但 28d 及 28d 以后的强度与水泥的品种有关。普通硅酸盐水泥混凝土与硅酸盐水泥混凝土在高温养护后，再转入常温养护至 28d，其强度较一直在常温或标准养护温度下养护至 28d 的强度低 10%～15%；而矿渣硅酸盐水泥以及其他掺活性混合材料多的硅酸盐水泥混凝土，或掺活性矿物掺合料的混凝土经高温养护后，28d 强度可提高 10%～40%。当温度低于 0℃时，水泥水化停止后，混凝土强度停止发展，同时还会受到冻胀破坏作用，严重影响混凝土的早期强度和后期强度。受冻越早，冻胀破坏作用越大，强度损失越大（图 4-15）。因此，应特别防止混凝土早期受冻。《混凝土质量控制标准》（GB 50164—2011）规定，日平均气温低于 5℃，不得采用浇水自然养护方法。混凝土强度达到设计强度等级的 50% 时，方可撤出养护措施。模板和保温层应在混凝土冷却到 5℃方可拆除，或在混凝土表面温度与外界温度相差不大于 20℃时拆模，拆模后的混凝土应及时覆盖，使其缓慢冷却。

环境湿度越高，混凝土的水化程度越高，混凝土的强度越高。如环境湿度低，则由于水分大量蒸发，使混凝土不能正常水化，严重影响混凝土的强度。受干燥作用的时间越早，造成的干缩开裂越严重（因早期混凝土的强度较低），结构越疏松，混凝土的强度损失越大，如图 4-16 所示。混凝土在浇筑后，应在 12h 内进行覆盖草袋、塑料薄膜等，以防止水分蒸发过快，并应按规定进行浇水养护。使用硅酸盐水泥、普通硅酸盐水泥、矿渣硅酸盐水泥时，保湿时间不小于 7d；使用火山灰质硅酸盐水泥和粉煤灰硅酸盐水泥时，或掺用缓凝型外加剂或有耐久性要求时，应不小于 14d。掺粉煤灰的混凝土保湿时间不得少于 14d，干燥或炎热气候条件下不得少于 21d，路面工程中不得少于 28d。高强混凝土、高耐久性混凝土则在成形后，须立即覆盖或采取适当的保湿措施。

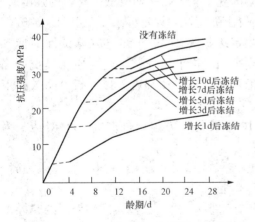

图 4-15　混凝土强度与冻结龄期的关系

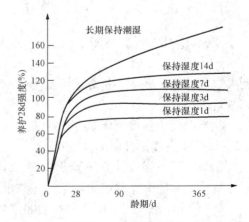

图 4-16　混凝土强度发展与保湿时间的关系

（3）龄期。龄期是指混凝土在正常养护条件下所经历的时间。在正常养护条件下，混凝土强度将随着龄期的增长而增长。最初 7～14d 内，强度增长较快，以后逐渐缓慢。在有水的情况下，龄期延续很久，其强度仍有所增长。

普通水泥制成的混凝土，在标准条件下，龄期不小于 3d 的混凝土强度发展大致与其龄期的对数成正比。因而在一定条件下养护的混凝土，可按下式根据某一龄期的强度推算另一龄期的强度值。

$$\frac{f_n}{\lg n} = \frac{f_{28}}{\lg 28} \qquad (4-3)$$

式中　f_n，f_{28}——龄期为 n 天和 28d 的混凝土抗压强度。

[例 4-2]　某混凝土在标准条件（温度 $20\pm2℃$，湿度 $>95\%$）下养护 7d，测得其抗压强度为 21.0MPa，试估算该混凝土 28d 抗压强度 f_{28} 可达到多少？

[解]　根据公式（4-3），将数据带入，该混凝土 28d 抗压强度 f_{28} 为：

$$f_{28} = \frac{\lg 28}{\lg 7} \times f_7 = \frac{1.45}{0.85} \times 21.0\text{MPa} = 35.8\text{MPa}$$

（4）试验因素。在进行混凝土强度试验时，试件尺寸、形状、表面状态、含水率以及试验加荷速度都会影响到混凝土强度试验的测试结果。

1）试件形状尺寸。测定混凝土立方体试件抗压强度，可按粗骨料最大粒径的尺寸选用不同尺寸试件。但是试件尺寸不同、形状不同，会影响试件的抗压强度测定结果。因为混凝土试件在压力机上受压时，在沿加荷方向发生纵向变形的同时，也按泊松比效应产生横向膨胀。而钢制压板的横向膨胀较混凝土小，因而在压板与混凝土试件受压面形成摩擦力，对试件的横向膨胀起着约束作用，这种约束作用称为"环箍效应"。"环箍效应"能提高混凝土抗压强度。离压板越远，"环箍效应"越小；在距离试件受压面约 $0.866a$（a 为试件边长）范围外，这种效应消失。这种破坏后的试件形状如图 4-17（a）所示。

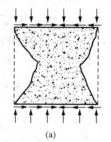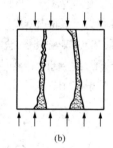

(a)　　　　　　(b)

图 4-17　混凝土受压破坏

在进行强度试验时，试件尺寸越大，测得的强度值越低。这包括两方面的原因：一是"环箍效应"；二是由于大试件内存在的孔隙、裂缝等局部缺陷的几率较大，从而降低了材料的强度。

《混凝土强度检验评定标准》（GB/T 50107—2010）规定边长为 150mm 的立方体试件为标准试件。当采用非标准尺寸试件时，应将其抗压强度乘以尺寸折算系数，折算成边长为 150mm 的标准尺寸试件抗压强度。尺寸折算系数按下列规定采用：

①当混凝土强度等级低于 C60 时，对边长为 100mm 的立方体试件取 0.95，对边长为 200mm 的立方体试件取 1.05。

②当混凝土强度等级不低于 C60 时，宜采用标准尺寸试件；使用非标准尺寸试件时，尺寸折算系数应有试验确定，其试件数量不应小于 30 组。

2）表面状态。当混凝土受压面非常光滑时（如有油脂），由于压板与试件表面的摩擦力减小，使"环箍效应"减小，试件将出现垂直裂纹而破坏，如图 4-17（b）所示，测得的混凝土强度较低。

3）含水程度。混凝土试件含水率越高，其强度越低。

4）加荷速度。在进行试件抗压试验时，加荷速度过快，材料裂缝扩展的速度慢于荷载增加速度，故测得的强度值偏高。在进行抗压强度试验时，应按规定的加荷速度进行。

5. 提高混凝土强度的措施

（1）采用高强度等级水泥或快硬早强型水泥。采用高强度等级水泥，可提高混凝土 28d 强度，早期强度也可获得提高；采用快硬早强水泥或早强型水泥，可提高混凝土的早期强度，但对后期强度和抗裂性可能会产生不利影响。

（2）采用干硬性混凝土或较小的水胶比。干硬性混凝土的用水量小，即水胶比小，因而硬化后混凝土的密实度高，故可显著提高混凝土的强度。但干硬性混凝土在成形时需要较大、较强的振动设备，适合在预制厂使用，在现浇混凝土工程中一般无法使用。采用碾压施工时，可选用干硬性混凝土。

（3）采用级配好、质量高、粒径适宜的骨料。级配好，泥、泥块等有害杂质少以及针、片状颗粒含量较少的粗、细骨料，有利于降低水胶比，可提高混凝土的强度。对中低强度的混凝土，应采用粒径较大的粗骨料；对高强混凝土，则应采用最大粒径较小的粗骨料；同时，应采用较粗的细骨料。

（4）采用机械搅拌合机械振动成形。采用机械搅拌合机械振动成形，在降低水胶比的情况下，能保证混凝土密实成形。在低水胶比情况下，效果尤为显著。

（5）加强养护。混凝土在成形后，应及时进行养护，以保证水泥能正常水化与凝结硬化。对自然养护的混凝土，应保证一定的温度与湿度。同时，应特别注意混凝土的早期养护，即在养护初期必须保证有较高的湿度，并应防止混凝土早期受冻。采用湿热处理，可提高混凝土的早期强度，可根据水泥品种对高温养护的适应性和对早期强度的要求，选择适宜的高温养护温度。

（6）掺加化学外加剂。掺加减水剂，特别是高效减水剂，可大幅度降低用水量和水胶比，使混凝土的 28d 强度显著提高，还能提高混凝土的早期强度，掺加早强剂可显著提高早期强度。

（7）掺加混凝土矿物掺合料。细度大的活性矿物掺合料，如硅灰、粉煤灰、矿渣粉等，可填充混凝土毛细孔，提高混凝土的密实度，从而提高强度，特别是硅灰已经成为配制高强、超高强混凝土必不可少的组成材料。

特殊情况下，可掺加合成树脂或合成树脂乳液，这对提高混凝土的强度及其他性能十分有利。

4.3.3　混凝土的变形性能

1. 化学收缩

水泥水化生成的固体体积比未水化水泥和水的总体积小，从而使混凝土产生收缩，这种收缩称为化学收缩。

化学收缩伴随水泥的水化而进行，收缩量随混凝土硬化龄期的延长而增长，一般在混凝土成形后 40d 内化学收缩增长较快，以后就逐渐稳定。化学收缩不可恢复。

2. 干湿变形——湿胀干缩

混凝土湿胀产生的原因是：吸水后使水泥凝胶体粒子吸附水膜增厚，胶体粒子间的距离增大。湿胀变形量很小，对混凝土性能基本上无影响。

混凝土干缩产生的原因是：混凝土在干燥过程中，毛细孔中的水蒸发，使毛细孔中形成负压，产生收缩力，导致混凝土收缩；当毛细孔中的水蒸发完后，如继续干燥，则凝胶体颗粒间吸附水也发生部分蒸发，缩小凝胶体颗粒间距离，甚至产生新的化学结合而收缩。因此，干缩的混凝土再次吸水时，干缩变形一部分可恢复，也有一部分（约 30%～60%）不能恢复。

混凝土干缩变形的大小用干缩率表示，它反映混凝土的相对干缩性，试验测定值约为 $(3～5)×10^{-4}$。在一般工程设计中，混凝土尺寸较大，干缩值通常取 $(1.5～2)×10^{-4}$，即每米混凝土收缩 0.15～0.2mm。

影响混凝土干缩有以下几方面原因：

（1）水泥品种及细度。水泥品种不同，混凝土的干缩率不同，火山灰水泥干缩最大，矿渣水泥比普通水泥的干缩大；高强度等级的水泥由于颗粒较细，干缩较大。

（2）用水量与水泥用量。用水量越多硬化后形成的毛细孔越多，混凝土干缩值越大；水泥用量越多，混凝土中凝胶体越多，收缩量也较大。

（3）骨料的种类与数量。砂石在混凝土中形成骨架，对收缩有一定的抵抗作用。骨料的弹性模量越高，混凝土的干缩越小，故轻骨料混凝土的收缩比普通混凝土大得多。

（4）养护条件。延长湿养护时间，可推迟干缩的发生与发展，但对最终干缩值影响不大。若采用蒸养，可减少混凝土干缩，蒸压养护效果更显著。

3. 温度变形

混凝土与其他材料一样，也具有热胀冷缩的性质，这种变形称为温度变形。混凝土温度变形系数约为 $1×10^{-5}℃^{-1}$，即温度变化（升高和降低）1℃，每米混凝土变形 0.01mm，温度变形对大体积混凝土及大面积混凝土工程极为不利。

在混凝土硬化初期，水泥放出大量水化热，而混凝土是热的不良导体，散热较慢，因此大体积混凝土内部的温度较外部高，有时可高达 50～70℃，使内部混凝土产生较大的膨胀，而外部混凝土随气温降低而收缩。内部膨胀和外部收缩互相制约，在外表混凝土中将产生很大拉应力，严重时使混凝土产生裂缝。因此，对大体积混凝土工程，必须设法减少混凝土发热量，如采用低热水泥、减少水泥用量、采取人工降温措施等。

4. 在短期荷载作用下的变形

混凝土结构中含有砂、石、水泥石（水泥石中又存在凝胶、晶体和未水化的水泥颗粒）、游离水分和气泡，这导致混凝土本身的不匀质性。它不是一种完全弹性体，而是一种弹塑性体；受力时，既产生可以恢复的弹性变形，又产生不可恢复的塑性变形，其应力与应变之间的关系不是直线而是曲线，如图 4-18（a）所示。

在应力-应变曲线上任一点的应力 σ 与应变 ε 的比值，称为混凝土在该应力下的变形模量。从图 4-18（a）可看出，混凝土的变形模量随应力的增加而减小。在混凝土结构设计中，常采用按标准方法测得的静力受压弹性模量 E_c。

静力受压弹性模量试验时，采用 150mm×150mm×300mm 棱柱体作为标准试件，取测定点的应力为试件轴心抗压强度的 40%，经过多次反复加荷与卸荷，最后所得应力-应变曲线与初始切线大致平行，如图 4-18（b）所示，这样测出的变形模量称为静力受压弹性模量。

混凝土的强度越高，弹性模量越高，两者存在一定的相关性。当混凝土的强度等级由 C15 增高到 C60 时，其弹性模量约从 $2.20×10^4$ MPa 增至 $3.60×10^4$ MPa。

混凝土的弹性模量取决于骨料和水泥石的弹性模量，其值介于骨料和水泥石的弹性模量之间。在原材料不变的条件下，骨料含量多、水胶比小、养护好及龄期较长时，混凝土的弹

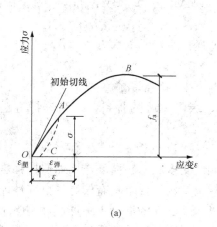
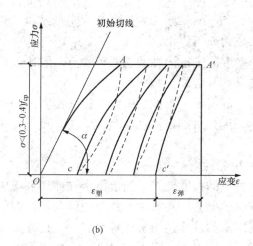

(a) 　　　　　　　　　　　　　　(b)

图 4-18　混凝土在短期压力作用下的应力—应变曲线

性模量就较高，蒸汽养护的混凝土弹性模量比标准养护的偏低。

5. 在长期荷载作用下的变形——徐变

混凝土在一定的应力水平下（如 $50\%\sim70\%$ 的极限强度）保持荷载不变，随着时间的增加而产生的变形称为徐变。徐变产生的原因主要是凝胶体的黏性流动和滑移，混凝土的徐变一般可达 $(3\sim15)\times10^{-4}$。

徐变对混凝土结构物的作用：对钢筋混凝土构件，能部分抵消由于温度和干缩引起的变形，减小混凝土的开裂现象；对预应力混凝土构件，徐变将产生应力松弛，引起预应力损失，造成不利影响。影响混凝土徐变的因素主要有：

（1）水胶比一定时，水泥用量越大，徐变越大。

（2）水胶比越小，徐变越小。

（3）龄期长，结构致密，混凝土强度高则徐变小。

（4）骨料用量多，徐变小。

（5）应力水平越高，徐变越大。

4.3.4　混凝土的耐久性

混凝土的耐久性，是指混凝土在使用条件下抵抗周围环境中各种因素长期作用而不破坏的能力。根据混凝土所处环境条件不同，混凝土耐久性应考虑的因素也不同。例如，承受压力水作用的混凝土，需要具有一定的抗渗性能；遭受环境水侵蚀作用的混凝土，需要具有与之相适应的抗侵蚀性能。

耐久性良好的混凝土，对延长结构使用寿命、减少维修保养费用、提高经济效益有重要的意义，下面介绍几种常见的耐久性问题。

1. 抗渗性

抗渗性是指混凝土抵抗压力水（或油）渗透的能力，它直接影响混凝土的抗冻性和抗侵蚀性。

混凝土的抗渗性用抗渗等级表示，抗渗等级是以 28d 龄期的混凝土标准试件，按规定的方法进行试验，所能承受的最大静水压力来确定。混凝土的抗渗等级分为 P4、P6、P8、

P10、P12 五个等级，相应地表示能抵抗 0.4MPa、0.6MPa、0.8MPa、1.0MPa、1.2MPa 的静水压力而不渗水。

影响混凝土抗渗性的主要因素有水胶比、骨料的最大粒径、养护方法、水泥品种、外加剂、掺合料及混凝土龄期等。

提高混凝土抗渗性的关键是提高密实度，改善混凝土的内部孔隙结构。可以通过降低水胶比，采用减水剂，掺加引气剂，选用干净、致密、级配良好的骨料，加强养护等措施来实现。

2. 抗冻性

混凝土的抗冻性，是指混凝土在使用环境中，能经受多次冻融循环作用而保持强度和外观完整性的能力。在寒冷和严寒地区与水接触的混凝土结构，要求具有较高的抗冻性能。

混凝土的抗冻性用抗冻等级表示，抗冻等级是以 28d 龄期的混凝土标准试件在吸水饱和状态下，抗压强度下降不超过 25%，且质量损失不超过 5% 时所能承受的最大冻融循环次数来确定。

抗冻等级分为 F10、F15、F25、F50、F100、F150、F200、F250、F300 九个等级，相应地表示在标准试验条件下，混凝土能承受冻融循环次数不少于 10、15、25、50、100、150、200、250、300 次。

提高混凝土抗冻性的关键是提高密实度和改善孔隙特征，可以通过减小水胶比、掺加引气剂或引气型减水剂来实现。

3. 抗侵蚀性

环境介质对混凝土的侵蚀主要是对水泥石的侵蚀，通常有软水侵蚀，酸、碱、盐侵蚀等。海水除了对水泥石有侵蚀外，其中的氯离子还会对钢筋产生强烈的锈蚀作用。

混凝土的抗侵蚀性与水泥品种、混凝土的密实程度及孔隙特征密切相关。密实或含有封闭孔隙的混凝土，环境介质不易侵入，故抗侵蚀性较强。

提高混凝土抗侵蚀性的主要措施是：选择合理水泥品种；提高混凝土密实程度，如加强振捣或掺减水剂；改善孔结构，如掺引气剂等。

4. 混凝土的碳化

混凝土的碳化，是指空气中的二氧化碳在有水条件下与混凝土中的氢氧化钙反应生成碳酸钙和水的过程，其反应式如下：

$$Ca(OH)_2 + CO_2 + H_2O = CaCO_3 + 2H_2O$$

碳化过程随着二氧化碳不断向混凝土内部扩散，由表及里缓慢进行。碳化作用最主要的危害是：由于碳化使混凝土碱度降低，减弱了对钢筋的保护作用；另外，碳化将显著增加混凝土的收缩，使混凝土表面产生拉应力，导致混凝土中出现微细裂缝。

碳化对混凝土的性能也有有利的方面，表层混凝土碳化时生成的碳酸钙，可填充水泥石的孔隙，提高密实度，对防止有害介质的侵入有一定的缓冲作用。

总体来说，碳化作用对混凝土是有害的，提高混凝土抗碳化能力的措施有：选用抗碳化能力强的硅酸盐水泥和普通水泥；采用较小的水胶比；提高混凝土密实度；改善混凝土内孔结构。

5. 碱-骨料反应

碱-骨料反应是指混凝土中含有活性二氧化硅的骨料与水泥、外加剂或环境中存在的碱

（Na_2O 或 K_2O）在有水条件下发生反应，形成碱-硅酸凝胶，吸水膨胀，从而导致混凝土胀裂的现象。

碱骨料反应的发生必须同时具备三个条件：一是碱（Na_2O 或 K_2O）含量高；二是骨料中存在活性二氧化硅；三是有水的存在。

预防或抑制碱骨料反应的措施有：使用碱含量小的低碱水泥；重要建筑物混凝土所用骨料应进行碱活性检验；提高混凝土的密实度；掺用能抑制碱—骨料反应的掺合料，如粉煤灰（高钙高碱粉煤灰除外）、硅灰等。

6. 提高混凝土耐久性的措施

混凝土遭受各种侵蚀作用的破坏机理虽不相同，但提高混凝土耐久性的措施却有很多共同之处，即选择适当的原材料；提高混凝土密实度；改善混凝土内部的孔结构。一般，提高混凝土耐久性的具体措施有：

（1）合理选择水泥品种，使其与工程环境相适应。

（2）采用较小水胶比和保证水泥用量，见表 4-34。

表 4-34　　　　　　　　　　普通混凝土的最大水胶比和最小水泥用量

环境条件		结构物类型	最大水胶比			最小水泥用量/(kg/m³)		
			素混凝土	钢筋混凝土	预应力混凝土	素混凝土	钢筋混凝土	预应力混凝土
干燥环境		正常的居住或办公用房屋内部件	不作规定	0.65	0.60	200	260	300
潮湿环境	无冻害	高湿度的室内部件、室外部件、在非侵蚀性土和（或）水中的部件	0.70	0.60	0.60	225	280	300
	有冻害	经受冻害的室外部件 在非侵蚀性土和（或） 水中且经受冻害的部件 高湿度且经受冻害的室内部件	0.55	0.55	0.55	250	280	300
有冻害和除冰剂的潮湿环境		经受冻害和除冰剂作用的室内和室外部件	0.50	0.50	0.50	300	300	300

注：1. 当用活性矿物掺合料取代部分水泥时，表中的最大水胶比及最小水泥用量即为替代前的水胶比和水泥用量。

2. 配制 C15 及其以下等级的混凝土，可不受本表限制。

（3）选择质量良好、级配合理的骨料和合理的砂率。

（4）掺用适量的引气剂或减水剂。

（5）加强混凝土质量的生产控制。

工程实例分析

 ［实例 4-7］　搅拌不均匀致使混凝土强度低

工程背景

某工程 C25 混凝土采用 42.5 级普通硅酸盐水泥和粉煤灰配制，现场搅拌混凝土。拆模后检测，发现混凝土强度波动大，部分混凝土低于设计要求的强度指标。

原因分析

混凝土强度等级较低，而选用的水泥强度等级较高，故掺用了较多的粉煤灰作掺合料。而由于工期紧，搅拌时间短，粉煤灰与水泥搅拌不均匀，导致部分混凝土强度未达到要求。

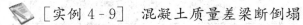 ［实例 4-8］ 混凝土强度低屋面倒塌

工程背景

某小学建砖混结构校舍，11 月中旬气温已达零下十几度，因人工搅拌振捣，故把混凝土拌得很稀，木模板缝隙又较大，漏浆严重。至 12 月 9 日，施工者准备内粉刷，拆去支柱，在屋面上用手推车推卸炉灰渣以铺设保温层，大梁突然断裂，屋面塌落，并砸死屋内两名取暖的小学生。

原因分析

由于混凝土水胶比大，混凝土离析严重。从大梁断裂截面可见，上部只剩下砂和少量水泥，下部全是卵石，且相当多水泥浆已流走。现场用回弹仪检测，混强度仅达到设计强度的 1/2。这是屋面倒塌的技术原因。

该工程为私人挂靠施工，包工者从未进行过房屋建筑，无施工经验。在冬期施工而无采取任何相应的措施，不具备施工员的素质，且工程未办理任何基建手续。校方负责人自任甲方代表，不具备现场管理资格，由包工者随心所欲施工，这是施工与管理方面的原因。

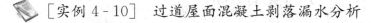 ［实例 4-9］ 混凝土质量差梁断倒塌

工程背景

彭泽县一住宅为一层砖混结构，1 月 15 日浇筑，3 月 7 日拆模时突然梁断倒塌。据介绍，混凝土配合比是根据当地经验配制的，水泥、砂、石的体积比为 1.5∶3.5∶6，即质量比 1∶2.33∶4，水胶比为 0.68，使用 32.5 级普通水泥。现场未粉碎混凝土用回弹仪测试，读数极低（最高仅 13.5MPa，最低为 0）。请分析混凝土质量低劣的原因。

原因分析

其混凝土质量低劣有几方面原因：

（1）所用水泥质量差。

（2）水胶比较大，即使所使用的 32.5 级普通水泥能保证质量，但按此水胶比配制的混凝土也难以达到 C20 的强度等级。

［实例 4-10］ 过道屋面混凝土剥落漏水分析

工程背景

广东江门某以水泥混凝土现场浇筑的过道屋面，竣工不久即发现有不规则小裂纹。经过一年多，裂缝逐步增多、增大，渗漏。此后，该混凝土部分已剥落，并露出已锈蚀钢材。该混凝土的寿命为何如此之短？

原因分析

首先是该混凝土的配制问题。从剥落的混凝土可见，该混凝土所用的石子粒径较均齐，级配不够合理。当时为现场搅拌施工，水泥及用水量均较高，故完工后不久就出现较多的干缩性细小裂缝。此外，混凝土上部未加防水层，在日晒雨淋作用下，裂纹就扩展，有利于水的渗入，而水渗入导致了钢筋生锈膨胀，进一步扩展了裂缝，破坏混凝土，这样就形成了恶性循环。故其寿命仅短短几年。

 ［实例 4-11］　北京西直门旧立交桥混凝土开裂

工程背景

北京二环路西北角的西直门立交桥旧桥于 1978 年 12 月开工，1980 年 12 月完工。建成使用一段时间后，混凝土有不同程度的开裂。1999 年 3 月，因各种原因拆除部分旧桥改建。在改造过程中，有关研究部门对旧桥东南引桥桥面和桥基钻芯作 K_2O、Na_2O 及 Cl^- 含量测试。其中，Cl^- 浓度呈明显梯度分布，表面 Cl^- 浓度为 0.094%～0.15%。距表面 1cm 处的 Cl^- 浓度骤增，分别为 0.18%～0.78%。在 1～2cm 处 Cl^- 浓度达到最高值，其后随着离开表面距离的增加，Cl^- 浓度逐渐减至 0.1%左右。

原因分析

北京市 20 世纪 80 年代每年撒化冰盐 400～600t，主要用于长安街和城市立交桥。西直门立交旧桥混凝土的 Cl^- 主要来自化冰盐 NaCl。混凝土表面 Cl^- 含量低于距表面 1～2cm 处，是因为表面受到雨水冲刷，部分 Cl^- 溶解流失。Cl^- 超过最高值后，会破坏钢筋的钝化膜，锈蚀钢筋，锈蚀产物体积膨胀，导致混凝土开裂、保护层脱落。

4.4　普通混凝土质量控制及配合比设计

4.4.1　混凝土的基本要求与质量控制

1. 混凝土的基本要求

建筑工程中所使用的混凝土必须满足以下四项基本要求：

（1）混凝土拌合物须具有与施工条件相适应的和易性。

（2）满足混凝土结构设计要求的强度等级。

（3）具有适应所处环境条件下的耐久性。

（4）在保证上述三项基本要求前提下的经济性。

2. 混凝土的质量控制

混凝土质量控制的目标是使所生产的混凝土能按规定的保证率满足设计要求，质量控制过程包括以下三个方面：

（1）混凝土生产前的初步控制　主要包括人员配备、设备调试、组成材料的检验及配合比的确定与调整等内容。

（2）混凝土生产过程中的控制　包括控制称量、搅拌、运输、浇筑、振捣及养护等内容。

（3）混凝土生产后的合格性控制　包括批量划分，确定批取样数，确定检测方法和验收界限等内容。

3. 混凝土生产质量水平评定

用数理统计方法可求出几个特征统计量：强度平均值 $\overline{f}_{cu}$、强度标准差 σ 以及变异系数 C_v。强度标准差越大，说明强度的离散程度越大，混凝土质量越不均匀。也可用变异系数来评定，变异系数小，混凝土质量越均匀。我国《混凝土强度检验评定标准》（GB/T 50107—2010）根据强度标准差的大小，将混凝土生产单位的质量管理水平划分为优良、一般及差三等。

4.4.2　普通混凝土的配合比设计

一个完整的混凝土配合比设计应包括：初步配合比计算、试配和调整等步骤。

1. 混凝土配合比设计的主要参数

（1）混凝土配合比表示方法。混凝土配合比是指混凝土各组成材料之间的比例关系，常用的表示方法有两种：

1）是以 1m³ 混凝土中各种材料的质量表示，如某配合比：水泥 300kg，水 180kg，砂 720kg，石子 1200kg，该混凝土 1m³ 总质量为 2400kg。

2）是以各种材料的质量比来表示（以水泥质量为 1），将上例换算成质量比，例如，水泥∶砂∶石＝1∶2.4∶4，水胶比＝0.6。

进行配合比计算时，骨料以干燥状态质量为基准。所谓干燥状态，是指细骨料含水率小于 0.5%，粗骨料含水率小于 0.3%。

（2）主要参数。混凝土配合比设计实质上就是确定水泥、水、砂与石子这四项基本组成材料用量之间的三个比例关系：

1）水胶比。水与水泥之间的比例关系；在材料组成已定的情况下，对混凝土强度和耐久性起关键作用。

2）砂率。砂与石之间的比例关系；对混凝土拌合物的和易性，特别是黏聚性和保水性有很大影响。

3）单位用水量。在水胶比已定的情况下，反映了水泥浆与骨料的组成关系，是控制混凝土拌合物流动性的主要因素。

水胶比、砂率、单位用水量是混凝土配合比设计中的三个重要参数，因为这三个参数与混凝土的各项性能之间有着密切的关系，在配合比设计中正确地确定这三个参数，就能使混凝土满足上述四项基本要求。

2. 混凝土配合比的计算

混凝土配合比计算须按照《普通混凝土配合比设计规程》（JGJ 55—2011）所规定的步骤进行。

（1）计算配制强度 $f_{cu,0}$ 并求出相应的水胶比。

1）计算配制强度 $f_{cu,0}$。当混凝土的设计强度等级小于 C60 时，配制强度应按下式确定：

$$f_{cu,0} \geqslant f_{cu,k} + 1.645\sigma \tag{4-4}$$

式中　$f_{cu,0}$——混凝土的配制强度，MPa；

　　　$f_{cu,k}$——混凝土立方体抗压强度标准值，这里取混凝土的设计强度等级值，MPa；

　　　σ——混凝土强度标准差，MPa；

　　1.645——强度保证系数，对应的强度保证率为 95%。

当设计强度等级不小于 C60 时，配制强度应按下式确定：

$$f_{cu,0} \geqslant 1.15 f_{cu,k} \tag{4-5}$$

强度保证率是指混凝土强度总体中，强度不低于设计强度的等级值 $f_{cu,k}$ 的百分率。在实际工程中，混凝土强度难免有波动，例如，施工中各项原材料的质量能否保持均匀一致，混凝土配合比能否控制准确，拌合、运输、浇筑、振捣及养护等工序是否正确等，这些因素的变化将造成混凝土质量的不稳定。即使在正常的原材料工艺和施工条件下，混凝土的强度也会有时偏高，有时偏低，但总是在配制强度的附近波动，总体符合正态分布规律。质量控制越严，施工管理水平越高，则波动幅度越小；反之，则波动幅度越大。

混凝土强度标准差应按下列规定确定：

当具有近 1~3 个月的同一品种、同一强度等级混凝土的强度材料，且试件组数不小于 30 时，其混凝土强度标准差 σ 应按下式计算：

$$\sigma = \sqrt{\frac{\sum\limits_{i=1}^{n} f_{cu,i}^2 - n m_{ku}^2}{n-1}} \tag{4-6}$$

式中　σ——混凝土强度标准差，MPa；

　　　$f_{cu,i}$——第 i 组的试件强度，MPa；

　　　m_{ku}——n 组试件的强度平均值，MPa；

　　　n——试件组数。

对于强度等级不大于 C30 的混凝土，当混凝土强度标准差计算值不小于 3.0MPa 时，应按式（4-6）计算结果取值；当混凝土强度标准差计算值小于 3.0MPa 时，取 3.0MPa。

对于强度等级大于 C30 且小于 C60 的混凝土，当混凝土强度标准差计算值不小于 4.0MPa 时，应按式（4-6）计算结果取值；当混凝土强度标准差计算值小于 4.0MPa 时，取 4.0MPa。

当没有近期的同一品种、同一强度等级混凝土强度资料时，其强度标准差 σ 可按表 4-35 选用。

表 4-35　　　　　　　　　　　　　　标准差 σ 取值

混凝土强度等级	≤C20	C25~C45	C50~C55
σ/ MPa	4.0	5.0	6.0

2）计算水胶比 W/B。根据已测定的水泥实际强度，粗骨料种类及所要求的混凝土配制强度 $f_{cu,0}$，混凝土强度等级小于 C60 时，混凝土水胶比宜按下式计算：

$$\frac{W}{B} = \frac{\alpha_a f_b}{f_{cu,0} + \alpha_a \alpha_b f_b}$$

式中　α_a、α_b——回归系数，按表 4-23 选用；

　　　f_b——胶凝材料 28d 胶砂抗压强度，MPa，可实测，且试验方法应按现行国家标准《水泥胶砂强度检验方法（ISO 法）》（GB/T 17671—1999）执行；也可按式（4-7）计算。

回归系数（α_a、α_b）宜按下列规定确定：

根据工程所使用的原材料，通过试验建立的水胶比与混凝土强度关系来确定；当不具备上述试验统计资料时，可按表 4-33 选用。

当胶凝材料 28d 胶砂抗压强度值 f_b 无实测值时，可按下式计算：

$$f_b = \gamma_f \gamma_s f_{ce} \qquad (4-7)$$

式中　γ_f、γ_s——粉煤灰影响系数和粒化高炉矿渣粉影响系数，可按表 4-36 选用；

　　　　f_{ce}——水泥 28d 胶砂抗压强度，MPa，可实测，也可按式（4-8）计算。

表 4-36　　　　粉煤灰影响系数 γ_f 和粒化高炉矿渣粉影响系数 γ_s

掺量（%）	粉煤灰影响系数	粒化高炉矿渣影响系数	掺量（%）	粉煤灰影响系数	粒化高炉矿渣影响系数
0	1.00	1.00	30	0.65～0.75	0.90～1.00
10	0.85～0.95	1.00	40	0.55～0.65	0.80～0.90
20	0.75～0.85	0.95～1.00	50	—	0.70～0.85

注：1. 采用 I 级、II 级粉煤灰宜取上限值。

　　2. 采用 S75 级粒化高炉矿渣粉宜取下限值，采用 S95 级粒化高炉矿渣粉宜取上限值，采用 S105 级粒化高炉矿渣粉可取上限值加 0.05。

　　3. 当超出表中的掺量时，粉煤灰和粒化高炉矿渣粉影响系数应按经验确定。

当水泥 28d 胶砂抗压强度 f_{ce} 无实测值时，可按下式计算：

$$f_{ce} = \gamma_c f_{ce,g} \qquad (4-8)$$

式中　γ_c——水泥强度等级值的富裕系数，可按实际统计资料确定；当缺乏实际统计资料时，也可按表 4-37 选用。

　　　　$f_{ce,g}$——水泥强度等级值，MPa。

表 4-37　　　　水泥强度等级值的富裕系数

水泥强度等级值	32.5	42.5	52.5
富裕系数 γ_c	1.12	1.16	1.10

（2）计算用水量和外加剂用量。每立方米干硬性或塑形混凝土的用水量 m_{w0} 应符合下列规定：

1）混凝土水胶比在 0.40～0.80 范围时，可按表 4-38 和表 4-39 选取。

2）混凝土水胶比小于 0.40 时，可通过试验确定。

表 4-38　　　　干硬性混凝土的用水量　　　　　（单位：kg/m³）

拌合物稠度		卵石最大公称粒径/mm			碎石最大公称粒径/mm		
项目	指标	10.0	20.0	40.0	16.0	20.0	40.0
维勃稠度/s	16～20	175	160	145	180	170	155
	11～15	180	165	150	185	175	160
	5～10	185	170	155	190	180	165

表 4 - 39 　　　　　　　　　　塑形混凝土的用水量　　　　　　　（单位：kg/m³）

拌合物稠度		卵石最大公称粒径/mm				碎石最大公称粒径/mm			
项目	指标	10.0	20.0	31.5	40.0	16.0	20.0	31.5	40.0
坍落度/mm	10～30	190	170	160	150	200	185	175	165
	35～50	200	180	170	160	210	195	185	175
	55～70	210	190	180	170	220	205	195	185
	75～90	215	195	185	175	230	215	205	195

注：1. 本表用水量系采用中砂时的取值。采用细砂时，每立方米混凝土混凝土用水量可增加 5～10kg；采用粗砂时，可减少 5～10kg。

2. 掺用矿物掺合料和外加剂时，用水量相应调整。

掺外加剂时，每立方米流动性或大流动性混凝土的用水量 m_{w0} 可按下式计算：

$$m_{w0} = m'_{w0}(1-\beta) \qquad (4-9)$$

式中　m_{w0}——计算配合比每立方米混凝土的用水量；

m'_{w0}——未掺外加剂时推定的满足实际坍落度要求的每立方米混凝土用水量，kg/m³，以表 4-39 中 90mm 坍落度的用水量为基础，按每增大 20mm，坍落度相应增加 5kg/m³ 用水量来计算；当坍落度增大到 180mm 以上时，坍落度相应增加的用水量可减少；

β——外加剂的减水率，%，应经混凝土试验确定。

每立方米混凝土中外加剂用量 m_{a0} 应按下式计算：

$$m_{a0} = m_{b0}\beta_a \qquad (4-10)$$

式中　m_{a0}——计算配合比每立方米混凝土中的外加剂用量，kg/m³；

m_{b0}——计算配合比每立方米混凝土中胶凝材料用量，kg/m³，应按式（4-11）计算；

β_a——外加剂掺量，%，应经混凝土试验确定。

（3）计算胶凝材料、矿物掺合料和水泥用量。

1）每立方米混凝土的胶凝材料用量 m_{b0} 按下式计算，并应进行试拌调整，在拌合物性能满足的情况下，取经济合理的胶凝材料用量。

$$m_{b0} = \frac{m_{w0}}{W/B} \qquad (4-11)$$

式中　m_{b0}——计算配合比每立方米混凝土中胶凝材料用量，kg/m³；

m_{w0}——计算配合比每立方米混凝土的用水量，kg/m³；

W/B——混凝土水胶比。

2）每立方米混凝土的矿物掺合料用量 m_{f0} 应按下式计算：

$$m_{f0} = m_{b0}\beta_f \qquad (4-12)$$

式中　m_{f0}——计算配合比每立方米混凝土中矿物掺合料用量，kg/m³；

β_f——矿物掺合料掺量，%。

3）每立方米混凝土的水泥用量 m_{c0} 应按下式计算：

$$m_{c0} = m_{b0} - m_{f0} \qquad (4-13)$$

式中　m_{c0}——计算配合比每立方米混凝土中水泥用量，kg/m³。

混凝土配合比计算中，需要注意的事项如下：

（1）对于同一强度等级混凝土，矿物掺合料掺量增加会使水胶比相应减小，如果用水量不变，按式（4-11）计算的胶凝材料用量也会增加，并可能不是最节约的胶凝材料用量，因此式（4-11）计算结果仅仅为初算的胶凝材料用量，实际采用的胶凝材料用量应调整，经过试拌选取一个满足拌合物性能要求、较节约的胶凝材料用量。

（2）计算矿物掺合料用量所采用的矿物掺合料掺量，是在计算水胶比过程中选用不同掺量经过比较后确定的。计算得出的胶凝材料、矿物掺合料和水泥的用量，还要在试配过程中调整验证。

（3）选取砂率，计算粗骨料和细骨料的用量，并提出供试配用的计算配合比。

1）选取砂率 β_s。砂率 β_s 应根据骨料的技术指标、混凝土拌合物性能和施工要求，参考既有历史资料来确定。当缺乏砂率的历史资料时，混凝土砂率的确定应符合下列规定：

①坍落度为 10～60mm 的混凝土砂率，可根据粗骨料的品种、最大公称粒径及混凝土的水胶比按表 4-40 选取。

表 4-40　　　　　　　　　　　　　　混凝土砂率选用表

水胶比	卵石最大公称粒径/mm			碎石最大公称粒径/mm		
	10.0	20.0	40.0	16.0	20.0	40.0
0.40	26～32	25～31	24～30	30～35	29～34	27～32
0.50	30～35	29～34	28～33	33～38	32～37	30～35
0.60	33～38	32～37	31～36	36～41	35～40	33～38
0.70	36～41	35～40	34～39	39～44	38～43	36～41

注：1. 本表数值系中砂的选用砂率，对细砂或粗砂，可相应地减少或增大砂率。

2. 只用一个单粒级粗骨料配制混凝土时，砂率应适当增大。

3. 采用人工砂配制混凝土时，砂率可适当增大。

②坍落度大于 60mm 的混凝土砂率，可经试验确定；也可在表 4-30 的基础上，按坍落度每增大 20mm，砂率增大 1％幅度予以调整。

③坍落度小于 10mm 的混凝土，砂率应经试验确定。

2）计算粗、细骨料的用量 m_{g0} 和 m_{s0}。粗、细骨料用量的计算方法有质量法和体积法两种。

①质量法。根据经验，如果原材料质量比较稳定，所配制的混凝土拌合物的表观密度将接近一个固定值，可先根据工程经验估计每立方米混凝土拌合物的质量，按下列方程组计算粗、细骨料的用量：

$$m_{f0} + m_{c0} + m_{g0} + m_{s0} + m_{w0} = m_{cp} \tag{4-14}$$

$$\beta_s = \frac{m_{s0}}{m_{g0} + m_{s0}} \times 100\% \tag{4-15}$$

式中　m_{g0}——计算配合比每立方米混凝土的粗骨料用量，kg/m³；

　　　m_{s0}——计算配合比每立方米混凝土的细骨料用量，kg/m³；

　　　β_s——砂率，％；

　　　m_{cp}——每立方米混凝土拌合物的假设质量，kg，可取 2350～2450kg/m³。

②体积法。体积法是根据混凝土拌合物的体积等于各组成材料的绝对体积和混凝土拌合物中所含空气的体积总和来计算。可按下列方程组计算出粗、细骨料的用量：

$$\frac{m_{c0}}{\rho_c} + \frac{m_{f0}}{\rho_f} + \frac{m_{g0}}{\rho_g} + \frac{m_{s0}}{\rho_s} + \frac{m_{w0}}{\rho_w} + 0.01\alpha = 1 \qquad (4-16)$$

式中　　ρ_c——水泥密度，kg/m³，可取 2900～3100kg/m³；

　　　　ρ_f——矿物掺合料密度，kg/m³；

　　　　ρ_g——粗骨料表观密度，kg/m³；

　　　　ρ_s——细骨料表观密度，kg/m³；

　　　　ρ_w——水的密度，kg/m³，可取 1000 kg/m³；

　　　　α——混凝土的含气量百分数，在不使用引气剂或引气型外加剂时，$\alpha=1$。

通过以上三个步骤，便可将水、水泥、砂和石子的用量全部求出，得到初步配合比，供试配用。

3. 配合比的试配、调整与确定

（1）试配。在计算配合比的基础上应进行试拌。计算水胶比宜保持不变，并应通过调整配合比其他参数，使混凝土拌合物性能符合设计和施工要求，然后修正计算配合比，提出试拌配合比。

在试拌配合比的基础上应进行混凝土强度试验，并应符合下列规定：

1）应采用三个不同的配合比，其中一个应为上面提到的试拌配合比，另外两个配合比的水胶比宜较试拌配合比分别增加和减少 0.05，用水量应与试拌配合比相同，砂率可分别增加和减少 1%。

2）进行混凝土强度试验时，拌合物性能应符合设计和施工要求。

3）进行混凝土强度试验时，每个配合比应至少制作一组试件，并应标准养护到 28d 或设计规定龄期时试压。

（2）配合比的调整与确定。

1）根据混凝土强度试验结果，宜绘制强度和胶水比的线性关系图或插值法确定略大于配置强度对应的胶水比。

2）在试拌配合比的基础上，用水量 m_w 和外加剂用量 m_a 应根据确定的水胶比作调整。

3）胶凝材料用量 m_b 应以用水量乘以确定的胶水比计算得出。

4）粗骨料和细骨料用量，即 m_g 和 m_s，应根据用水量和胶凝材料用量进行调整。

经试配调整后的混凝土，尚应按下列步骤进行校正：

1）应根据前面确定材料用量按下式计算混凝土的表观密度计算值。

$$\rho_{c,c} = m_c + m_f + m_g + m_s + m_w \qquad (4-17)$$

式中　　$\rho_{c,c}$——混凝土拌合物的表观密度计算值，kg/m³；

　　　　m_c——每立方米混凝土的水泥用量，kg/m³；

　　　　m_f——每立方米混凝土的矿物掺合料用量，kg/m³；

　　　　m_g——每立方米混凝土的粗骨料用量，kg/m³；

　　　　m_s——每立方米混凝土的细骨料用量，kg/m³；

　　　　m_w——每立方米混凝土的用水量，kg/m³。

2）按下式计算混凝土配合比校正系数。

$$\delta = \frac{\rho_{c,t}}{\rho_{c,c}} \qquad (4-18)$$

式中 $\rho_{c,t}$——混凝土拌合物的表观密度实测值，kg/m^3。

3）当混凝土拌合物表观密度实测值与计算值之差的绝对值不超过计算值 2% 时，前面确定的配合比即为确定的设计配合比；当两者之差超过 2% 时，应将配合比中每项材料用量均乘以校正系数 δ。

若对混凝土还有其他技术性能要求，如抗渗等级、抗冻等级、高强、泵送、大体积等要求，混凝土的配合比设计应按《普通混凝土配合比设计规程》（JGJ 55—2011）的有关规定进行。

（3）施工配合比。设计配合比时是以干燥材料为基准的，而工地存放的砂、石料都含有一定的水分。所以，现场材料的实际称量应按工地存放的砂、石的含水情况进行修正，修正后的配合比，称为施工配合比。施工配合比按下列公式计算：

$$m'_c = m_c \tag{4-19}$$
$$m'_s = m_s(1 + W_s) \tag{4-20}$$
$$m'_g = m_g(1 + W_g) \tag{4-21}$$
$$m'_w = m_w - m_s W_s - m_g W_g \tag{4-22}$$

式中 W_s、W_g——砂、石子的含水率；

m'_c、m'_s、m'_g、m'_w——修正后每立方米混凝土拌合物中水泥、砂、石和水的用量。

[例 4-3] 混凝土配合比设计实例

（1）工程条件：某工程的预制钢筋混凝土梁（不受风雪影响），混凝土设计强度等级为 C25，施工要求坍落度为 30～50mm（机械搅拌、机械振捣），该施工单位无历史统计资料。

（2）材料。

1）普通水泥：强度等级为 32.5（实测 28d 强度 35.0MPa），表观密度 $\rho_c = 3.1g/cm^3$。

2）中砂：表观密度 $\rho_s = 2.65g/cm^3$，堆积密度 $\rho'_s = 1500kg/m^3$。

3）碎石：表观密度 $\rho_g = 2.70g/cm^3$，堆积密度 $\rho'_g = 1550kg/m^3$，最大粒径为 20mm。

4）水：自来水。

（3）设计要求。

1）设计该混凝土的配合比（按干燥材料计算）。

2）施工现场含水率 3%，碎石含水率 1%，求施工配合比。

[解] （1）计算初步配合比。

1）计算配制强度。

$$f_{cu,0} = f_{cu,k} + 1.645\sigma$$

查表 4-26，当混凝土强度等级为 C25 时，$\sigma = 5.0MPa$，则试配强度为：

$$f_{cu,0} = 25 + 1.645 \times 5.0 = 33.2MPa$$

2）计算水胶比 W/B。

已知水泥 28d 胶砂抗压强度 $f_{ce} = 35.0MPa$，则胶凝材料 28d 胶砂抗压强度值：

$$f_b = \gamma_f \gamma_s f_{ce} = 1.00 \times 1.00 \times 35.0 = 35.0MPa$$

所用粗骨料为碎石，查表 4-23，回归系数 $\alpha_a = 0.53$，$\alpha_b = 0.20$。

$$\frac{W}{B} = \frac{\alpha_a f_b}{f_{cu,0} + \alpha_a \alpha_b f_b} = \frac{0.53 \times 35.0}{33.2 + 0.53 \times 0.20 \times 35.0} = 0.50$$

3）确定单位用水量 m_{w0}。该混凝土水胶比 $W/B = 0.50$，在 0.40～0.80 范围之内，所用碎石最大粒径为 20mm，坍落度要求为 30～50mm。查表 4 - 30，得 m_{w0}＝195kg。

4）计算胶凝材料用量。

$$m_{b0}＝\frac{m_{w0}}{W/B}＝\frac{195}{0.5}＝390kg$$

取 m_{b0}＝390kg

5）确定砂率。该混凝土所用碎石最大粒径为 20mm，计算出水胶比为 0.50，查表 4 - 30，取 β_s＝34.5%。

6）计算粗、细骨料用量 m_{g0} 和 m_{s0}。

体积法按式（4 - 16）计算，代入砂、石、水泥、水的表观密度，取 α＝1，则：

$$\frac{390}{3100}＋\frac{m_{g0}}{2700}＋\frac{m_{s0}}{2650}＋\frac{195}{1000}＋0.01×1＝1$$

$$34.5\%＝\frac{m_{s0}}{m_{g0}＋m_{s0}}×100\%$$

解得：m_{s0}＝623kg，m_{g0}＝1175kg。

按体积法算得该混凝土计算配合比：

$$m_{c0}：m_{s0}：m_{g0}：m_{w0}＝390：623：1175：195＝1：1.60：3.01：0.5$$

（2）进行和易性和强度调整。

1）和易性调整。

按初步配合比试拌 15L，材料用量：

水泥　0.015×390kg＝5.85kg

水　　0.015×195kg＝2.93kg

砂　　0.015×623kg＝9.35kg

碎石　0.015×1175kg＝17.63kg

搅拌均匀后，做坍落度试验，测得的坍落度为 20mm，低于规定值要求的 35～50mm。增加水泥浆用量 3%，即水泥用量增加到 6.03kg，用水量增加到 3.02kg，坍落度测定为 40mm，黏聚性、保水性良好。经调整后，各项材料用量：

水泥 6.03kg，水 3.02kg，砂 9.35kg，碎石 17.63kg，因此其总质量为 36.03kg。

应注意到，该拌合物的实际体积是未知的，若假设为 V_0，则基准配合比 1m³ 各材料用量为：水泥：$6.03/V_0$；水：$3.02/V_0$；砂：$9.35/V_0$；碎石：$17.63/V_0$。而其计算表观密度为：$36.03/V_0$。

2）校核强度。采用水胶比为 0.45、0.50 和 0.55，保持用水量与基准配合比相同，三个不同的配合比（水胶比 0.45 和 0.55 两个配合比也经坍落度试验调整，均满足坍落度要求），并测定出表观密度分别为 2412kg/m³、2402kg/m³、2392kg/m³。28d 强度实测结果见表 4 - 41。

表 4 - 41　　　　　　　　　试配混凝土 28d 强度实测值

水胶比（W/B）	胶水比（B/W）	28d 强度实测值 f_{cu}/MPa	水胶比（W/B）	胶水比（B/W）	28d 强度实测值 f_{cu}/MPa
0.45	2.22	39.2	0.55	1.82	32.6
0.50	2.00	35.6			

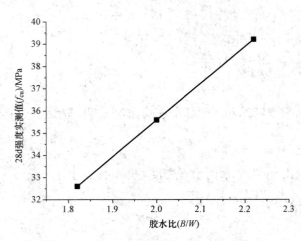

根据混凝土 28d 强度试验结果，绘制强度和胶水比的线性关系图（图 4 - 19）。

从图中可以得出，当胶水比为 1.88（换算为水胶比即 0.53）时，28d 强度为 33.5MPa，略大于配置强度 33.2MPa，因此，确定满足条件的水胶比为：$W/B=0.53$。

图 4 - 19　混凝土 28d 强度与胶水比的线性关系

3）计算混凝土试验室配合比。在满足条件在水胶比 0.53 的基础上，按试配要求保持用水量与基准配合比相同，砂率应增加 0.6%，经调整后各项材料用量：

用水量：　$m_w=3.02g$

水泥用量：　　　　　　　　$m_c=3.02g/0.53=5.70g$

细骨料用量：　　$m_s=9.35g+(9.35+17.63)g×0.6\%=9.51g$

粗骨料用量：　　　　$m_g=\dfrac{9.51g}{35.1\%}-9.51g=17.58g$

则基准配合比 1m³ 各材料用量为：

用水量 $m_w=3.02/V_0$，水泥用量：$m_c=5.70/V_0$，细骨料用量：$m_s=9.51/V_0$，粗骨料用量：$m_g=17.58/V_0$，且其计算表观密度为：$36.03/V_0$。

经试配调整后的混凝土的表观密度实测值为 $\rho_{c,t}=2396kg/m^3$，表观密度计算值 $\rho_{c,c}$ 为 $35.81/V_0$，所以，配合比校正系数为：

$$\delta=\frac{2396}{35.81/V_0}=\frac{2396}{35.81}V_0$$

则试验室配合比 1m³ 混凝土各材料用量为：

水泥：$m_c=\dfrac{5.70}{V_0}×\dfrac{2396}{35.81}V_0=381kg$

水：$m_w=\dfrac{3.02}{V_0}×\dfrac{2396}{35.81}V_0=202kg$

砂：$m_s=\dfrac{9.51}{V_0}×\dfrac{2396}{35.81}V_0=636kg$

石子：$m_g=\dfrac{17.58}{V_0}×\dfrac{2396}{35.81}V_0=1176kg$

（3）计算混凝土施工配合比。

每立方米混凝土各材料用量为：

水泥：$m_c'=m_c=381kg$

砂：$m_s'=m_s(1+W_s)=636×(1+3\%)=655kg$

石：$m_g'=m_g(1+W_g)=1176×(1+1\%)=1188kg$

水：$m_w'=m_w-m_sW_s-m_gW_g=202-636×3\%-1176×1\%=171kg$

4.5　其他种类混凝土及其新进展

为满足不同工程的特殊需要，混凝土可分为高性能混凝土、高强混凝土、抗渗混凝土、泵送混凝土、纤维混凝土等。

4.5.1　高性能混凝土

高性能混凝土是在 1990 年美国 NIST（美国国家标准与技术研究院）和 ACI（美国认证协会）召开的一次国际会议上首先提出来的，并立即得到各国学者和工程技术人员的积极响应。但对高性能混凝土，国内外尚无统一的认识和定义，但要求高性能混凝土的性能一般具有以下几点特征：

（1）混凝土的使用寿命长。

（2）混凝土具有较高的体积稳定性。

（3）高性能混凝土应具有良好的施工性能。

（4）具有足够的强度和密实度。

混凝土达到高性能，最重要的技术手段是使用新型外加剂和超细矿物掺合料（超细粉），降低水胶比、增大坍落度和控制坍落度损失，给予混凝土较高的密实度和优异的施工性能；填充胶凝材料的孔隙，保证胶凝材料的水化体积安定性，改善混凝土的界面结构，提高混凝土的强度和耐久性。

4.5.2　高强混凝土

目前，世界各国所用混凝土的强度都在不断提高，西方发达国家施工的混凝土平均强度已超过 30MPa，高强混凝土所定义的强度也不断提高。在我国，高强混凝土是指强度等级为 C60 及以上的混凝土。

高强混凝土可通过采用高强度水泥、优质骨料、较低的水胶比、高效外加剂和矿物掺合料，以及强烈振动等方法取得，《普通混凝土配合比设计规程》（JGJ 55—2011）对高强混凝土做出了原料及配合比设计的规定。

1. 配制高强混凝土的原材料要求

（1）应选用质量稳定、强度等级不低于 42.5 级的硅酸盐水泥或普通硅酸盐水泥。

（2）强度等级为 C60 级的混凝土，粗骨料的最大粒径不应大于 31.5mm；高于 C60 级的混凝土，其粗骨料最大粒径不应大于 25mm，并严格控制针片状颗粒含量、含泥量和泥块含量。

（3）细骨料的细度模数宜大于 2.6，并严格控制含泥量和泥块含量。

（4）配制高强混凝土时，应掺用高效减水剂或缓凝高效减水剂。

（5）配制高强混凝土时，应掺用活性较好的矿物掺合料，且宜复合使用矿物掺合料。

2. 高强混凝土配合比设计

高强混凝土配合比设计的计算方法和步骤与普通混凝土基本相同。对 C60 混凝土，仍可用混凝土强度经验公式确定水胶比；但对 C60 以上的混凝土，应按经验选取配合比中的水胶比。

每立方米高强混凝土水泥用量不应大于 550kg；水泥和矿物掺合料的总量不应大于

600kg。配制高强混凝土所用砂及所采用的外加剂和矿物掺合料的品种、掺量，应通过试验确定。当采用三个不同配合比进行混凝土强度试验时，其中一个应为基准配合比，另外两个配合比的水胶比，宜较基准配合比分别增加和减少 0.02～0.03；高强混凝土设计配合比确定后，应用该配合比进行不少于 6 次重复试验进行验证，平均值不应低于配制强度。

4.5.3 抗渗混凝土

混凝土的抗渗性用抗渗等级来衡量，抗渗混凝土是指抗渗等级等于或大于 P6 级的混凝土，混凝土的抗渗等级的选择是根据最大作用水头与建筑物最小壁厚的比值确定的。

通过改善混凝土组成材料的质量、优化混凝土配合比和骨料级配、掺加适量外加剂，使混凝土内部密实或是堵塞混凝土内部毛细管通路，可使混凝土具有较高的抗渗性能。《普通混凝土配合比设计规程》（JGJ 55—2011）对抗渗混凝土做出了相关规定。

1. 抗渗混凝土所用原材料的要求

（1）粗骨料宜采用连续级配，最大粒径不宜大于 40mm，含泥量不得大于 1.0%，泥块含量不得大于 0.5%。

（2）细骨料的含泥量不得大于 3.0%，泥块含量不得大于 1.0%。

（3）外加剂宜采用防水剂、膨胀剂、引气剂、减水剂或引气减水剂。

（4）抗渗混凝土宜掺用矿物掺合料。

2. 抗渗混凝土配合比设计

抗渗混凝土配合比的计算方法和试配步骤与普通混凝土相同，但应符合下列规定：

（1）每立方米混凝土中的水泥和矿物掺合料总量不宜小于 320kg。

（2）砂率宜为 35%～45%。

（3）供试配用的最大水胶比符合表 4-42 的规定。

表 4-42　　　　抗渗混凝土最大水胶比

抗渗等级	最大水胶比		抗渗等级	最大水胶比	
	C20～C30	C30 以上		C20～C30	C30 以上
P6	0.60	0.55	P12 以上	0.50	0.45
P8～P12	0.55	0.50			

掺用引气剂的抗渗混凝土的含气量宜控制在 3%～5%。进行抗渗混凝土配合比设计时，应增加抗渗性能试验。试配要求的抗渗水压值应比设计值提高 0.2MPa。试配时，宜采用水胶比最大的配合比做抗渗试验，试验结果应符合下式要求：

$$P_t \geqslant \frac{P}{10} + 0.2 \qquad (4-23)$$

式中　P_t——6 个试件中 4 个未出现渗水时的最大水压值，MPa；

　　　P——设计要求的抗渗等级值。

4.5.4 纤维混凝土

纤维混凝土是以混凝土为基体，外掺各种纤维材料而成。掺入纤维的目的是提高混凝土的抗拉强度，降低脆性。常用纤维材料有玻璃纤维、矿棉、钢纤维、碳纤维和各种有机纤维。各类纤维中，以钢纤维对抑制混凝土裂缝的形成、提高抗拉和抗压强度、增加韧性效果最好。但为了节约钢材，目前国内外都在研制采用玻璃纤维、矿棉等来配制纤维混凝土。

在纤维混凝土中，纤维的含量、纤维的几何形状以及纤维的分布情况，对于纤维混凝土的性能有重要影响。钢纤维混凝土一般可提高抗拉强度 2 倍左右；抗弯强度可提高 1.5～2.5 倍；抗冲击强度可提高 5 倍以上，甚至可达 20 倍；而韧性甚至可达 100 倍以上。纤维混凝土目前已广泛地应用在飞机跑道、桥面、端面较薄的轻型结构和压力管道等工程中。

4.5.5　聚合物混凝土

聚合物混凝土是由有机聚合物、无机胶凝材料和骨料结合而成的一种新型混凝土。聚合物混凝土体现了有机聚合物和无机胶凝材料的优点，克服了水泥混凝土的一些缺点。聚合物混凝土一般可分为三种：

1. 聚合物水泥混凝土

聚合物水泥混凝土是用聚合物乳液拌合水泥，并掺入砂或其他骨料而制成的。聚合物的硬化和水泥的水化同时进行，并且两者结合在一起形成一种复合材料，主要用于铺设无缝地面，修补混凝土路面和机场跑道面层，做防水层等。

配制聚合物水泥混凝土所用的无机胶凝材料可用普通水泥或高铝水泥，高铝水泥的效果比普通水泥好，因为它所引起的乳液凝聚比较小，而且具有快硬的特性。

聚合物可采用天然聚合物（如天然橡胶）和各种合成聚合物（如聚醋酸乙烯、苯乙烯、聚氯乙烯等）。

2. 聚合物浸渍混凝土

聚合物浸渍是以普通混凝土为基材（被浸渍的材料），而将有机单体渗入混凝土中，然后再用加热或用放射线照射等方法使其聚合，使混凝土与聚合物形成一个整体。

这种混凝土具有高强度（抗压强度可达 200MPa 以上，抗拉强度可达 10MPa 以上）、高防水性（几乎不吸水、不透水），其抗冻性、抗冲击性、耐蚀性和耐磨性都有显著提高。适用于要求高强度、高耐久性的特殊构件，特别适用于输送液体的管道、坑道等，在国外已用于耐高压的容器，如原子反应堆、液化天然气罐等。

3. 聚合物胶结混凝土（树脂混凝土）

树脂混凝土是一种完全没有无机胶凝材料而以合成树脂为胶凝材料的混凝土。所用的骨料与普通混凝土相同，也可用特殊骨料。这种混凝土具有高强、耐腐蚀等优点，但成本较高，只能用于特殊工程（如耐腐蚀工程）。

4.5.6　粉煤灰混凝土

粉煤灰混凝土有利于利用工业废弃物，混凝土工程中要掺入粉煤灰时，应符合国家标准《粉煤灰混凝土应用技术规范》（GBJ 146—1990）的规定。

1. 粉煤灰的应用要求

（1）Ⅰ级粉煤灰适用于钢筋混凝土和跨度小于 6m 的预应力钢筋混凝土。

（2）Ⅱ级粉煤灰适用于钢筋混凝土和素混凝土。

（3）Ⅲ级粉煤灰主要用于低强度素混凝土，对强度等级要求大于或等于 C30 的无筋粉煤灰混凝土，宜采用Ⅰ、Ⅱ级粉煤灰。

（4）用于预应力混凝土、钢筋混凝土及强度等级要求大于或等于 C30 的无筋粉煤灰混凝土等级，经试验论证，可采用比上述规定低一级的粉煤灰。

2. 粉煤灰混凝土配合比设计

粉煤灰混凝土配合比设计是以普通混凝土的配合比作为基准混凝土（即未掺加粉煤灰的水泥混凝土）配合比，在此基础上再进行粉煤灰混凝土配合比的设计。常用的粉煤灰掺入方法有超量取代法、等量取代法和外加法三种。

4.5.7 泵送混凝土

泵送混凝土是指拌合物的坍落度不低于 100mm，并用泵送施工的混凝土。泵送混凝土除需要满足工程所需的强度外，还需要满足流动性、不离析和少泌水的泵送工艺的要求。由于采用了独特的泵送施工工艺，因而原材料和配合比与普通混凝土不同。《普通混凝土配合比设计规程》（JGJ 55—2011）对泵送混凝土做出了规定。

规定泵送混凝土应选用硅酸盐水泥、普通水泥、矿渣水泥和粉煤灰水泥，不宜采用火山灰水泥；并对骨料、外加剂及掺合料也做出了规定。泵送混凝土配合比的计算和试配步骤，除按普通混凝土配合比设计规程的有关规定外，还应符合以下规定：

（1）泵送混凝土的用水量与水泥和矿物掺合料的总量之比不宜大于 0.60。

（2）泵送混凝土的水泥和矿物掺合料的总量不宜小于 300kg。

（3）泵送混凝土的砂率宜为 35%～45%。

（4）掺用引气剂型外加剂时，混凝土含气量不宜大于 4%。

工程实例分析

 ［实例 4-12］ 树脂混凝土应用

工程背景

某有色冶金厂的铜电解槽，使用温度为 65～70℃。槽内使用的主要介质为硫酸、铜离子、氯离子和其他金属阳离子。原使用传统的铅板作防腐衬里，易损坏，使用寿命较短。后采用整体呋喃树脂混凝土作电解槽，耐腐蚀，不导电，不仅保证电解铜的生产质量，还大大提高了金银的回收率，且使用寿命延长两年以上。

原因分析

树脂混凝土除强度高、抗冻融性能好外，还具有一系列优良的性能。由于其结构致密、抗渗性好，耐化学腐蚀性能也远远优于普通混凝土。呋喃树脂混凝土耐腐蚀、电绝缘性高，对试块作测试可达 $7 \times 10^7 \Omega$，为此用作铜电解槽可有优异的性能。还需要说明的是，树脂混凝土的耐化学腐蚀性能又因树脂品种不同而异；若采用不饱和聚酯树脂混凝土，除对一般酸具有较高的抗腐蚀性外，对低浓度强酸也具有较高的耐蚀性。

知 识 链 接

1. 钢筋混凝土海水腐蚀防治

挑战性问题：不少海港码头的混凝土因海水腐蚀仅几年就已出现明显的钢筋锈蚀，严重影响混凝土的寿命，请思考如何防治混凝土海水腐蚀。

创造性思维点拨：创造性思维有多种形式，求同思维和求异思维，发散思维与集中思维，逻辑思维与非逻辑思维，理性思维与感性思维以及正向思维与逆向思维等。本问题也应用逻辑思维和非逻辑思维去研究解决。从逻辑思维出发，以混凝土的角度去思考，尽可能使混凝土密实，以抵抗氯离子等有害成分渗入；增大混凝土保护层，也有利于保护钢筋。从钢筋角度思考，尽可能使用抗腐蚀能力强的钢筋，如环氧涂层钢筋。另外，还可以从非逻辑思维出发，非逻辑思维形式通常指直觉、灵感、联想与想象。可在混凝土表面涂覆保护层，隔绝海水的侵蚀，特别是在浪溅区，加厚涂覆保护层；还可以在混凝土内加入阻锈剂，防止氯离子的渗入。

2. 月球上的建筑材料

1969 年人类首次登上月球。人口增长，资源枯竭，月球很可能成为若干年后人类在地球以外的居住空间。人类如何在月球上建立自己的第二家园？

月球上可用来生产建筑材料的天然资源首推水泥和混凝土，从月球带回的岩石做成分分析，其中含有丰富的氧化钙、氧化硅、氧化铝、氧化铁等，可直接煅烧生产与地球高铝水泥成分相近的胶凝材料。月球的岩石可加工成碎石、碎砂。若解决水的问题，则可大量生产月球混凝土。事情尽管令人鼓舞，但问题仍不少，月球表面成真空状态，混凝土浇筑、振捣都有问题，需要人为施压等，但相信人类总会在宇宙建立自己的第二家园。

3. 自愈合混凝土

混凝土在承受荷载时会产生裂缝，此裂纹对建筑物的抗震尤为不利。为此，科学家们正研制自愈合混凝土。此混凝土埋入了胶粘剂。当混凝土出现裂纹，则胶粘剂释放，以修补裂纹。方法之一是把胶粘剂填入中空玻璃纤维，胶粘剂可长期保持性能。当结构开裂时，玻璃纤维断裂，胶粘剂释放。研究表明，这样可以提高开裂部分的强度，并增强延性弯曲能力。

<h1 style="text-align:center">习　　题</h1>

一、判断题

1. 混凝土的流动性越大，越便于施工，形成的混凝土强度越高。（　　　）

2. 混凝土强度等级是由混凝土立方体抗压强度标准值确定。（　　　）

3. 在普通混凝土配合比设计时，耐久性主要通过控制混凝土的最大水胶比和最小水泥用量来达到要求。（　　　）

4. 混凝土配合比设计时，在满足施工要求的前提下，拌合物的坍落度应尽可能小；在满足粘聚性和保水性要求的前提下，应选择较小的砂率。（　　　）

5. 水泥混凝土和易性包括了水泥混凝土的流动性、黏聚性和保水性。（　　　）

6. 当新拌混凝土坍落度太小时，可增加混凝土的水胶比。（　　　）

7. 配制抗渗、抗冻混凝土时，宜掺加适量引气剂。（　　　）

8. 细骨料按颗粒级配分为粗砂、中砂和细砂。（　　　）

9. 干硬性混凝土的流动性用维勃稠度表示，其单位是 mm。（　　　）

10. 加气混凝土主要用于非承重结构。（　　　）

二、单项选择题

1. 施工所需要的混凝土拌合物坍落度的大小主要由（　　）来选取。
　　A. 水胶比和砂率
　　B. 水胶比和捣实方式
　　C. 骨料的性质、最大粒径和级配
　　D. 施工方法，构件的截面尺寸大小，钢筋疏密，捣实方式

2. 试拌调整混凝土时，发现拌合物的保水性较差，应采用（　　）措施。
　　A. 增加砂率　　　　　B. 减少砂率　　　　　C. 增加水泥　　　　　D. 增加用水量

3. 防止混凝土中钢筋锈蚀的主要措施是（　　）。
　　A. 钢筋表面刷油漆　　　　　　　　　B. 钢筋表面用碱处理
　　C. 提高混凝土的密实度　　　　　　　D. 加入阻锈剂

4. 混凝土受力破坏时，破坏最有可能发生在（　　）。
　　A. 骨料　　　　　　　　　　　　　　B. 水泥石
　　C. 骨料与水泥石的界面　　　　　　　D. 粗细骨料的界面

5. 配制高强度混凝土时应选用（　　）。
　　A. 早强剂　　　　　B. 高效减水剂　　　　　C. 引气剂　　　　　D. 膨胀剂

6. 下列关于混凝土的叙述，（　　）是错误的。
　　A. 气温越高，硬化速度越快　　　　　B. 抗剪强度比抗压强度小
　　C. 具有良好的耐久性　　　　　　　　D. 与木材相比，比强度较高

7. 混凝土强度等级是按混凝土的（　　）来确定的。
　　A. 立方体抗压强度标准值　　　　　　B. 轴心抗压强度标准值
　　C. 抗拉强度标准值　　　　　　　　　D. 弯曲抗压强度标准值

8. 混凝土在长期荷载作用下，随时间而增长的变形称为（　　）。
　　A. 塑变　　　　　B. 徐变　　　　　C. 应变　　　　　D. 变形

9. 确定混凝土的配合比时，水胶比的确定主要依据（　　）。
　　A. 混凝土强度　　　　　　　　　　　B. 混凝土和易性要求
　　C. 混凝土强度和耐久性要求　　　　　D. 节约水泥

10. 对混凝土拌合物流动性起决定性作用的是（　　）。
　　A. 水泥用量　　　　B. 用水量　　　　C. 水胶比　　　　D. 水泥浆数量

三、填空题

1. 普通混凝土用砂含泥量增大时，混凝土的干缩_____，抗冻性_____。

2. 相同配合比条件下，碎石混凝土的强度比卵石混凝土的强度_____。

3. 普通混凝土配合比设计中要确定的三个参数为_____、_____和_____。

4. 对混凝土用砂进行筛分析试验，其目的是测定砂子_____和_____。

5. 普通混凝土的基本组成材料是水泥、水、砂和碎石，另外还常掺入适量的_____和_____。

6. 原用 2 区砂，采用 3 区砂时，宜适当降低_____，以保证混凝土拌合物的_____。

7. 由矿渣水泥配制的混凝土拌合物流动性较_____，保水性较_____。

8. 混凝土立方体抗压强度是指按标准方法制作的边长为＿＿＿＿＿＿＿的立方体试件，在温度＿＿＿＿＿＿℃，相对湿度为＿＿＿＿＿＿以上的潮湿条件下养护达到＿＿＿＿＿＿龄期，采用标准试验方法测得的抗压强度值。

9. 在混凝土中，砂子和石子起＿＿＿＿＿＿作用，水泥浆在硬化前起＿＿＿＿＿＿作用，在硬化后起＿＿＿＿＿＿作用。

10. 提高混凝土拌合物的流动性，又不降低混凝土强度的一般措施是＿＿＿＿＿＿，最合理的措施是＿＿＿＿＿＿。

第5章 建筑砂浆

　　本章主要介绍砂浆的技术要求及砌筑砂浆配合比选择原则和方法，并简介了其他种类砂浆。

　　建筑砂浆，简称砂浆，是由胶凝材料、细骨料、水以及根据性能确定的其他组分按适当比例配合、拌制而成的工程材料。

　　砂浆是建筑工程中使用较广泛、用量较大的一种建筑材料，主要用于以下几个方面：

　　(1) 在结构工程中，用来砌筑各种砖、石块、砌块等。

　　(2) 可进行墙面、地面、天棚面及梁柱结构等表面的抹面。

　　(3) 在装饰工程中，用来粘贴大理石、水磨石、瓷砖等饰面材料。

　　(4) 可用来填充管道、大型墙板的接缝及砖墙的勾缝等。

　　(5) 可用来对结构进行特殊处理（保温、防水、吸声等）。

　　根据用途的不同，砂浆可分为砌筑砂浆、抹面砂浆（如普通抹面砂浆、防水砂浆、装饰砂浆等）和特种砂浆（如隔热砂浆、耐腐蚀砂浆、吸声砂浆等）。

　　根据所用胶凝材料的不同，砂浆可分为水泥砂浆、石灰砂浆、混合砂浆（如水泥石灰砂浆、水泥黏土砂浆等）。

5.1 砂浆的技术性质

　　砂浆的技术性质主要是新拌砂浆的和易性及硬化砂浆的强度和黏结强度，以及抗冻性、收缩值等指标。

5.1.1 新拌砂浆的和易性

　　新拌砂浆应具有良好的和易性，使之能铺成均匀的薄层，并能与底面（基面）牢固地黏结在一起。新拌砂浆的和易性包括流动性和保水性两方面的内容。

　　(1) 流动性。砂浆的流动性又称稠度，是指新拌砂浆在自重或外力作用下产生流动的性能。流动性用沉入度表示，用砂浆稠度仪测定（图5-1）。沉入度即在规定时间内，标准试锥在砂浆中沉入的深度（图5-2），单位用mm表示。沉入度值越大，砂浆流动性越好。

　　砂浆的稠度选择与块材的种类和吸水性能、施工方法、砌体受力特点及天气情况有关。基底为多孔吸水材料或在干热条件下施工时，应使砂浆的流动性大些；相反，对于密实、吸水很少的基底材料或在湿冷气候条件下施工时，可使流动性小些。砌筑砂浆施工时的稠度可按表5-1选用。

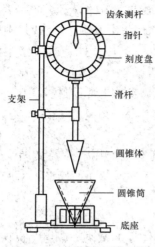

图 5-1 砂浆稠度测定仪

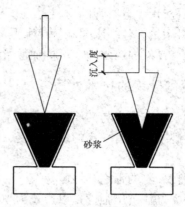

图 5-2 沉入度测定示意图

表 5-1　　　　　　　　　　　砌筑砂浆的施工稠度

砌 体 种 类	施 工 稠 度/mm
烧结普通砖砌体、粉煤灰砖砌体	70~90
混凝土砖砌体、普通混凝土小型空心砌块砌体、灰砂砖砌体	50~70
烧结多孔砖砌体、烧结空心砖砌体、轻集料混凝土小型空心砌块砌体、蒸压加气混凝土砌块砌体	60~80
石砌体	30~50

砂浆的流动性随用水量、胶凝材料的品种、砂子的粗细以及砂浆配合比而变化。实际工程中，常通过改变胶凝材料的数量和品种来控制砂浆的稠度。

（2）保水性。保水性是指砂浆保持其内部水分不泌出、流失的能力，也表示砂浆中各组成材料不易分离的性质。砂浆的保水性可用分层度测定仪来测定，以分层度（mm）表示如图 5-3 所示。

保水性好的砂浆，其分层度应在 10~20mm。分层度大于 30mm 的砂浆，保水性不良，塑性差，贮运过程中水分容

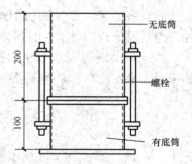

图 5-3 砂浆分层度测定仪

易离析，砌筑时水分易被砖石吸收，施工较为困难，对砌体质量会带来不利影响。分层度接近零的砂浆，虽然保水性好，但易发生干缩裂缝。

对于有些新品种砂浆，用分层度试验来衡量砂浆各组分的稳定性或保持水分的能力已不太适宜，可用保水性试验测定其保水率来评定保水性能。

砌筑砂浆的保水率应符合表 5-2 的规定。

表 5-2　　　　　　　　　　　砌筑砂浆的保水率

砂浆种类	保水率（%）	砂浆种类	保水率（%）
水泥砂浆	≥80	预拌砌筑砂浆	≥88
水泥混合砂浆	≥84		

影响砂浆保水性的因素主要取决于新拌砂浆组分中微细颗粒的含量。实践表明：为保证砂浆的和易性，水泥砂浆的最小水泥用量不宜小于 200kg/m³，水泥混合砂浆中的材料用量（即水泥和石灰膏、电石膏的材料总量）应在 350kg/m³ 以上，预拌砌筑砂浆中的材料用量（即胶凝材料用量，包括水泥和替代水泥的粉煤灰等活性矿物掺合料）不宜小于 200kg/m³。为使砂浆具有良好的保水性，可掺加适量石灰膏、粉煤灰或黏土膏等材料。

5.1.2 硬化砂浆的技术性质

建筑砂浆在砌体中与砖石砌块结合，主要起传递荷载的作用，并经受周围环境介质作用，因此，砂浆应具有一定的黏结强度、抗压强度和耐久性，从而使砌体具有必要的整体性和耐久性。

（1）硬化砂浆的强度和强度等级。

砂浆的立方体抗压强度是以边长为 70.7mm 的立方体标准试块，一组 3 块在标准条件下养护至 28d，用标准试验方法测得的抗压强度值来确定。

砂浆立方体抗压强度应按下式计算：

$$f_{m,cu} = K \frac{N_u}{A} \tag{5-1}$$

式中 $f_{m,cu}$——砂浆立方体试件抗压强度，MPa，应精确至 0.1MPa；

N_u——试件破坏荷载，N；

A——试件承压面积，mm²；

K——换算系数，取 1.35。

砌筑砂浆的强度等级分为 M30、M25、M20、M15、M10、M7.5、M5 七个等级。

砂浆强度受砂浆本身的组成材料及配比的影响。同种砂浆在配比相同的情况下，砂浆强度还与基层材料的吸水性能有关。

1）不吸水基层（如致密的石材）。这时砂浆强度的影响因素与混凝土相似，主要为水泥的强度和水胶比，砂浆强度可用经验公式表示为：

$$f_{mu} = 0.29 f_{ce} \left(\frac{C}{W} - 0.40 \right) \tag{5-2}$$

$$f_{ce} = \gamma_c f_{ce,k}$$

式中 f_{mu}——砂浆的 28d 抗压强度值，MPa；

f_{ce}——水泥的实测强度值，MPa；

$f_{ce,k}$——水泥强度等级的标准值；

γ_c——水泥强度等级值的富余系数，按实际统计资料确定，无统计资料时，取 1.0。

2）吸水基层（如砖或其他多孔材料）。当基层吸水后，砂浆中保留水分的多少取决于其本身的保水性，因而具有良好保水性的砂浆，即使拌合用水量不同，保留在砂浆中的水量几乎相同。因而，当原材料质量一定时，砂浆强度主要取决于水泥强度与水泥用量，与水胶比关系不大。对不同地区、不同品种、不同水泥的试验结果进行统计分析表明，砂浆强度与水泥强度和水泥用量有如下关系：

$$f_{mu} = f_{ce} Q_c \frac{\alpha}{1000} + \beta \tag{5-3}$$

式中　Q_c——每立方米砂浆的水泥用量，kg/m³；

　　　α、β——砂浆的特征系数，值见表 5-3。

（2）砂浆黏结力。砖石等砌体是靠砂浆把块状的砖石等材料黏结成为坚固的整体，黏结得越牢固，则整个砌体的强度、稳定性、耐久性及抗震性就越好。通常，砂浆的抗压强度越高，其与基层材料的黏结力越强。此外，砂浆的黏结力还与基层材料的表面状态、清洁程度、润湿情况及施工养护等条件有关，在润湿、粗糙、清洁的表面上使用，并且养护良好的砂浆与表面黏结较好。

（3）砂浆变形性。砂浆在承受荷载、温度和湿度变化时，均会产生变形，如果变形过大或不均匀，会降低砌体及面层的质量，引起砌体沉降或开裂。掺太多轻骨料或掺合料配制的砂浆，其收缩变形比普通砂浆大，应采取适当措施防止砂浆干裂，如在抹面砂浆中掺入一定量的麻刀、纸筋等纤维材料。

（4）砂浆抗冻性。有抗冻性要求的砌体工程，砌筑砂浆应进行冻融试验。砌筑砂浆的抗冻性应符合表 5-4 的规定，且当设计对抗冻性有明确要求时，尚应符合设计规定。

表 5-3　　α、β 系数值

砂浆品种	α	β
水泥混合砂浆	3.03	-15.09

注：各地区也可用本地区试验资料确定 α、β 值，统计用的试验组数不得少于 30 组。

表 5-4　　　　　　　　　　砌筑砂浆的抗冻性

使用条件	抗冻指标	质量损失率（%）	强度损失率（%）
夏热冬暖地区	F15		
夏热冬冷地区	F25	≤5	≤25
寒冷地区	F35		
严寒地区	F50		

5.2　砌　筑　砂　浆

将砖、石、砌块等黏结成砌体的砂浆，称为砌筑砂浆。砌筑砂浆起着黏结块体材料、传递荷载的作用，是砌体的重要组成部分。砌筑砂浆组成材料的要求和配合比的设计要满足《砌筑砂浆配合比设计规程》（JGJ/T 98—2010）的规定。

5.2.1　砌筑砂浆的组成材料

（1）水泥。水泥是砂浆的主要胶凝材料，硅酸盐系的普通水泥、矿渣水泥、火山灰水泥、粉煤灰水泥及砌筑水泥等都可用来配制砌筑砂浆，具体可根据砌筑部位、环境条件等选择适宜的水泥品种。

水泥强度等级应根据砂浆品种及强度等级的要求进行选择。M15 及以下强度等级的砌筑砂浆，宜选用 32.5 级的通用硅酸盐水泥或砌筑水泥；M15 以上强度等级的砌筑砂浆，宜选用 42.5 级的通用硅酸盐水泥。

（2）细骨料。砌筑砂浆常用的细骨料是天然砂。砂宜选用中砂，并应符合现行行业标准《普通混凝土用砂、石质量及检验方法标准》（JGJ 52—2006）的规定，且应全部通过 4.75mm 的筛孔。

（3）掺合料。掺合料是在施工现场为改善砂浆和易性而加入的无机材料，如石灰膏、黏

土膏、电石灰膏、粉煤灰等。

（4）外加剂。为使砂浆具有良好的和易性及其他施工性能，还可在砂浆中掺入外加剂（如引气剂、早强剂、缓凝剂、防冻剂等），但外加剂的品种和掺量及物理力学性能等都应通过试验确定。

（5）水。砂浆用水的基本质量要求与混凝土一样，应符合《混凝土用水标准》（JGJ 63—2006）的规定。

5.2.2 砌筑砂浆的配合比设计

砂浆配合比设计可通过查阅有关资料或手册来选取或通过计算来进行，然后再进行试拌调整。砂浆的配合比常用每立方米砂浆中各材料的质量数或质量比来表示。

砌筑砂浆配合比设计步骤如下：

（1）计算砂浆试配强度 $f_{m,0}$。

（2）计算每立方米砂浆中的水泥用量 Q_c。

（3）计算每立方米砂浆中石灰膏用量 Q_D。

（4）确定每立方米砂浆中的砂用量 Q_S。

（5）按砂浆稠度选每立方米砂浆用水量 Q_W。

（6）进行砂浆试配。

（7）配合比确定。

1. 水泥混合砂浆配合比计算

（1）计算砂浆试配强度。

$$f_{m,0} = kf_2 \tag{5-4}$$

式中 $f_{m,0}$——砂浆的试配强度，MPa，精确至 0.1MPa；

f_2——砂浆强度等级值，MPa，精确至 0.1MPa；

k——系数，按表 5-5 取值。

砂浆强度标准差的确定应符合下列规定：

当具有统计资料时，按下式确定：

$$\sigma = \sqrt{\frac{\sum_{i=1}^{n} f_{m,i}^2 - n\mu_{fm}^2}{n-1}} \tag{5-5}$$

式中 $f_{m,i}$——统计周期内同一品种砂浆第 i 组试件的强度，MPa；

μ_{fm}——统计周期内同一品种砂浆 n 组试件强度的平均值，MPa；

n——统计周期内同一品种砂浆试件的总组数，$n \geqslant 25$。

当无统计资料时，σ 可按表 5-5 取值：

表 5-5　　　　　　　　　　砂浆强度标准差 σ 及 k 值

强度等级 施工水平	强度标准差 σ/MPa							k
	M5	M7.5	M10	M15	M20	M25	M30	
优良	1.00	1.50	2.00	3.00	4.00	5.00	6.00	1.15
一般	1.25	1.88	2.50	3.75	5.00	6.25	7.50	1.20
较差	1.50	2.25	3.00	4.50	6.00	7.50	9.00	1.25

（2）计算每立方米砂浆中的水泥用量。

$$Q_c = \frac{1000(f_{m,0} - \beta)}{\alpha f_{ce}}$$ （5-6）

式中　Q_c——每立方米砂浆的水泥用量，kg，精确至 1kg；

f_{ce}——水泥的实测强度，MPa，精确至 0.1MPa；

α、β——砂浆的特征系数，见表 5-3。

（3）计算石灰膏用量。

$$Q_D = Q_A - Q_C$$ （5-7）

式中　Q_D——每立方米砂浆的石灰膏用量，kg，精确至 1kg；石灰膏使用时的稠度宜为（120±5）mm；

Q_C——每立方米砂浆的水泥用量，kg，精确至 1kg；

Q_A——每立方米砂浆中水泥和石灰膏总量，精确至 1kg，可为 350kg。

（4）确定砂用量 Q_s。砂浆中的水、胶结料和掺合料是用来填充砂子中的空隙的，$1m^3$ 的砂浆含有 $1m^3$ 堆积体积的砂子，所以每立方米砂浆中的砂用量应以干燥状态（含水率小于 0.5%）的堆积密度值作为计算值。

（5）确定用水量 Q_w。砂浆中用水量的多少对其强度等性能的影响不大，可根据经验以满足施工要求的稠度为准，每立方米混合砂浆中用水量可在 210～310kg 之间选取。当有下列情况时，应适当调整用水量值：

1）混合砂浆中的用水量不包括石灰膏或黏土膏中的水，但当石灰膏或黏土膏的稠度不等于（120±5）mm 时，应调整用水量。

2）当采用细砂或粗砂时，用水量分别取上限或下限。

3）稠度小于 70mm 时，用水量可小于下限。

4）施工现场气候炎热或干燥季节，可酌量增加水量。

2. 水泥砂浆配合比选用

根据试验及工程实践，供试配的水泥砂浆配合比可按表 5-6 选用。

表 5-6　　　　　　　　　每立方米水泥砂浆材料用量

强度等级	水泥/kg	砂/kg	用水量/kg	强度等级	水泥/kg	砂/kg	用水量/kg
M5	200～230	砂的堆积密度值	270～330	M20	340～400	砂的堆积密度值	270～330
M7.5	230～260			M25	360～410		
M10	260～290			M30	430～480		
M15	290～330						

3. 配合比的试配、调整与确定

（1）砂浆试配时，应采用机械搅拌，搅拌时间应自开始加水算起。对水泥砂浆和水泥混合砂浆，搅拌时间不得少于 120s；对预拌砌筑砂浆和掺有粉煤灰、外加剂、保水增稠材料等的砂浆，搅拌时间不得少于 180s。

（2）按计算或查表所得配合比进行试拌，测定砌筑砂浆拌合物的稠度和保水率。若不能满足要求，则应调整材料用量，直到符合要求为止，然后确定为试配时的砂浆基准配合比。

（3）砂浆强度调整与确定。试配时至少应采用三个不同的配合比，其中一个为基准配合比，另外两个配合比的水泥用量按基准配合比分别增加和减少 10%，在保证稠度、保水率合格的条件下，可将用水量、石灰膏、保水增稠材料或粉煤灰等活性掺合料用量作相应的调整。

（4）分别测定不同配合比砂浆的表观密度及强度；并应选定符合试配强度及和易性要求、水泥用量最低的配合比，作为砂浆的试配配合比。

（5）砌筑砂浆试配配合比尚应按下列步骤进行校正：

1）应根据上一条确定的砂浆配合比材料用量，按下式计算砂浆的理论表观密度值：

$$\rho_t = Q_C + Q_D + Q_S + Q_w \tag{5-8}$$

式中　ρ_t——砂浆的理论表观密度值，kg/m^3，应精确至 $10kg/m^3$。

2）应按下式计算砂浆配合比校正系数。

$$\delta = \frac{\rho_c}{\rho_t} \tag{5-9}$$

式中　ρ_c——砂浆的实测表观密度值，kg/m^3，应精确至 $10kg/m^3$。

3）当砂浆的实测表观密度值与理论表观密度值之差的绝对值不超过理论值的 2% 时，可按得出的试配配合比确定为砂浆设计配合比；当超过 2% 时，应将试配配合比中每项材料用量均乘以校正系数 δ 后，确定为砂浆设计配合比。

4. 砂浆配合比设计计算实例

[例 5-1]　某砌筑工程用水泥石灰混合砂浆，要求砂浆的强度等级为 M10，稠度为 70～100mm。原材料主要参数：水泥为 32.5 级普通硅酸盐水泥，强度富余系数为 1.0；石灰膏，稠度 120mm；砂子用中砂，堆积密度为 $1450kg/m^3$，含水率为 2%；施工水平一般。试计算砂浆的施工配合比。

[解]　（1）确定试配强度。

查表可得 $k=1.20$

$$f_{m,O} = kf_2 = 1.20 \times 10.0 = 12.0MPa$$

（2）计算水泥用量。

$$Q_c = \frac{1000(f_{m,O} - \beta)}{\alpha f_{ce}} = \frac{1000 \times (12.0 + 15.09)}{3.03 \times 32.5} = 275kg/m^3$$

（3）计算石灰膏用量。

取　　　　　　　　　　$Q_A = 350kg/m^3$

$$Q_D = Q_A - Q_c = 350 - 275 = 75kg/m^3$$

（4）确定砂用量。

$$Q_s = 1450 \times (1 + 2\%) = 1479kg/m^3$$

（5）确定用水量。

根据砂浆稠度，取用水量为 $300kg/m^3$，扣除砂中所含的水量，拌合用水量为：

$$Q_w = 300kg/m^3 - 1450kg/m^3 \times 2\% = 271kg/m^3$$

砂浆的配合比为：

$$Q_c : Q_D : Q_s : Q_w = 275 : 75 : 1479 : 271$$

5.3　其他建筑砂浆

5.3.1　抹面砂浆

抹面砂浆又称抹灰砂浆，是涂抹于建筑物或构筑物表面的砂浆的总称，砂浆在建筑物表面起平整、保护、美观的作用。

抹面砂浆应具有良好的和易性、较高的黏结强度。处于潮湿环境或易受外力作用部位（如地面、墙裙等），还应具有较高的耐水性和强度。

抹面砂浆按其功能的不同，可分为普通抹面砂浆、防水砂浆和装饰砂浆等。

1. 普通抹面砂浆

普通抹面砂浆的功能是保护结构主体免遭各种侵蚀，提高结构的耐久性，改善结构的外观。

抹面砂浆通常分为二层或三层进行施工，每层砂浆的组成也不相同。一般底层砂浆起黏结基层的作用，要求砂浆应具有良好的和易性及较高的黏结力，因此底层砂浆的保水性要好，否则水分就容易被基层材料所吸收而影响砂浆的流动性和黏结力；中层抹灰主要是为了找平，有时可省去不用；面层抹灰主要为了平整、美观，因此应选细砂。用于砖墙的底层抹灰，常用石灰砂浆，有防水、防潮要求时用水泥砂浆。用于混凝土基层的底层抹灰，常为水泥混合砂浆。中层抹灰常用水泥混合砂浆或石灰砂浆，面层抹灰常用水泥混合砂浆、麻刀灰或纸筋灰。

普通抹面砂浆的流动性和砂子的最大粒径，可参考表 5-7。

表 5-7　　　　　　　　　　　　抹面砂浆流动性及骨料最大粒径

抹面层	沉入度（人工抹面）/mm	砂的最大粒径/mm	抹面层	沉入度（人工抹面）/mm	砂的最大粒径/mm
底层	100~120	2.5	面层	70~80	1.2
中层	70~90	2.5			

2. 防水砂浆

防水砂浆是一种抗渗性高的砂浆。防水砂浆层又称刚性防水层，适用于不受振动和具有一定刚度的混凝土或砖石砌体的表面，广泛用于地下建筑、水塔和蓄水池等的防水。

防水砂浆主要有三种：

（1）普通防水砂浆。普通防水砂浆一般采用 32.5 级以上的普通水泥、级配良好的中砂，配合比一般为：水泥∶砂＝1∶（1.5~3），水胶比控制在 0.50~0.55，适用于一般的防水工程。

（2）掺防水剂的砂浆。在水泥砂浆中掺入防水剂，可促使砂浆结构密实，提高砂浆的抗渗能力。常用的防水剂有硅酸钠类、金属皂类、氯化物金属盐及有机硅类等。

（3）膨胀水泥和无收缩水泥配制砂浆。由于该种水泥具有微膨胀或补偿收缩性能，从而能提高砂浆的密实性和抗渗性。

防水砂浆的施工方法有人工多层抹压法和喷射法等，各种方法都是以防水、抗渗为目的，减少内部连通毛细孔，提高密实度。

3. 装饰砂浆

装饰砂浆是指涂抹在建筑物内外墙表面，具有美观装饰效果的抹面砂浆。

装饰砂浆的胶凝材料采用石膏、石灰、白水泥、彩色水泥，或在水泥中掺加白色大理石粉，使砂浆表面色彩明朗。

骨料多为白色、浅色或彩色的天然砂、彩釉砂和着色砂，也可用彩色大理石或花岗石碎屑、陶瓷碎粒或特制的塑料色粒，有时也可加入少量云母碎片、玻璃碎粒、长石、贝壳等，使表面获得发光效果。

掺颜料的砂浆常用在室外抹灰工程中，将经受风吹、日晒、雨淋及大气中有害气体的腐蚀和污染。因此，装饰砂浆中的颜料，应采用耐碱和耐光晒的矿物颜料。

常用装饰砂浆的施工操作方法有拉毛、甩毛、喷涂、弹涂、拉条、水刷、干粘、水磨、剁斧等，水磨石、水刷石、剁斧石、干粘石等属石渣类饰面砂浆。

5.3.2 特种砂浆

1. 绝热砂浆

采用水泥、石灰膏、石膏等胶凝材料与膨胀珍珠岩、膨胀蛭石或陶粒砂等轻质多孔集料，按一定比例配制的砂浆，称为绝热砂浆。绝热砂浆具有轻质和良好的绝热性能，其导热系数约为 $0.07\sim0.10\text{W}/(\text{m}\cdot\text{K})$，可用于屋面绝热层、绝热墙壁以及供热管道绝热层等处。

2. 吸声砂浆

一般绝热砂浆是由轻质多孔集料制成的，同时具有吸声性能。还可以用水泥、石膏、砂、锯末（其体积比为 1∶1∶3∶5）等配成吸声砂浆，或在石灰、石膏砂浆中掺入玻璃纤维、矿物棉等松软纤维材料，吸声砂浆用于室内墙壁和平顶的吸声。

3. 耐碱砂浆

耐碱砂浆使用 42.5 级以上的普通硅酸盐水泥（水泥熟料中铝酸三钙含量应小于 9%），细骨料可采用耐碱、密实的石灰岩类（石灰岩、白云岩、大理石等）、火成岩类（辉绿岩、花岗石等）制成的砂和粉料，也可采用石英质的普通砂。耐碱砂浆可耐一定温度和浓度下的氢氧化钠溶液的腐蚀，以及任何浓度的氨水、碳酸钠、碱性气体和粉尘等的腐蚀。

4. 水玻璃类耐酸砂浆

在水玻璃和氟硅酸钠配制的耐酸涂料中，掺入适量由石英石、花岗石、铸石等制成的粉及细骨料可拌制成耐酸砂浆。耐酸砂浆常用作衬砌材料、耐酸地面和耐酸容器的内壁防护层。

5. 硫磺砂浆

以硫磺为胶结料，加入填料、增韧剂，经加热熬制而成，采用石英粉、辉绿岩粉、安山岩粉作为耐酸粉料和细骨料。硫磺砂浆具有良好的耐腐蚀性能，几乎能耐大部分有机酸、无机酸、中性和酸性盐的腐蚀，对乳酸也有很强的耐蚀能力。

6. 聚合物砂浆

聚合物砂浆是在水泥砂浆中加入有机聚合物乳液配制而成，具有黏结力强、干缩率小、脆性低、耐蚀性好等特性，用于修补和防护工程。常用的聚合物乳液有氯丁胶乳液、丁苯橡胶乳液、丙烯酸树脂乳液等。

7. 防辐射砂浆

在水泥中掺入重晶石粉、重晶石砂，可配制成具有防 X 射线能力的砂浆。其配合比约为水泥：重结晶石粉：重结晶石砂＝1：0.25：(4～5)。在水泥浆中掺加硼砂、硼酸等配制成的砂浆具有防中子辐射能力，应用于射线防护工程。

5.3.3　干混砂浆

干混砂浆又称为干粉料、干混料或干粉砂浆，它是由胶凝材料、细集料、外加剂（有时根据需要加入一定量的掺合料）等固体材料组成，经工厂准确配料和均匀混合而制成的砂浆半成品。使用时，在现场将拌合用水加入搅拌。干混砂浆的品种很多，分别适用于砌筑不同的砌筑材料。此外还有抹面砂浆，适用于不同的抹面工程等。

相对于在现场配置砂浆的传统工艺，干混砂浆具有以下优势：

（1）品质稳定。目前施工现场配置的砂浆，无论是砌筑砂浆、抹面砂浆，还是地面找平砂浆，质量均不稳定。而干混砂浆采用工业化生产，可以对原材料和配合比进行严格控制，确保砂浆质量稳定、可靠。

（2）工效提高。如同商品混凝土，干混砂浆的生产效率高，而且采用干混砂浆后，施工效率也得到了很大的提高。

（3）文明施工。当前，市区施工现场狭窄、交通拥挤，采用干混砂浆可以取消现场材料堆场、有利于施工物料管理及施工现场的整洁、文明。

工程实例分析

 ［实例 5-1］　砂浆质量问题

【工程背景】

某工地现配制 M7.5 砂浆砌筑砖墙，把水泥直接倒在砂堆上，再人工搅拌。该砌体灰缝饱满度及黏结性均差。试分析原因。

【原因分析】

（1）砂浆的均匀性可能有问题。把水泥直接倒入砂堆上，采用人工搅拌的方式往往导致混合不够均匀，使强度波动大，宜加入搅拌机中搅拌。

（2）仅以水泥与砂配制砂浆，使用少量水泥虽可满足强度要求，但往往流动性及保水性较差，而使砌体饱满度及黏结性较差，影响砌体强度，可掺入适量石灰膏、粉煤灰等，以改善砂浆的和易性。

 ［实例 5-2］　以硫铁矿渣代替建筑用砂的质量问题

【工程背景】

某中学教学楼为五层内廊式砖混结构，工程交工验收时质量良好。但使用半年后，发现砖砌体裂缝；一年后，建筑物裂缝严重，以致成为危房不能使用。该工程砂浆采用硫铁矿渣代替建筑砂。其含硫量较高，有的高达 4.6%，试分析原因。

原因分析

由于硫铁矿渣中的三氧化硫和硫酸根与水泥或石灰膏反应，生成硫铁酸钙或硫酸钙，产生体积膨胀。而其硫含量较多，在砂浆硬化后不断生成此类体积膨胀的水化产物，致使砌体产生裂缝，抹灰层起壳。

习　　题

一、单项选择题

1. 砌筑砂浆强度除受水胶比和水泥标号、温度和湿度、龄期影响外，还受到（　　）的影响。
  A. 砌筑速度和高度　　　　　　　B. 砌筑基层吸水程度
  C. 砂浆的生产方式　　　　　　　D. 砌筑的方法

2. 测定砂浆强度等级用的标准试件尺寸为（　　）。
  A. 70.7mm×70.7mm×70.7mm　　B. 100mm×100mm×100mm
  C. 150mm×150mm×150mm　　　　D. 200mm×200mm×200mm

3. 砌筑砂浆保水性的指标用（　　）表示。
  A. 坍落度　　　B. 维勃稠度　　　C. 沉入度　　　D. 分层度

4. 砌筑砂浆中，细骨料的最大粒径应小于灰缝的（　　）。
  A. 1/4～1/5　　B. 1/3　　　　C. 1/2　　　　D. 3/4

5. 有防水、防潮要求的抹灰砂浆，宜选用（　　）。
  A. 石灰砂浆　　B. 水泥砂浆　　C. 水泥混合砂浆　D. 石膏砂浆

6. 反映砂浆流动性的指标是（　　）。
  A. 坍落度　　　B. 维勃稠度　　　C. 沉入度　　　D. 针入度

7. 基层为吸水材料的砌筑砂浆，其强度与水泥强度和（　　）有关。
  A. 水胶比　　　B. 用水量　　　C. 水泥用量　　　D. 骨料强度

8. 砌筑砂浆中，加入石灰膏的主要目的是为了提高（　　）。
  A. 强度　　　　B. 保水性　　　C. 流动性　　　D. 黏聚性

9. 配制耐热砂浆时，应选用（　　）作为胶凝材料。
  A. 石灰　　　　B. 水玻璃　　　C. 石膏　　　　D. 菱苦土

10. 吸水性基层的砌筑砂浆强度主要取决于（　　）。
  A. 水泥强度和水胶比　　　　　　B. 水泥强度和水泥用量
  C. 水胶比和骨料强度　　　　　　D. 水胶比和水泥用量

二、填空题

1. 分层度过大，表示新拌砂浆的保水性＿＿＿＿＿＿。

2. 新拌砂浆的流动性用＿＿＿＿＿＿表示。

3. 夏天砌筑普通砖砌体时，所用砂浆的流动性应较＿＿＿＿＿＿；普通砖在砌筑施工前，需预先进行润湿处理，其目的是＿＿＿＿＿＿。

4. 石灰膏在砌筑砂浆中的主要作用是使砂浆具有良好的＿＿＿＿＿＿。

5. 砂浆的和易性包括_____和_____两个部分。

6. 建筑砂浆按其用途可分为_____和_____两类。

7. 表征砂浆保水性的指标为_____，该指标不宜过大或过小，若过小，则砂浆易产生_____。

8. 用于砌筑石材砌体的砂浆强度主要取决于_____和_____。

第6章 墙 体 材 料

本章主要介绍几种常用的砌墙砖、砌块的性能及特点；并简单介绍了墙用板材的性能及应用。

6.1 砌 墙 砖

砖是指砌筑用的人造小型块材，外形多为直角六面体，其长度不超过 365mm，宽度不超过 240mm，高度不超过 115mm。

砖按孔洞率分为：

（1）实心砖：无孔洞或孔洞率小于 15%，尺寸为 240mm×115mm×53mm 的实心砖称为普通砖（又称标准砖或统一砖）。

（2）多孔砖：孔洞率不小于 28%，孔的尺寸小而数量多。

（3）空心砖：孔洞率不小于 35%，孔的尺寸大而数量少。

砖按制造工艺分为：

（1）烧结砖：经焙烧而制成的砖，常结合主要原料命名，如烧结黏土砖等。

（2）蒸养砖：经常压蒸汽养护硬化而成的砖，如蒸养粉煤灰砖。

（3）蒸压砖：经高压蒸汽养护硬化而成的砖，如蒸压灰砂砖。

6.1.1 烧结普通砖

1. 烧结普通砖的分类和产品标记

烧结普通砖是指以黏土、页岩、煤矸石或粉煤灰为主要原料，经成形及焙烧而成的普通实心砖，包括黏土砖（N）、页岩砖（Y）、煤矸石砖（M）、粉煤灰砖（F）等多种。

当以黏土为原料时，砖坯在氧化环境中焙烧而出窑时，生产出红砖；如果窑内为还原气氛，会使砖内的红色高价的三氧化铁还原为青灰色的低价氧化铁，则制得青砖。一般说来，青砖的强度比红砖高，耐碱、耐久性比红砖好，是我国古代宫廷建筑的主要墙体材料，但价格较昂贵，一般在小型的土窑内生产。

为节省能源，近年来我国还开发了内燃烧砖法，即将煤渣、粉煤灰等可燃性工业废渣以适量比例掺入制坯黏土原料中作为内燃料，焙烧到一定温度时，内燃料在坯体内也开始燃烧，这样烧成的砖称为内燃砖。内燃砖比外燃砖可以节省大量外投煤，节约黏土原料 5%～10%，且强度可提高 20% 左右，表观密度减小，导热系数降低，同时还可利用大量工业废渣。

烧结粉煤灰砖、烧结煤矸石和烧结页岩砖的原料，要按可塑性、内燃值等要求来确定黏土和粉煤灰、粉碎煤矸石或页岩的比例，其余工艺和烧结黏土砖基本相同。

按照《烧结普通砖》（GB 5101—2003）的规定，强度、抗风化性能和放射性物质合格的砖，根据尺寸偏差、外观质量、泛霜和石灰爆裂分为三个质量等级：优等品（A）、一等品（B）和合格品（C）。

砖的产品标记按照产品名称、类别、强度等级、质量等级和标准编号的顺序编写。例如，烧结普通砖、强度等级 MU15、一等品的黏土砖，则其标记应写为：烧结普通砖 N MU15　B　GB 5101。

2. 技术要求

（1）尺寸偏差。烧结普通砖又称标准砖或统一砖，其标准尺寸为 240mm×115mm×53mm 如图 6 - 1 所示。在砌筑时，加上砌筑灰缝宽度 10mm，则每立方米砖砌体需用 512 块砖。

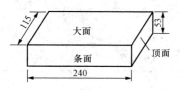

图 6 - 1　烧结普通砖各部
位名称及尺寸

为保证砌筑质量，要求砖的尺寸偏差必须符合表 6 - 1 的规定。

表 6 - 1　　　　　　　　　　　　烧结普通砖的尺寸允许偏差　　　　　　　　　　　　（单位：mm）

公称尺寸	优等品		一等品		合格品	
	样本平均偏差	样本极差≤	样本平均偏差	样本极差≤	样本平均偏差	样本极差≤
240	±2.0	6	±2.5	7	±3.0	8
115	±1.5	5	±2.0	6	±2.5	7
53	±1.5	4	±1.6	5	±2.0	6

（2）外观质量。砖的外观质量包括：两条面高度差、弯曲、杂质凸出高度、缺棱掉角、裂纹长度、完整面和颜色等项内容应符合表 6 - 2 规定。优等品的颜色应基本一致。

表 6 - 2　　　　　　　　　　　　烧结普通砖的外观质量要求　　　　　　　　　　　　（单位：mm）

项目		优等品	一等品	合格品
两条面高度差	≤	2	3	4
弯曲	≤	2	3	4
杂质凸出高度	≤	2	3	4
缺棱掉角的三个破坏尺寸不得同时大于		5	20	30
裂纹长度≤	1. 大面上宽度方向及其延伸至条面的长度	30	60	80
	2. 大面上长度方向及其延伸至顶面的长度或条顶面上水平裂纹的长度	50	80	100
完整面	不得少于	二条面和二顶面	一条面和一顶面	
颜色		基本一致		

注：1. 为装饰而施加的色差、凹凸纹、拉毛、压花等不算作缺陷。

　　2. 凡有下列缺陷之一者。不得称为完整面：缺损在条面或顶面上造成的破坏面尺寸同时大于 10mm×10mm；条面或顶面上裂纹宽度大于 1mm，其长度超过 30mm；压陷、粘底、焦花在条面或顶面上的凹陷或凸出超过 2mm，区域尺寸同时大于 10mm×10mm。

（3）强度。烧结普通砖根据抗压强度分为五个等级：MU30、MU25、MU20、MU15

和 MU10，各强度等级的砖应符合表 6-3 的规定。

表 6-3   烧结普通砖强度等级   （单位：MPa）

强度等级	抗压强度平均值 $\bar{f}$ ⩾	变异系数 $\delta \leqslant 0.21$	变异系数 $\delta > 0.21$
		强度标准值 f_k ⩾	单块最小抗压强度值 f_{min} ⩾
MU30	30.0	22.0	25.0
MU25	25.0	18.0	22.0
MU20	20.0	14.0	16.0
MU15	15.0	10.0	12.0
MU10	10.0	6.5	7.5

强度试验的试样数量为 10 块，加荷速度为 $5kN/s \pm 0.5kN/s$。表中抗压强度标准值和变异系数按下式计算：

$$f_k = \bar{f} - 1.8S$$

$$S = \sqrt{\frac{1}{9}\sum_{i=1}^{10}(f_i - \bar{f})^2}$$

$$\delta = \frac{S}{\bar{f}}$$

式中 f_k——抗压强度标准值，MPa；

       f_i——单块砖试件抗压强度测定值，MPa；

       $\bar{f}$——10 块砖试件抗压强度平均值，MPa；

       S——10 块砖试件的抗压强度标准差，MPa；

       δ——砖强度变异系数。

（4）抗风化性能。烧结普通砖的抗风化性是指能抵抗干湿变化、冻融变化等气候作用的性能。抗风化性与砖的使用寿命密切相关，抗风化性能好的砖其使用寿命长。砖的抗风化性能除了与本身性质有关外，与所处环境的风化指数也有关。烧结砖的抗风化性能通常以其抗冻性、吸水率及饱和系数等指标判别。饱和系数是常温 24h 的吸水量与沸煮 5h 吸水量之比。

风化区用风化指数进行划分。

风化指数是指日气温从正温降至负温或负温升至正温的每年平均天数与每年从霜冻之日起至消失霜冻之日止这一期间降雨总量（以 mm 计）的平均值的乘积。风化指数大于等于 12 700 为严重风化区，风化指数小于 12 700 为非严重风化区。

各地如有可靠数据，也可按计算的风化指数划分本地区的风化区。我国的风化区划分见表 6-4。

严重风化区中的 1、2、3、4、5 地区的砖必须进行冻融试验，其他地区砖的抗风化性能符合表 6-5 的规定时可不做冻融试验，否则，必须进行冻融试验。

（5）泛霜。泛霜是指黏土原料中的可溶性盐类（如硫酸钠等），随着砖内水分蒸发而在砖表面产生的盐析现象，一般在砖表面形成絮团状斑点的白色粉末。轻微泛霜就能对清水墙建筑外观产生较大的影响；中等程度泛霜的砖用于建筑中的潮湿部位时，7~8 年后因盐析结晶膨胀将使砖体的表面产生粉化剥落，在干燥的环境中使用约 10 年后也将脱落；严重泛霜对建筑结构的破坏性更大。

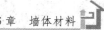

优等品无泛霜；一等品不允许出现中等泛霜；合格品不允许出现严重泛霜。

表 6 - 4　　　　　　　　　　　　　风化区划分

严重风化区		非严重风化区	
1. 黑龙江省	11. 河北省	1. 山东省	11. 福建省
2. 吉林省	12. 北京市	2. 河南省	12. 台湾地区
3. 辽宁省	13. 天津市	3. 安徽省	13. 广东省
4. 内蒙古自治区		4. 江苏省	14. 广西壮族自治区
5. 新疆维吾尔自治区		5. 湖北省	15. 海南省
6. 宁夏回族自治区		6. 江西省	16. 云南省
7. 甘肃省		7. 浙江省	17. 西藏自治区
8. 青海省		8. 四川省	18. 上海市
9. 陕西省		9. 贵州省	19. 重庆市
10. 山西省		10. 湖南省	

表 6 - 5　　　　　　　　　　　　　抗风化性能

项　目 砖 种 类	严重风化区				非严重风化区			
	5h 沸煮吸水率（％）　≤		饱和系数　　　≤		5h 沸煮吸水率（％）　≤		饱和系数　　　≤	
	平均值	单块最大值	平均值	单块最大值	平均值	单块最大值	平均值	单块最大值
黏土砖	18	20	0.85	0.87	19	20	0.88	0.90
粉煤灰砖	21	23			23	25		
页岩砖	16	18	0.74	0.77	18	20	0.78	0.80
煤矸石砖	16	18			18	20		

注：粉煤灰掺入量（体积比）小于 30％时，按黏土砖规定判定。

（6）石灰爆裂。当生产黏土砖的原料含有石灰石时，则焙烧砖时石灰石会煅烧成生石灰留在砖内，这时的生石灰为过烧生石灰，这些生石灰在砖内会吸收外界的水分，消化并产生体积膨胀，导致砖发生膨胀性破坏，这种现象称为石灰爆裂。

优等品不允许出现最大破坏尺寸大于 2mm 的爆裂区域；一等品最大破坏尺寸大于 2mm 且小于等于 10mm 的爆裂区域，每组砖样不得多于 15 处；不允许出现最大破坏尺寸大于 10mm 的爆裂区域；合格品最大破坏尺寸大于 2mm 且小于等于 15mm 的爆裂区域，每组砖样不得多于 15 处，其中大于 10mm 的不得多于 7 处；不允许出现最大破坏尺寸大于 15mm 的爆裂区域。

另外，产品中不允许有欠火砖、酥砖和螺旋纹砖。

3. 烧结普通砖的应用

优等品可用于清水墙和墙体装饰；一等品、合格品可用于混水砖墙，中等泛霜的砖不能用于处于潮湿环境中的工程部位。

烧结普通砖具有一定的强度及良好的绝热性、耐久性，且原料广泛，工艺简单，因而可用作墙体材料、砌筑性柱、拱、烟囱及基础等。但由于烧结普通砖能耗高，烧砖毁田，污染环境，因此我国对实心黏土砖的生产、使用有所限制。在未来建筑中，黏土砖将不再作为普通的墙体材料使用，可能会用做一些特殊的，仿古的建筑，国外有些国家已经将黏土砖作为高档的装修材料来用。

6.1.2 烧结多孔砖

烧结多孔砖（图6-2）是以黏土、页岩、煤矸石、粉煤灰为主要原料，经焙烧而成的主要用于承重部位的多孔砖。

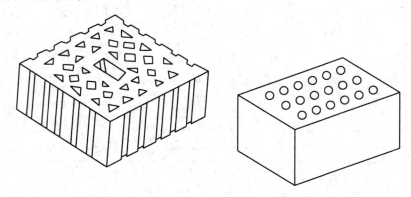

图6-2 烧结多孔砖

烧结多孔砖为大面有孔的直角六面体，孔多而小，孔洞垂直于受压面。

烧结多孔砖的长度、宽度、高度尺寸应符合下列要求：

290，240，190，180，140，115，90（单位：mm）。

烧结多孔砖根据抗压强度分为MU30、MU25、MU20、MU15、MU10五个强度等级。

烧结多孔砖的密度等级分为1000、1100、1200、1300四个等级。

砖的产品标记按产品名称、品种、规格、强度等级、密度等级和标准编号顺序编写。

标记示例：规格尺寸290mm×140mm×90mm，强度等级MU25，密度等级1200的黏土烧结多孔砖，其标记为：烧结多孔砖 N290×140×90 MU 251200 GB 13544—2011。

国家标准《烧结多孔砖和多孔砌块》（GB 13544－2011）对烧结多孔砖的尺寸允许偏差、外观质量、密度等级、强度等级、孔型孔结构及孔洞率、泛霜、石灰爆裂、抗风化性能、放射性核素限量等做出了相关规定。其抗风化性能规定内容与烧结普通砖一致可参照表6-5，其中强度等级要求见表6-6。

表6-6　　　　　　　　　　　烧结多孔砖强度等级　　　　　　　　　　（单位：MPa）

强度等级	抗压强度平均值 $\overline{f}\geqslant$	强度标准值 $f_k\geqslant$	强度等级	抗压强度平均值 $\overline{f}\geqslant$	强度标准值 $f_k\geqslant$
MU30	30.0	22.0	MU15	15.0	10.0
MU25	25.0	18.0	MU10	10.0	6.5
MU20	20.0	14.0			

烧结多孔砖孔洞率在28％以上，表观密度约为1400kg/m³左右。虽然多孔砖具有一定的孔洞率，使砖受压时有效受压面积减少，但因为制坯时受较大的压力，使砖孔壁致密程度提高，且对原材料要求也较高，补偿了因有效面积减少而造成的强度损失，因而烧结多孔砖的强度仍很高，可用于砌筑6层以下的承重墙。

6.1.3　烧结空心砖

烧结空心砖（图 6-3）是以黏土、页岩、煤矸石等为主要原料，经焙烧而成。烧结空心砖的特点是：孔洞个数较少但洞腔大，孔洞率一般在 35％ 以上。孔洞垂直于顶面平行于大面。使用时大面受压，所以这种砖的孔洞与承压面平行。

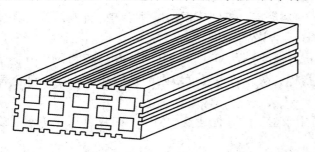 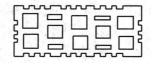

图 6-3　烧结空心砖

根据《烧结空心砖和空心砌块》（GB 13545—2003）的规定，空心砖和砌块的规格尺寸（长度、宽度及高度）应符合 390、290、240、190、180（175）、140、115、90（单位：mm）的系列（也可由供需双方商定）。按砖及砌块的表观密度，分为 800、900、1000 及 1100（单位：kg/m³）四个表观密度等级；按其抗压强度分为 MU10.0、MU5.0、MU3.5 及 MU2.5 五个强度等级（见表 6-7）。

表 6-7　　　　　　　　　　烧结空心砖及空心砌块的强度等级

强度等级	抗压强度/MPa			密度等级范围/(kg/m³)
	抗压强度平均值 $f \geqslant$	变异系数 $\delta \leqslant 0.21$ 强度标准值 $f_k \geqslant$	变异系数 $\delta > 0.21$ 单块最小抗压强度值 $f_{min} \geqslant$	
MU10.0	10.0	7.0	8.0	
MU7.5	7.5	5.0	5.8	
MU5.0	5.0	3.5	4.0	$\leqslant 1100$
MU3.5	3.5	2.5	2.8	
MU2.5	2.5	1.6	1.8	$\leqslant 800$

对于强度、密度、抗风化性及放射性物质合格的空心砖及砌块，根据尺寸偏差、外观质量、孔洞排列及其结构、泛霜、石灰爆裂及吸水率，分为优等品（A）、一等品（B）和合格品（C）三个质量等级。

烧结空心砖自重较轻，可减轻墙体自重，改善墙体的热工性能等，但强度不高，因而多用作非承重墙，如多层建筑内隔墙或框架结构的填充墙等。

6.1.4　蒸压灰砂砖

蒸压灰砂砖是以石灰和砂为主要原料，允许掺入颜料和外加剂，经坯料制备、压制成形、蒸压养护而成的实心砖，简称灰砂砖。

灰砂砖的尺寸规格与烧结普通砖相同，为 240mm×115mm×53mm。其表观密度为

$1800\sim1900kg/m^3$，导热系数约为 $0.61W/(m\cdot K)$。根据灰砂砖的颜色分为：彩色的（Co）、本色的（N）。

灰砂砖产品标记采用产品名称（LSB）、颜色、强度级别、产品等级、标准编号的顺序进行，如强度级别为 MU20，优等品的彩色灰砂砖标记为：

LSB Co 20A GB 11945

《蒸压灰砂砖》（GB 11945—1999）规定，灰砂砖根据尺寸偏差、外观质量、强度及抗冻性分为：优等品（A）、一等品（B）、合格品（C）。

根据浸水 24h 后的抗压强度和抗折强度分为 MU25、MU20、MU15 和 MU10 四个强度级别，每个强度级别有相应的抗冻指标。灰砂砖各强度级别的强度和抗冻性应符合表 6-8 要求。

MU15，MU20，MU25 的砖可用于基础及其他建筑；MU10 砖仅可用于防潮层以上的建筑。

表 6-8　　　　　　　　　　　　蒸压灰砂砖技术性能

强度级别	抗压强度/MPa		抗折强度/MPa		抗冻性	
	平均值 ≥	单块值 ≥	平均值 ≥	单块值 ≥	冻后抗压强度平均值/MPa≤	单块砖的干质量损失（%）≤
MU25	25.0	20.0	5.0	4.0	20.0	2.0
MU20	20.0	16.0	4.0	3.2	16.0	2.0
MU15	15.0	12.0	3.3	2.6	12.0	2.0
MU10	10.0	8.0	2.5	2.0	8.0	2.0

注：优等品的强度级别不得小于 M15 级。

由于灰砂砖中的一些组分如水化硅酸钙、氢氧化钙、碳酸钙等不耐酸，也不耐热，若长期受热会发生分解、脱水、甚至还会使石英发生晶型转变，因此灰砂砖应避免用于长期受热高于 200℃，受急冷急热交替作用或有酸性介质侵蚀的建筑部位。此外，砖中的氢氧化钙等组分会被流水冲失，所以灰砂砖不能用于有流水冲刷的地方。

灰砂砖的表面光滑，与砂浆黏结力差，所以其砌体的抗剪能力不如黏土砖砌体好，在砌筑时必须采取相应措施，以防止出现渗雨漏水和墙体开裂。刚出釜的灰砂砖不宜立即使用，一般宜存放一个月左右再用。

灰砂砖与其他材料相比，蓄热能力显著。灰砂砖的表观密度大，隔声性能优越，其生产过程能耗低，节省土地资源，减少环境污染，是很有发展前途的砌体结构材料。

6.1.5　蒸养粉煤灰砖

以粉煤灰、石灰为主要原料，加入适量石膏、外加剂、颜料和集料等，经坯料制备、压制成型、常压或高压蒸气养护而成的实心砖，简称粉煤灰砖。

《粉煤灰砖》（JC 239—2001）根据砖的抗压强度和抗折强度将其分为 MU30、MU25、MU20、MU15、MU10 五个强度等级。并根据尺寸偏差、外观质量及干燥收缩性质分为优等品（A）、一等品（B）及合格品（C）三个质量等级。

可用于工业与民用建筑的墙体和基础，不能用于长期受热（200℃以上）、受急冷急热和有酸性介质侵蚀的建筑部位。

6.2 墙 用 砌 块

砌块是用于建筑的人造材，外形多为直角六面体，也有异形的。砌块的分类方法很多，若按规格大小可分为小型砌块（高度为 115～380mm）、中型砌块（高度为 380～980mm）和大型砌块（高度大于 980mm）；按用途可分为结构型砌块、装饰型砌块和功能型砌块；按砌块空心率可分为实心砌块（无空洞或空心率小于 25%）和空心砌块（空心率大于或等于 25%）；按骨料的类型分类可分为普通砌块和轻集料砌块；按材质分为硅酸盐砌块、轻集料混凝土砌块和加气混凝土砌块等。本节主要介绍几种常用的砌块。

6.2.1 蒸压加气混凝土砌块

蒸压加气混凝土砌块（代号 ACB）是以钙质原料（水泥、石灰等）和硅质原料（砂、矿渣、粉煤灰等）以及加气剂等，经过配料、搅拌、浇筑、发气（由化学反应形成空隙）、成形、切割、压蒸养护等工艺过程制成的多孔轻质块体材料。

1. 砌块的规格，见表 6-9

表 6-9 砌块的规格尺寸

项 目	a 系列	b 系列
长度/mm	600	600
高度/mm	200、250、300	200、250、300
宽度/mm	100、125、150	120、180、240
	200、250、300	

2. 砌块的技术性能

（1）蒸压加气混凝土砌块的等级。根据《蒸压加气混凝土砌块》（GB 11968—2006）规定，砌块按强度分为 A1.0、A2.0、A2.5、A3.5、A5.0、A7.5、A10.0 七个等级，标记中 A 代表砌块强度等级，数字表示强度值（MPa）。按体积密度分为 300、400、500、600、700、800 六级，分别记为 B03、B04、B05、B06、B07、B08。砌块按尺寸偏差与外观质量、干密度、抗压强度和抗冻性分为优等品（A）和合格品（B）两个等级。具体指标见表 6-10～表 6-12。

表 6-10 砌块的立方体抗压强度

强度级别	立方体抗压强度	
	平均值 ≥	单组最小值 ≥
A1.0	1.0	0.8
A2.0	2.0	1.6
A2.5	2.5	2.0

续表

强度级别	立方体抗压强度	
	平均值 ≥	单组最小值 ≥
A3.5	3.5	2.8
A5.0	5.0	4.0
A7.5	7.5	6.0
A10.0	10.0	8.0

表 6 - 11　　　　　　　　砌块的干密度

干密度级别			B03	B04	B05	B06	B07	B08
干密度	优等品（A）	≤	300	400	500	600	700	800
	合格品（B）	≤	325	425	525	625	725	825

表 6 - 12　　　　　　　　砌块的强度级别

干密度级别			B03	B04	B05	B06	B07	B08
干密度	优等品（A）	≤	A1.0	A2.0	A3.5	A5.0	A7.5	A10.0
	合格品（B）	≤			A2.5	A3.5	A5.0	A7.5

（2）蒸压加气混凝土砌块的抗冻性能。砌块孔隙率较高，抗冻性较差、保温性较好；出釜时含水率较高，干缩值较大；因此《蒸压加气混凝土砌块》（GB 11968—2006）规定了干燥收缩、抗冻性和导热系数，见表 6 - 13。

表 6 - 13　　　　　　　砌块的干燥收缩、抗冻性和导热系数

干密度级别			B03	B04	B05	B06	B07	B08
干燥收缩值	标准法/(mm/m)	≤			0.50			
	快速法/(mm/m)	≤			0.80			
抗冻性	质量损失（%）	≤			5.0			
	冻后强度 /MPa ≥	优等品（A）	0.8	1.6	2.8	4.0	6.0	8.0
		合格品（B）			2.0	2.8	4.0	6.0
导热系数（干态）/〔W/（m·K）〕		≤	0.10	0.12	0.14	0.16	0.18	0.20

注：规定采用标准法、快速法测定砌块干燥收缩值，若测定结果发生矛盾不能判定时。则以标准法测定的结果为准。

3. 蒸压加气混凝土砌块的应用

蒸压加气混凝土砌块表观密度小、质量轻（体积密度约为黏土砖的 1/3），工程应用可使建筑物自重减轻，因此降低了建筑的成本。加气砌块的导热系数低，保温性能好。砌块的加工性能好，施工方便。可适用于一般建筑物的墙体，可作为低层建筑的承重墙和框架结构、现浇混凝土结构建筑的外墙填充、内墙隔断，也可用于一般工业建筑的围护墙，作为保温隔热材料也可用于复合墙板和屋面结构中。

在无可靠的防护措施时，该类砌块不得用于建筑基础和处于浸水高湿和有化学腐蚀的环境中，也不能用于承重制品表面温度高于 80℃的建筑部位。

6.2.2　普通混凝土小型空心砌块

普通混凝土小型空心砌块（代号 NHB）砌块主要是以普通混凝土拌合物为原料，经成形、养护而成的空心块体墙材，按性能分为承重砌块和非承重砌块。为减轻自重，非承重砌块可用工业废渣或其他轻质骨料配制。

1. 规格形状

混凝土小型空心砌块的主规格尺寸为 390mm×190mm×190mm，最小外壁厚应不小于 30mm，最小肋厚应不小于 25mm，其他规格尺寸也可以根据双方协商，小型砌块的空心率应不小于 25%。

2. 等级

普通混凝土小型空心砌块根据外观质量（包括弯曲、掉角、缺棱、裂纹）和尺寸偏差分为优等品（A）、一等品（B）和合格品（C）三种质量等级。其强度等级又分为 MU3.5、MU5.0、MU7.5、MU10.0、MU15.0、MU20.0 六个等级。

3. 应用

这类小型砌块适用于抗震设防烈度为 8 度及 8 度以下地区的一般民用与工业建筑物的墙体；混凝土砌块在堆放、运输时要保持砌块的干燥，装卸时严禁碰撞，且应按规格等级分别堆放，不得混杂。

6.2.3　轻集料混凝土小型空心砌块

轻集料混凝土小型空心砌块（代号 LHB）是由水泥、砂、轻粗骨料、水等经搅拌、成形养护而成。

1. 规格形状

砌块的主规格尺寸为 390mm×190mm×190mm，其他尺寸可由供需双方商定。

2. 分类及等级

根据《轻集料混凝土小型空心砌块》（GB/T 15229—2011）的规定，轻集料混凝土小型砌块按其孔的排数分为实心、单排孔、双排孔、三排孔和四排孔五类。按其密度可分为 500、700、800、900、1000、1200、1400（单位：kg/m³）七个等级；按其强度分为 MU2.5、MU3.5、MU5.0、MU7.5、MU10.0 五个等级。

3. 轻集料混凝土小型空心砌块的应用

轻集料混凝土小型空心砌块可用作保温型墙体材料和结构承重型墙体材料。强度等级小于 MU5.0 可用在框架结构中的非承重隔墙和非承重墙；强度等级为 MU7.5、MU10.0 的主要用于砌筑多层建筑的承重墙体。

应用技术要点包括：设置钢筋混凝土带，墙体与柱、墙、框架采用柔性连接；隔墙门口处理采取相应措施；砌筑前一天，注意在与其接触的部位洒水湿润。

6.3　墙　用　板　材

6.3.1　预应力空心墙板

用高强度低松弛预应力钢绞线，52.5 级早强水泥及砂、石为原料，经过钢绞线张拉、水泥砂浆搅拌、挤压、养护及放张、切割而成的混凝土制品。

板面平整，尺寸误差小，施工使用方便，可减少湿作业，加快施工速度，提高工程质量。

用于承重或非承重的外墙板及内墙板。可根据需要增加保温吸声层、防水层和多种饰面层（彩色水刷石、剁斧石、喷砂和釉面砖等），也可制成各种规格尺寸的楼板、屋面板、雨罩和阳台板等。

6.3.2 玻璃纤维增强水泥—多孔墙板（简称 GRC—KB 墙板）

GRC-KB 墙板以低碱水泥为胶结料，抗碱玻璃纤维（或中碱玻璃纤维加隔离覆被层）的网格布为增强材料，以膨胀珍珠岩、加工后的锅炉炉渣、粉煤灰为集料，按适当配合比经搅拌、灌注、成形、脱水、养护等工序制成的。

该墙板质量轻、强度高、不燃、可锯、可钉、可钻，施工方便且效率高，主要用于工业和民用建筑的内隔墙。

6.3.3 轻质隔热夹芯板

轻质隔热夹芯板的外层是高强材料（镀锌彩色钢板、铝板、不锈钢板或装饰板等），内层是轻质绝热材料（阻燃型发泡聚苯乙烯或矿棉等），通过自动成形机，用高强度胶粘剂将两者粘合，经加工、修边、开槽、落料而成板材。

轻质隔热夹芯板的面密度约为 $10\sim14kg/m^2$，导热系数约为 $0.021W/(m\cdot K)$，具有良好的绝热和防潮性能，较高的抗弯和抗剪强度，安装灵活快捷，可多次拆装重复使用。

轻质隔热夹芯板适用于厂房、仓库和净化车间、办公楼、商场等工业和民用建筑，还可用于房屋加层、组合式活动房、室内隔断、天棚、冷库等。

6.3.4 网塑夹芯板

网塑夹芯板是由呈三维空间受力的镀锌钢丝笼格作骨架，中间填以阻燃型发泡聚苯乙烯组合而成的复合墙板。

网塑夹芯板质量轻，绝热吸声性能好，施工速度快，主要用于宾馆、办公楼等的内隔墙。

6.3.5 纤维增强低碱度水泥建筑平板（TK 板）

TK 板是以低碱度水泥、中碱玻璃纤维或石棉纤维为原料制成的薄型建筑平板。该墙板具有质量轻、抗折、抗冲击强度高、不燃、防潮、不易变形和可锯、可钉、可涂刷等特点。

TK 板与各种材质的龙骨、填充料复合后，可用作多层框架结构体系、高层建筑、旧房加屋改造中的内隔墙。

习　　　题

一、单项选择题

1. 烧结普通砖的质量等级是根据（　　）划分的。

  A. 强度等级和风化性能   B. 尺寸偏差和外观质量

  C. 石灰爆裂和泛霜   D. A＋B＋C

2. 砖在砌筑之前必须浇水润湿的目的是 （ ）。

  A. 提高砖的质量   B. 提高砂浆的强度

  C. 提高砂浆的黏结力   D. 便于施工

3. 砌 1m³ 砖砌体，需用普通黏土砖 （ ）块。

  A. 256   B. 512   C. 768   D. 1024

4. 若砖坯开始在氧化气氛中焙烧，当达到烧结温度后又处于还原气氛中继续焙烧，可制成 （ ）。

  A. 红砖   B. 青砖   C. 空心砖   D. 多孔砖

5. 烧结普通砖的标准尺寸为 （ ）。

  A. 240mm×115mm×53mm   B. 240mm×115mm×90mm

  C. 240mm×150mm×53mm   D. 240mm×150mm×90mm

6. 选择墙体材料时通常希望选用 （ ）。

  A. 导热系数小，热容量小   B. 导热系数小，热容量大

  C. 导热系数大，热容量大   D. 导热系数大，热容量小

7. 烧结空心砖的孔洞率应不小于 （ ）。

  A. 15％   B. 20％   C. 35％   D. 40％

8. 确定多孔砖强度等级的依据是 （ ）。

  A. 抗压强度平均值   B. 抗压强度标准值

  C. 抗压强度和抗折强度   D. 抗压强度平均值和标准值或最小值

9. 欠火砖的特点是 （ ）。

  A. 色浅、敲击声脆、强度低   B. 色浅、敲击声哑、强度低

  C. 色深、敲击声脆、强度低   D. 色深、敲击声哑、强度低

10. 人工鉴别过火砖与欠火砖的常用方法是 （ ）。

  A. 根据砖的强度   B. 根据砖颜色的深浅及打击声音

  C. 根据砖的外形尺寸   D. 根据砖的表面状况

二、填空题

1. 用烧结多孔砖和烧结空心砖代替烧结普通砖砌筑墙体，可获得＿＿＿＿＿的效果。

2. 当变异系数大于 0.21 时，根据抗压强度平均值和＿＿＿＿＿确定砖的强度等级。

3. 与烧结多孔砖相比，烧结空心砖的孔洞尺寸较＿＿＿，主要适用于＿＿＿墙。

4. 过火砖与欠火砖相比，表观密度＿＿＿，颜色＿＿＿，抗压强度＿＿＿。

5. 按烧砖所用原材料的不同，烧结普通砖可分为＿＿＿、＿＿＿、＿＿＿和＿＿＿四种。

第7章 建 筑 钢 材

本章重点讲述建筑钢材的技术性能、种类、技术标准和应用；阐述冶炼方法、化学成分、冷加工和热处理对钢材性能的影响，介绍钢材的两大主要缺点及防护措施。

7.1 钢材的分类

建筑钢材是建筑工程中使用的各种钢材，包括钢结构的各种型钢、钢板和用于混凝土结构中的钢筋、钢丝以及钢门窗和各种建筑五金等。

建筑钢材具有一系列优良的性能，它有较高的强度、良好的塑性和韧性，能承受冲击和振动荷载，易于加工和装配，所以被广泛地应用于建筑工程中，但钢材也存在易锈蚀及耐火性差的缺点。

7.1.1 按化学成分分类

钢材是以铁为主要元素，含碳量为 $0.02\% \sim 2.06\%$，并含有其他元素的合金材料。钢材按化学成分可分为碳素钢和合金钢两大类。

1. 碳素钢

含碳量为 $0.02\% \sim 2.06\%$ 的铁碳合金称为碳素钢，也称碳钢。碳素钢根据含碳量可分为：

（1）低碳钢：含碳量小于 0.25%。

（2）中碳钢：含碳量 $0.25\% \sim 0.6\%$。

（3）高碳钢：含碳量大于 0.6%。

2. 合金钢

碳素钢中加入一定量的合金元素则称为合金钢。在合金钢中除含铁、碳和少量不可避免的硅（Si）、锰（Mn）、磷（P）、硫（S）、氮（N）之外，还加入一定量的硅（Si）、锰（Mn）、钛（Ti）、钒（V）、镍（Ni）、铌（Nb）等一种或几种元素进行合金化，以改善钢材的使用性能和工艺性能，这些元素称为合金元素。按合金元素的总含量可分为：

（1）低合金钢：合金元素总含量小于 5%。

（2）中合金钢：合金元素总含量为 $5\% \sim 10\%$。

（3）高合金钢：合金元素总含量大于 10%。

7.1.2 按品质分类

钢材按品质（杂质含量）可分为：

（1）普通钢：含硫量小于或等于 0.050%；含磷量小于或等于 0.045%。

（2）优质钢：含硫量小于或等于 0.035%；含磷量小于或等于 0.035%。

（3）高级优质钢：含硫量小于或等于 0.030%，高级优质钢的钢号后加 A；含磷量小于或等于 0.030%。

（4）特级优质钢：含硫量小于或等于 0.020%，特级优质钢的钢号后加 E；含磷量小于或等于 0.025%。

7.1.3 按冶炼时脱氧程度分类

根据炼钢过程中脱氧程度不同，钢材可分沸腾钢、镇静钢和特殊镇静钢三类。

1. 沸腾钢

沸腾钢是脱氧不充分的钢。钢液浇铸后，钢液冷却到一定的温度，其中的碳会与金属氧化物发生反应，生成大量一氧化碳气体外逸，引起钢液激烈沸腾，故称为沸腾钢，其代号为 F。沸腾钢中碳和有害杂质磷、硫等在钢中分布不均，钢的致密程度较差。故沸腾钢的冲击韧性和可焊性较差，特别是低温冲击韧性的降低更显著。但从经济效益上比较，沸腾钢只消耗少量的脱氧剂，钢锭的收缩孔减少，成品率较高，故成本较低。

2. 镇静钢

镇静钢脱氧充分，在浇铸时钢液会平静地冷却凝固，故称为镇静钢，其代号为 Z。镇静钢组织致密，化学成分均匀，机械性能好，但成本较高，可用于受冲击荷载的结构或其他重要结构。

3. 特殊镇静钢

比镇静钢脱氧程度更充分彻底的钢称为特殊镇静钢，代号为 TZ。特殊镇静钢的质量最好，适用于特别重要的结构工程。

7.2 建筑钢材的主要技术性能

钢材的性能主要包括力学性能和工艺性能。其中力学性能是钢材最重要的使用性能，包括抗拉性能、冲击韧性、疲劳强度和硬度等。工艺性能表示钢材在各种加工过程中的行为，包括冷弯性能和可焊性。

7.2.1 抗拉性能

抗拉性能是建筑钢材最重要的力学性能。钢材受拉时，在产生应力的同时，相应地产生应变。应力和应变的关系反映出钢材的主要力学特征。从图 7-1 低碳钢（软钢）的应力—应变关系中可看出，低碳钢从受拉到拉断，经历四个阶段：弹性阶段（OA）、屈服阶段（AB）、强化阶段（BC）、颈缩阶段（CD）。

1. 弹性阶段

在图中 OA 段，应力较低，应力与应变成正比例关系，卸去外力，试件恢复原状，无残

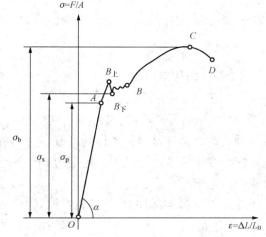

图 7-1 低碳钢单轴拉伸应力—应变图

127

余变形，这一阶段称为弹性阶段。弹性阶段的最高点（A 点）所对应的应力称为弹性极限，用 σ_p 表示。在弹性阶段，应力和应变的比值为常数称为弹性模量，用 E 表示，即 $E=\sigma/\varepsilon$。弹性模量反映钢材的刚度，是计算结构受力变形的重要指标。土木工程中常用的钢材的弹性模量为 $(2.0\sim2.1)\times10^5\,\mathrm{MPa}$。

2. 屈服阶段

当应力超过弹性极限后，应变的增长比应力快，此时，除产生弹性变形外，还产生塑性变形。当应力达到 $B_{上}$ 后塑性变形急剧增加，应力—应变曲线出现一个小平台，这种现象称为屈服。这一阶段称为屈服阶段。在屈服阶段中，外力不增大，而变形继续增加，曲线上的 $B_{上}$ 称为屈服上限，$B_{下}$ 点称为屈服下限。由于屈服下限比较稳定且容易测定，因此，采用屈服下限作为钢材的屈服强度。钢材受力达到屈服强度后，变形迅速增长，尽管尚未断裂，但已不能满足使用要求，故结构设计中以屈服强度作为钢材强度取值的依据。

3. 强化阶段

当应力超过屈服强度后，由于钢材内部晶格扭曲、晶粒破碎等原因，阻止了塑性变形的进一步发展，钢材抵抗外力的能力重新提高，在应力—应变图上，曲线从 B 点开始上升直至最高点 C，这一过程称为强化阶段；对应于最高点 C 的应力称为抗拉强度（σ_b），它是钢材所能承受的最大拉应力。

抗拉强度在设计中虽然不能利用，但是屈服强度与抗拉强度之比（屈强比）σ_s/σ_b，却能反映钢材的利用率和结构安全可靠程度。屈强比越小，钢材受力超过屈服点工作时的可靠性越大，结构安全性越高，但是，屈强比太小，钢材强度的利用率偏低，浪费材料。通常情况下，钢材的屈强比在 0.6～0.75 范围内比较合适。

4. 颈缩阶段

在钢材达到 C 点后，试件薄弱处的断面将显著减小，塑性变形急剧增加，产生"颈缩"现象而断裂（图 7-2）。

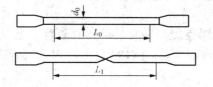

图 7-2 试件拉伸前和断裂后标距的长度

塑性是钢材的一个重要性能指标。钢材的塑性通常用拉伸试验时的伸长率或断面收缩率来表示。将拉断后试件拼合起来，测量出标距长度 l_1，l_1 与试件受力前的原标距 l_0 之差为塑性变形值，它与原标距 l_0 之比为伸长率 δ，按下式计算：

$$\delta=\frac{l_1-l_0}{l_0}\times100\%$$

式中 δ——伸长率；

l_0——试件原始长度，mm；

l_1——断裂试件拼合后标距长度，mm。

伸长率 δ 是衡量钢材塑性的指标，它的数值越大，表示钢材塑性越好。良好的塑性可使钢材即使在承受偶然超载时，可通过产生塑性变形而使内部应力重新分布，从而克服了因应力集中而造成的危害。

通常钢材拉伸试件取 $l_0=5d_0$，或 $l_0=10d_0$，其伸长率分别以 δ_5 和 δ_{10} 表示。对于同一种钢材，$\delta_5>\delta_{10}$。这是因为钢材中各段在拉伸的过程中伸长量是不均匀的，颈缩处的伸长率较大，因此当原始标距 l_0 与直径 d_0 之比越大，则颈缩处伸长值在整个伸长值中的比重越小，因而计算得的伸长率就越小。某些钢材的伸长率是采用定标距试件测定的，如标距 $l_0 =$ 100mm 或 200mm，则伸长率用 δ_{100} 或 δ_{200} 表示。

钢材的塑性变形还可用断面收缩率 Ψ 表示：

$$\Psi = \frac{A_0 - A_1}{A_0}$$

式中　A_0——试件原始截面积；

　　　A_1——试件拉断后颈缩处的截面积。

中碳钢和高碳钢的拉伸曲线与低碳钢不同，其抗拉强度高，无明显屈服阶段，伸长率小。由于在外力作用下屈服现象不明显，不能测出屈服点，故采用产生残余变形为 0.2% 的应力作为屈服强度，称为条件屈服点，用 $\sigma_{0.2}$ 表示，如图 7-3 所示。

7.2.2　冲击韧性

冲击韧性是指钢材抵抗冲击荷载的能力，通常用冲击韧性值来度量。钢材的冲击韧性试验是将带有 V 形刻槽的标准试件置于冲击机的支架上，并使切槽位于受拉的一侧（图 7-4）。以摆锤打击试件时，于刻槽处试件被打断，试件吸收的能量等于摆锤所作的功 W。若试件在缺口处的最小横截面积为 A，则冲击韧性值为：

$$\alpha_k = \frac{W}{A}$$

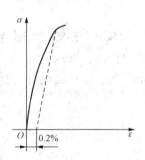

图 7-3　硬钢应力—应变图

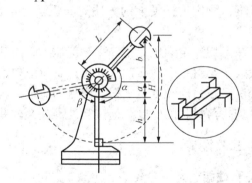

图 7-4　冲击韧性试验原理图

钢材的冲击韧性与钢材的化学成分、组织状态，以及冶炼、加工都有关系。

冲击韧性随温度的降低而下降（图 7-5），其规律是：开始下降缓和，当达到一定温度范围时，突然下降很多而呈脆性，这种性质称为钢材的冷脆性，这一温度范围称为脆性转变温度。脆性转变温度的数值越低，钢材的抗低温冲击性能越好。在负温下使用的结构，应当选用脆性临界温度比使用温度低的钢材。

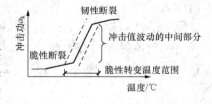

图 7-5　钢的脆性转变温度

钢材的冲击韧性越大，钢材抵抗冲击荷载的能力越强。α_k 值与试验温度有关。有些材料在常温时冲击韧性并不低，但在低温破坏时却呈现脆性破坏特征。

7.2.3 耐疲劳性

受交变荷载反复作用时，钢材在应力远低于其屈服强度的情况下突然发生脆性断裂破坏的现象，称为疲劳破坏。

钢材的疲劳破坏一般是由应力集中引起的。受交变荷载反复作用时，钢材首先在局部开始形成细小断裂，随后由于微裂纹尖端应力集中而使其逐渐扩大，直至突然发生瞬时疲劳断裂。疲劳破坏是在低应力状态下突然发生的，所以危害极大，往往造成灾难性事故。

在一定条件下，钢材疲劳破坏的应力值随应力循环次数的增加而降低。钢材在无穷次交变荷载作用下而不至引起断裂的最大循环应力值，称为疲劳强度极限，实际测量时常以 2×10^6 次应力循环为基准。

钢材的疲劳强度与很多因素有关，如组织结构、表面状态、合金成分、夹杂物和应力集中等几种情况。一般来说，钢材的抗拉强度高，其疲劳极限也高。

7.2.4 硬度

钢材的硬度是指其表面抵抗硬物压入而不产生塑性变形的能力。它是衡量钢材软硬程度的一个指标。

钢材硬度测定是以硬物压入钢材表面，然后根据压力大小和压痕面积或压入深度来评定钢材的硬度。测定钢材硬度的方法有布氏法、洛氏法等，相应的硬度试验指标称布氏硬度（HB）和洛氏硬度（HR）。

布氏法是用一定的压力把淬火钢球压入钢材表面，将压力除以压痕面积即得布氏硬度，数值越大表示钢材越硬。布氏法的特点是压痕较大，试验数据准确、稳定。

洛氏法是在洛氏硬度机上根据测量的压痕深度来计算硬度值。洛氏法操作简单迅速、压痕小，可测较薄材料的硬度，但试验的准确性较差。

7.2.5 工艺性能

1. 冷弯性能

冷弯性能是指钢材在常温下承受弯曲变形的能力，以试验时的弯曲角度 α 和弯心直径 d 为指标表示。

钢材的冷弯试验是通过直径（或厚度）为 a 的试件，采用标准规定的弯心直径 d，弯曲到规定的角度时，检查弯曲处有无裂纹、断裂及起层等现象。若没有这些现象则认为冷弯性能合格。钢材冷弯时的弯曲角度 α 越大，d/a 越小，则表示冷弯性能越好，如图 7-6 和图 7-7 所示。

应该指出的是，伸长率反映的是钢材在均匀变形条件下的塑性，而冷弯性能是钢材处于不均匀变形条件下的塑性，可更好地揭示钢材是否存在内部组织不均匀，内应力和夹杂物等缺陷，而这些缺陷在拉伸试验中常因塑性变形导致应力重分布而得不到反映。

2. 焊接性能

焊接是把两块金属局部加热，并使其接缝部分迅速呈熔融或半熔融状态，而牢固的连接起来。它是钢结构的主要连接形式之一。

钢材的焊接性能是指在一定的焊接工艺条件下，在焊缝及其附近过热区不产生裂纹及硬

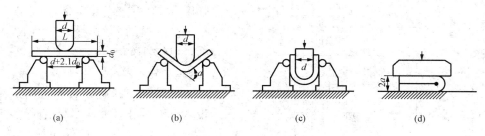

图 7 - 6　钢材冷弯试验示意

（a）试件安装；（b）弯曲 90°；（c）弯曲 180°；（d）弯曲至两面重合

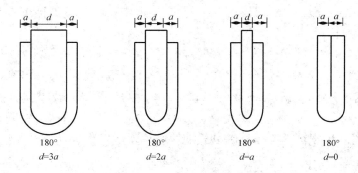

图 7 - 7　钢材冷弯规定弯心

脆倾向，焊接后钢材的力学性能，特别是强度不低于原有钢材的强度。

钢材的化学成分对钢材的可焊性有很大影响。随钢材的含碳量、合金元素及杂质元素含量的提高，钢材的可焊性减低。钢材的含碳量超过 0.25％时，可焊性明显降低；硫含量较多时，会使焊口处产生热裂纹，严重降低焊接质量。

7.3　钢材的化学成分对钢材性能的影响

除铁、碳外，钢材在冶炼过程中会从原料、燃料中引入一些其他元素，这些元素存在于钢材的组织结构中，对钢材的性能产生重要的影响，为了保证钢的质量，在国家标准中对各类钢的化学成分都作了严格的规定。

1. 碳

碳是钢中的重要元素，对钢的性能有重要的影响（图 7 - 8）。当含碳量低于 0.8％时，随着含碳量的增加，钢的抗拉强度 σ_b 和硬度 HB 提高，而塑性 δ 及冲击韧性 a_k 则降低。但当含碳量大于 1％时，钢材的强度反而下降。同时，含碳量增大也使钢的冷弯、焊接及抗腐蚀性能降低，并增加钢的冷脆性和时效敏感性。

2. 硅

硅是钢中的有益元素，是为了脱氧去硫而加入的。硅是钢的主要合金元素，当含量小于 1％时，可提高钢的强度和抗腐蚀性，但对塑性和韧性没有明显影响。但含硅量超过 1％时，将显著降低钢材的塑性、韧性和可焊性，增加冷脆性和时效敏感性。

3. 锰

锰是作为脱氧剂加入钢中的。锰能消弱钢的热脆性，改善热加工性能，可显著提高钢的

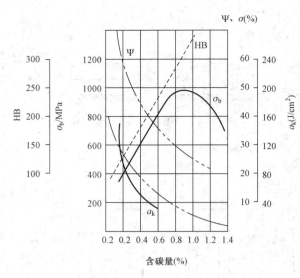

图 7-8 含碳量对热轧碳素钢性能的影响

强度和硬度。但当其含量大于 1% 时，在提高强度的同时，塑性和韧性有所下降，可焊性变差。

4. 磷

磷是钢中的有害元素，由炼钢原料带入。磷可显著降低钢材的塑性和韧性，特别是低温下冲击韧性下降更为明显。常把这种现象称为冷脆性。磷还能使钢的冷弯性能降低，可焊性变坏。但磷可使钢材的强度、硬度、耐磨性及耐蚀性提高。

5. 硫

硫也是钢的有害杂质，来源于炼钢原料。硫在钢的热加工时易引起钢的脆裂，称为热脆性。硫的存在还使钢的冲击韧性、疲劳强度、可焊性及耐蚀性降低，即使微量存在也对钢有害，因此硫的含量要严格控制。

6. 氧、氮

氧、氮也是钢中的有害元素，它们会显著降低钢的塑性和韧性，以及冷弯性能和可焊性能。

7. 铝、钛、钒

铝、钛、钒均是炼钢时的强脱氧剂，也是合金钢常用的合金元素。适量加入到钢内，可改善钢的组织，细化晶粒，显著提高强度和改善韧性。

7.4　钢材的冷加工与热处理

7.4.1　冷加工强化

冷加工指钢材在再结晶温度下（一般为常温）进行的机械加工，如冷拉、冷拔或冷轧等。

将钢材在常温下进行冷加工，使其产生塑性变形，从而提高屈服强度，相应降低塑性、韧性的过程称为冷加工强化或冷加工强化处理。通常冷加工变形越大，则强化越明显，即屈服强度提高越多，而塑性和韧性下降也越大。

冷加工强化是由于钢材在冷加工变形时，发生晶粒变形、破碎和晶格歪扭，从而导致钢材屈服强度提高，塑性降低。另外，由于塑性变形中产生内应力，故钢材的弹性模量降低。

1. 冷拉

冷拉是将钢筋拉至 $\sigma-\varepsilon$ 曲线的强化阶段内任一点 K 处，然后缓慢卸去荷载，则当再度加载时，其屈服强度将有所提高，而其塑性变形能力将有所下降。钢筋冷拉后屈服点一般可提高 20%～25%。

2. 冷拔

冷拔是将光圆钢筋通过硬质合金拔丝模孔强行拉拔。冷拔作用比纯冷拉的作用强烈，钢筋不仅受拉，而且同时受到挤压作用。经过一次或多次冷拔后得到的冷拔低碳钢丝屈服点可提高40％～60％，但失去软钢的塑性和韧性，而具有硬钢的特点。

3. 冷轧

冷轧是将圆钢在冷轧机上轧成断面形状规则的钢筋，可提高其强度及与混凝土的黏结力。钢筋在冷轧时，纵向与横向同时产生变形，因而能较好地保持塑性和内部结构的均匀性。

建筑工程中大量使用的钢筋采用冷加工强化具有明显的经济效益。经过冷加工的钢材，可适当减小钢筋混凝土结构设计截面，或减小混凝土中配筋数量，从而达到节约钢材的目的。钢筋冷拉还有利于简化施工程序。冷拉盘条钢筋可省去开盘和调直工序，冷拉直条钢筋则可与矫直、除锈等工序一并完成。但冷拔钢丝的屈强比较大，相应的安全储备较小。

7.4.2 时效处理

将冷加工处理后的钢筋在常温下存放15～20d（自然时效），或加热至100～200℃后保持一定时间（人工时效），其屈服强度进一步提高，且抗拉强度也提高，同时塑性和韧性进一步降低，弹性模量则基本恢复。这个过程称为时效处理。

钢材经冷加工和时效处理后，其性能变化的规律明显地在应力—应变图上得到反映，如图7-9所示。

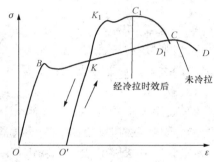

图7-9 钢筋经冷拉时效后应力—应变图的变化

图7-9中OBCD为未经冷拉和时效处理试件的 $\sigma-\varepsilon$ 曲线。当试件冷拉至超过屈服强度的任意一个K点时卸载，此时由于试件已经产生塑性变形，曲线沿 KO' 下降，KO' 大致与BO平行。如果立即重新拉伸，则新的屈服点将提高至K点，以后的 $\sigma-\varepsilon$ 曲线将与原来的曲线KCD相似。如果在K点卸载后不立即拉伸，而将试件进行自然时效或人工时效，然后再拉伸，则其屈服点进一步提高导 K_1 点，继续拉伸时曲线沿 $K_1C_1D_1$ 发展。这表明冷拉和时效处理后，屈服强度得到进一步提高，抗拉强度也有所提高，塑性和韧性则相应降低。

7.4.3 热处理

热处理是将钢材按规定的温度，进行加热、保温和冷却处理，以改变其组织，进而得到所需要的性能的一种工艺。热处理包括淬火、回火、退火和正火。钢材热处理示意图如图7-10所示。

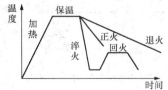

图7-10 钢材热处理示意图

1. 退火

将钢材加热至基本组织转变温度以下（低温退火）或以上（完全退火），适当保温后缓慢冷却，以消除内应力，减少缺陷和晶格畸变，使钢的塑性和韧性得到改善。

2. 正火

将钢件加热至基本组织改变温度以上，然后在空气中冷却，使晶格细化，钢的强度提高而塑性有所降低。

3. 淬火

将钢材加热至基本组织改变温度以上，保温后投入水或矿物油中急冷。淬火后，钢材的强度和硬度增加，但塑性和韧性明显下降。

4. 回火

将比较硬脆、存在内应力的钢加热至基本组织改变温度以下（150～650°），保温后按一定制度冷却至室温的热处理方法称为回火。回火后的钢材，内应力消除，硬度降低，塑性和韧性得到改善。

7.5　钢材的标准和选用

常用建筑钢材可分为钢结构用钢和钢筋混凝土结构用钢。前者主要是型钢和钢板，后者主要是钢筋、钢丝、钢绞线等。建筑钢材的原料多为碳素钢和低合金钢。

7.5.1　建筑常用钢种

1. 碳素结构钢

（1）牌号及其表示方法。《碳素结构钢》（GB/T 700—2006）规定，钢的牌号由代表屈服强度的字母、屈服强度数值、质量等级符号、脱氧方法等四部分按顺序组成。

1）以"Q"代表屈服强度。

2）屈服强度数值共分 195MPa、215MPa、235MPa 和 275MPa 四种。

3）质量等级以硫、磷等杂质含量由多到少分别用 A、B、C、D 符号表示。

4）脱氧方法以 F 表示沸腾钢，Z 和 TZ 分别表示镇静钢和特殊镇静钢，Z 和 TZ 在钢的牌号中可以省略。

例如，Q235—A.F 表示屈服强度为 235MPa 的 A 级沸腾钢。

随着牌号的增大，其含碳量增加，强度提高，塑性和韧性降低，冷弯性能逐渐变差。同一钢号内质量等级越高，钢材的质量越好，如 Q235—C 级优于 Q235—A 和 Q235—B 级。

（2）技术性能。根据《碳素结构钢》（GB/T 700—2006），随着牌号的增大，对钢材屈服强度和抗拉强度的要求增大，对伸长率的要求降低。

碳素结构钢的化学成分、力学性能、冷弯性能应符合表 7-1～表 7-3 的规定。

表 7-1　　　　　　　碳素结构钢的化学成分

| 牌号 | 等级 | 化学成分（%） ≤ | | | | | 脱氧方法 |
		C	Mn	Si	S	P	
Q195	—	0.12	0.50	0.30	0.040	0.035	F、Z
Q215	A	0.15	1.20	0.35	0.050	0.045	F、Z
	B				0.045		
Q235	A	0.22	1.40	0.35	0.050	0.045	F、Z
	B	0.20			0.045		
	C	0.17			0.040	0.040	Z
	D				0.035	0.035	TZ

续表

牌号	等级	化学成分（%）　　≤					脱氧方法
		C	Mn	Si	S	P	
Q275	A	0.24			0.050	0.045	F、Z
	B	0.21	1.50	0.35	0.045	0.045	Z
		0.22					
	C	0.2			0.040	0.040	Z
	D				0.035	0.035	TZ

表 7 - 2　　　　　碳素结构钢的力学性能

牌号	等级	拉伸试验												冲击试验	
		屈服强度 σ_s/MPa　≥						抗拉强度 σ_b/MPa	伸长率 δ_5（%）　≥					温度 /℃	V 型冲击功（纵向）/J
		钢材厚度（直径）/mm							钢材厚度（直径）/mm						
		≤16	16～40	40～60	60～100	100～150	150～200		≤40	40～60	60～100	100～150	150～200		
Q195	—	195	185	—	—	—	—	315～430	33					—	—
Q215	A	215	205	195	185	175	165	335～450	31	30	29	27	26	—	27
	B													+20	
Q235	A	235	225	215	215	195	185	370～500	26	25	24	22	21	—	27
	B													+20	
	C													0	
	D													-20	
Q275	A	275	265	255	245	225	215	410～540	22	21	20	18	17	—	27
	B													+20	
	C													0	
	D													-20	

注：1. Q195 的屈服强度值仅供参考，不作交货条件。

2. 厚度大于 100mm 的钢材，抗拉强度下限允许降低 20N/mm²。宽带钢（包括剪切钢板）抗拉强度上限不作交货条件。

3. 厚度小于 25mm 的 Q235—B 级钢材，如供方能保证冲击吸收功值合格，经需方同意，可不作检验。

表 7 - 3　　　　　碳素结构钢的工艺性质

牌号	试样方向	冷弯试验 $B=2a$，180°	
		钢材厚度（直径）/mm	
		60	60～100
		弯心直径 d	
Q195	纵	0	—
	横	0.5a	
Q215	纵	0.5a	1.5a
	横	a	2a
Q235	纵	a	2a
	横	1.5a	2.5a
Q275	纵	1.5a	2.5a
	横	2a	3a

注：1. B 为试样宽度，a 为钢材厚度（直径）。

2. 钢材厚度（或直径）大于 100mm 时，弯曲试验由双方协商确定。

（3）用途。

Q195——强度不高，塑性、韧性、加工性能和焊接性能较好，主要用于轧制薄板和盘条等。

Q215——与Q195钢基本相同，其强度稍高，还大量用作管坯、螺栓等。

Q235——强度适中，有良好的承载性，又具有较好的塑性和韧性，可焊性和加工性能也较好，是钢结构常用的牌号，大量制作成钢筋、型钢和钢板用于建筑房屋和桥梁等。Q235良好的塑性可保证钢结构在超载、冲击、焊接、温度应力等不利因素作用下的安全性，因而Q235能满足一般钢结构用钢的要求。Q235—A一般用于承受静荷载作用的钢结构，Q235—B适合用于承受动荷载焊接的普通钢结构，Q235—C适合用于承受动荷载焊接的重要钢结构，Q235—D适合用于低温环境使用的承受动荷载的重要钢结构。

Q275——强度、硬度高，塑性、韧性和可焊性较差，主要用于制作耐磨构件、机械零件和工具。

一般情况下，沸腾钢不得用于直接承受动荷载的焊接结构，不得用于计算温度等于和低于−20℃的非焊接结构，也不得用于计算温度等于和低于−30℃的承受静荷载或间接承受动荷载的焊接结构。

2. 优质碳素结构钢

优质碳素结构钢大部分为镇静钢，对有害杂质含量严格控制，质量稳定，综合性能好，但成本较高。优质碳素结构钢分为普通含锰量（0.35％～0.80％）和较高含锰量（0.70％～1.20％）两大组。

优质碳素结构钢共有31个牌号，表示方法以平均含碳量（以0.01％为单位）、含锰量标注、脱氧程度代号组合而成。例如，牌号为"10F"的优质碳素钢表示平均含碳量为0.10％的沸腾钢；牌号为"45Mn"的表示平均含碳量为0.45％，较高含锰量的镇静钢；牌号为"30"的表示平均含碳量为0.30％，普通含锰量的镇静钢。

优质碳素钢的性能主要取决于含碳量。含碳量高，则强度高，但塑性和韧性降低。在建筑工程中，30～45号钢主要用于重要结构的钢铸件和高强度螺栓等，45号钢用作预应力混凝土锚具，65～80号钢用于生产预应力混凝土用钢丝和钢绞线。

3. 低合金高强度结构钢

低合金高强度结构钢是一种在碳素结构钢的基础上添加总量小于5％的一种或多种合金元素的钢材。合金元素有：硅（Si）、锰（Mn）、钒（V）、铌（Nb）、铬（Cr）、镍（Ni）及稀土元素等。

（1）牌号。根据《低合金高强度结构钢》（GB/T 1591—2008）的规定，低合金高强度结构钢分为Q345、Q390、Q420、Q460、Q500、Q550、Q620和Q690共八个牌号。根据硫、磷等有害杂质的含量，Q345、Q390和Q420分为A、B、C、D和E五个等级；Q460、Q500、Q550、Q620和Q690分为C、D和E三个等级。

低合金钢均为镇静钢，其牌号由代表钢材屈服强度的字母"Q"，屈服强度值和质量等级符号三个部分按顺序组成。

例如，Q345—B表示屈服强度不小于345MPa，质量等级为B级的低合金高强度结构钢。

（2）技术性能与应用。根据《低合金高强度结构钢》（GB/T 1591—2008）的规定，表

7-4～表 7-7 中分别列出了低合金高强度结构钢的化学成分与力学性能。

表 7 - 4　　　　　　　　　　低合金高强度结构钢的化学成分

牌号	质量等级	化学成分（%）													
		C	Si	Mn	P	S	Nb	V	Ti	Cr	Ni	Cu	N	Mo	B	Als
							≤									≥
Q345	A	0.20	0.50	1.70	0.035	0.035	0.07	0.15	0.20	0.30	0.50	0.30	0.012	0.10	—	—
	B				0.035	0.035										
	C				0.030	0.030										
	D	0.18			0.030	0.025										0.015
	E				0.025	0.020										
Q390	A	0.20	0.50	1.70	0.035	0.035	0.07	0.20	0.20	0.30	0.50	0.30	0.015	0.10	—	—
	B				0.035	0.035										
	C				0.030	0.030										
	D				0.030	0.025										0.015
	E				0.025	0.020										
Q420	A	0.20	0.50	1.70	0.035	0.035	0.07	0.20	0.20	0.30	0.80	0.30	0.015	0.20	—	—
	B				0.035	0.035										
	C				0.030	0.030										
	D				0.030	0.025										0.015
	E				0.025	0.020										
Q460	C	0.20	0.60	1.80	0.030	0.030	0.11	0.20	0.20	0.30	0.80	0.55	0.015	0.20	0.004	0.015
	D				0.030	0.025										
	E				0.025	0.020										
Q500	C	0.18	0.60	1.80	0.030	0.030	0.11	0.12	0.20	0.60	0.80	0.55	0.015	0.20	0.004	0.015
	D				0.030	0.025										
	E				0.025	0.020										
Q550	C	0.18	0.60	2.00	0.030	0.030	0.11	0.12	0.20	0.80	0.80	0.80	0.015	0.30	0.004	0.015
	D				0.030	0.025										
	E				0.025	0.020										
Q620	C	0.18	0.60	2.00	0.030	0.030	0.11	0.12	0.20	1.00	0.80	0.80	0.015	0.30	0.004	0.015
	D				0.030	0.025										
	E				0.025	0.020										
Q690	C	0.18	0.60	2.00	0.030	0.030	0.11	0.12	0.20	1.00	0.80	0.80	0.015	0.30	0.004	0.015
	D				0.030	0.025										
	E				0.025	0.020										

注：1. 型材及棒材 P、S 含量可提高 0.005%，其中 A 级钢上限可为 0.045%。

　　2. 当细化晶粒元素组合加入时，20（Nb+V+Ti）≤0.22%，20（Mo+Cr）≤0.30%。

表 7 - 5　钢材的拉伸性能

拉伸试验项目：下屈服强度 R_{eL}/MPa（以下公称厚度（直径、边长））、抗拉强度 R_m/MPa（以下公称厚度（直径、边长））、断后伸长率 A（%）（公称厚度（直径、边长））。

牌号	质量等级	R_{eL} ≤16mm	>16~40mm	>40~63mm	>63~80mm	>80~100mm	>100~150mm	>150~200mm	>200~250mm	>250~400mm	R_m ≤40mm	>40~63mm	>63~80mm	>80~100mm	>100~150mm	>150~250mm	>250~400mm	A ≤40mm	>40~63mm	>63~100mm	>100~150mm	>150~250mm	>250~400mm
Q345	A / B / C	≥345	≥335	≥325	≥315	≥305	≥285	≥275	≥265	—	470~630	470~630	470~630	470~630	450~600	450~600	—	≥20	≥19	≥19	≥18	≥17	—
Q345	D / E	≥345	≥335	≥325	≥315	≥305	≥285	≥275	≥265	≥265	470~630	470~630	470~630	470~630	450~600	450~600	450~600	≥21	≥20	≥20	≥19	≥18	≥17
Q390	A / B / C / D / E	≥390	≥370	≥350	≥330	≥330	≥310	—	—	—	490~650	490~650	490~650	490~650	470~620	—	—	≥20	≥19	≥19	≥18	—	—
Q420	A / B / C / D / E	≥420	≥400	≥380	≥360	≥360	≥340	—	—	—	520~680	520~680	520~680	520~680	500~650	—	—	≥19	≥18	≥18	≥18	—	—
Q460	C / D / E	≥460	≥440	≥420	≥400	≥400	≥380	—	—	—	550~720	550~720	550~720	550~720	530~700	—	—	≥17	≥16	≥16	≥16	—	—

续表

牌号	质量等级	下屈服强度 R_{eL}/MPa 以下公称厚度（直径、边长）									抗拉强度 R_m/MPa 以下公称厚度（直径、边长）							断后伸长率 A(%) 公称厚度（直径、边长）					
		≤16mm	>16mm~40mm	>40mm~63mm	>63mm~80mm	>80mm~100mm	>100mm~150mm	>150mm~200mm	>200mm~250mm	>250mm~400mm	≤40mm	>40mm~63mm	>63mm~80mm	>80mm~100mm	>100mm~150mm	>150mm~250mm	>250mm~400mm	≤40mm	>40mm~63mm	>63mm~100mm	>100mm~150mm	>150mm~250mm	>250mm~400mm
Q500	C																						
	D	≥500	≥480	≥470	≥450	≥450	—	—	—	—	610~770	600~760	590~750	540~730	—	—	—	≥17	≥17	≥17	—	—	—
	E																						
Q550	C																						
	D	≥550	≥530	≥520	≥500	≥490	—	—	—	—	670~830	620~810	600~790	590~780	—	—	—	≥16	≥16	≥16	—	—	—
	E																						
Q620	C																						
	D	≥620	≥600	≥590	≥570	—	—	—	—	—	710~880	690~880	670~860	—	—	—	—	≥15	≥15	≥15	—	—	—
	E																						
Q690	C																						
	D	≥690	≥670	≥660	≥640	—	—	—	—	—	770~940	750~920	730~900	—	—	—	—	≥14	≥14	≥14	—	—	—
	E																						

注：1. 当屈服不明显时，可测量 $R_{p0.2}$ 代替下屈服强度。

2. 宽度不小于 600mm 的扁平材，拉伸试验取横向试样；宽度小于 600mm 的扁平材、型材、及棒材取纵向试样，断后伸长率最小值相应提高 1%（绝对值）。

3. 厚度>250mm~400mm 的数值适用于扁平材。

表 7 - 6 夏比（V型）冲击试验的试验温度和冲击吸收能量

牌号	质量等级	试验温度/℃	冲击吸收能量（KV_2）[①]/J 公称厚度（直径、边长）		
			12mm～150mm	>150mm～250mm	>250mm～400mm
Q345	B	20	≥34	≥27	—
	C	0			
	D	-20			27
	E	-40			
Q390	B	20	≥34	—	—
	C	0			
	D	-20			
	E	-40			
Q420	B	20	≥34	—	—
	C	0			
	D	-20			
	E	-40			
Q460	C	0	≥34	—	—
	D	-20			
	E	-40			
Q500、Q550、Q620、Q690	C	0	≥55	—	—
	D	-20	≥47		
	E	-40	≥31		

①冲击试验取纵向试样。

表 7 - 7 弯 曲 试 验

牌号	试样方向	180°弯曲试验 [d=弯心直径，a=试样厚度（直径）] 钢材厚度（直径、边长）	
		≤16mm	>16mm～100mm
Q345	宽度不小于600mm扁平材，拉伸试验取横向试样。宽度小于600mm的扁平材、型材及棒材取纵向试样	2a	3a
Q390			
Q420			
Q460			

低合金高强度结构钢与碳素结构钢相比，具有较高的强度，综合性能好。其强度的提高主要是靠加入合金元素细晶强化和固溶强化来达到。在相同的使用条件下，可比碳素结构钢节省用钢量20%～30%，对减轻结构自重有利。同时还具有良好的塑性、韧性、可焊性、耐磨性、耐蚀性、耐低温性等性能。

低合金高强度结构钢广泛用于钢结构和钢筋混凝土结构中，特别适用于各种重型结构、高层结构、大跨度结构及桥梁工程等。

7.5.2　钢结构用钢材

钢结构用钢材主要是热轧成形的钢板和型钢等，薄壁轻型钢结构中主要采用薄壁型钢、圆钢和小角钢，钢材所用的母材主要是普通碳素结构钢及低合金高强度结构钢。

1. 热轧型钢

钢结构常用的型钢有：工字钢、H 型钢、T 型钢、等边角钢、不等边角钢等。型钢由于截面形式合理，材料在截面上分布对受力最为有利，且构件间连接方便，所以它是钢结构中采用的主要钢材。

工字钢是截面为工字形、腿部内侧有 1∶6 斜度的长条钢材（图 7-11）。工字钢广泛应用于各种建筑结构和桥梁，主要用于承受横向弯曲（腹板平面内受弯）的杆件，但不宜单独用作轴心受压构件或双向弯曲的构件。

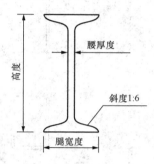

图 7-11　工字钢截面示意图

H 型钢由工字钢发展而来，优化了截面的分布，如图 7-12 所示。与工字钢相比，H 型钢具有翼缘宽，侧向刚度大，抗弯能力强，翼缘两表面相互平行，连接构件方便，省劳力，质量轻，节省钢材等优点。H 型钢截面形状经济合理，力学性能好，常用于要求承载力大、截面稳定性好的大型建筑。

T 型钢由 H 型钢对半剖分而成，如图 7-13 所示。

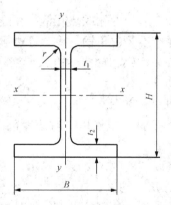

图 7-12　H 型钢、H 型钢桩截面图
H—高度；B—宽度；t_1—腹板厚度；
t_2—翼缘厚度；r—圆角半径

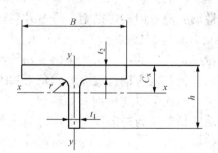

图 7-13　剖分 T 型钢截面图
h—高度；B—宽度；t_1—腹板厚度；t_2—翼缘厚度；
C_x—重心至翼缘边距离；r—圆角半径

根据《热轧 H 型钢和剖分 T 型钢》（GB/T 11263—2010），H 型钢分为四类：宽翼缘 H 型钢（代号 HW）、中翼缘 H 型钢（代号为 HM）、窄翼缘 H 型钢（代号为 HN）和薄壁 H 型钢（代号 HT）；剖分 T 型钢分为三类：宽翼缘剖分 T 型钢（代号为 TW）、中翼缘剖分 T 型钢（代号为 TM）和窄翼缘剖分 T 型钢（代号为 TN）。

H 型钢的规格标记：高度 H×宽度 B×腹板厚度 t_1×翼缘厚度 t_2。

剖分 T 型钢的规格标记：高度 H×宽度 B×腹板厚度 t_1×翼缘厚度 t_2。

角钢是两边互相垂直成直角形的长条钢材，主要用作承受轴向力的杆件和支撑杆件，也可作为受力构件之间的连接零件。

等边角钢的两个边宽相等。规格标记：边宽度×边宽度×厚度。

不等边角钢的两个边宽不相等。规格标记：长边宽度×短边宽度×厚度或"长边宽度/短边宽度。

2. 冷弯薄壁型钢

（1）结构用冷弯空心型钢。空心型钢是用连续辊式冷弯机组生产的，按形状可分为方形空心型钢（代号为 F）和矩形空心型钢（代号为 J），如图 7-14 所示。

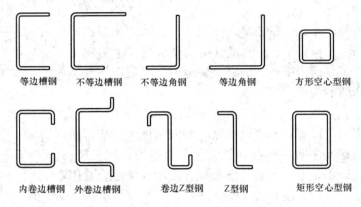

等边槽钢　不等边槽钢　不等边角钢　等边角钢　方形空心型钢

内卷边槽钢　外卷边槽钢　卷边 Z 型钢　Z 型钢　矩形空心型钢

图 7-14　冷弯型钢截面示意图

（2）通用冷弯开口型钢。冷弯开口型钢是用可冷加工变形的冷轧或热轧钢带在连续辊式冷弯机组上生产的，按形状分为 8 种：冷弯等边角钢、冷弯不等边角钢、冷弯等边槽钢、冷弯不等边槽钢、冷弯内卷边槽钢、冷弯外卷边槽钢、冷弯 Z 型钢、冷弯卷边 Z 型钢。

3. 棒材、钢管和板材

（1）棒材。常用的棒材由六角钢、八角钢、扁钢、圆钢和方钢。

热轧六角钢和八角钢是截面为六角形和八角形的长条钢材，规格以"对边距离"表示。建筑钢结构的螺栓常以此种钢材为坯材。

热轧扁钢是截面为矩形并稍带钝边的长条钢材，规格以"厚度×宽度"表示，规格范围为（3mm×10mm）～（60mm×150mm）。扁钢在建筑上用作房架构件、扶梯、桥梁和栅栏等。

热轧圆钢的规格以"直径"（mm）表示，规格范围为 5.5～250；热轧方钢的规格以"边长"（mm）表示，规格范围为 5.5～200。圆钢和方钢在普通钢结构中很少采用，圆钢可用于轻型钢结构，用作一般杆件和连接件。

（2）钢管。钢结构中常用热轧无缝钢管和焊接钢管。钢管在相同截面积下，刚度较大，因而是中心受压杆的理想截面；流线形的表面使其承受风压小，用于高耸结构十分有利。在建筑结构中钢管多用于制作桁架、塔桅等构件，也可用于制作钢管混凝土。钢管混凝土是指在钢管内浇筑混凝土而形成的构件，可使构件承载力大大提高，且具有良好的塑性和韧性，经济效果显著，施工简单、工期短。钢管混凝土可用于厂房柱、构架柱、地铁站台柱、塔柱和高层建筑。

（3）板材。钢板材包括钢板、花纹钢板、建筑用压型钢板和彩色涂层钢板等。

钢板是矩形平板状的钢材，可直接轧制成或由宽钢带剪切而成，按轧制方式分为热轧钢板和冷轧钢板。钢板规格表示方法为宽度×厚度×长度（单位为 mm）。钢板分厚板（厚度＞4mm）和薄板（厚度≤4mm）两种。厚板主要用于结构，薄板主要用于屋面板、楼板和墙板等。在钢结构中，单块钢板一般较少使用，而是几块板组合成工字形、箱形等结构承受荷载。

7.5.3　混凝土结构用钢

混凝土具有较高的抗压强度，但抗拉强度很低。用钢筋增强混凝土抗拉强度，可大大扩展混凝土的应用范围，而混凝土又对钢筋起保护作用。钢筋混凝土结构的钢筋主要由碳素结构钢、低合金高强度结构钢和优质碳素钢制成，包括有：

1. 热轧钢筋

热轧钢筋是建筑工程中用量最大的钢材品种之一，主要用于钢筋混凝土结构和预应力钢筋混凝土结构的配筋。

热轧钢筋表面形状分为光圆钢筋和带肋钢筋，其中带肋钢筋有月牙肋钢筋和等高肋钢筋等，如图 7-15 所示。带肋钢筋需符合国家标准《钢筋混凝土用钢 第 2 部分：热轧带肋钢筋》（GB 1499.2—2007）的规定，光圆钢筋需符合国家标准《钢筋混凝土用钢第 1 部分：热轧光圆钢筋》（GB 1499.1—2008）的规定，其力学性能和工艺性能规定见表 7-8。

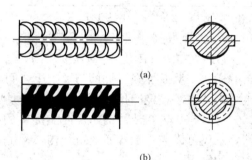

图 7-15　带肋钢筋
（a）月牙肋钢筋；（b）等高肋钢筋

热轧光圆钢筋的牌号用 HPB300 表示。它的强度较低，但具有塑性好，伸长率高，便于弯折成形，容易焊接等优点。它的使用范围很广，可用作中、小型钢筋混凝土结构的主要受力钢筋，构件的箍筋，钢、木结构的拉杆等，可作为冷轧带肋钢筋的原材料、盘条，还可作为冷拔低碳钢丝的原材料。

热轧带肋钢筋按屈服强度特征值分为 335、400、500 级，有 HRB335、HRBF335、HRB400、HRBF400、HRB500、HRBF500 六个牌号。H、R、B、F 分别为热轧（Hot rolld）、带肋（Ribbed）、钢筋（Bars）、细（Fine）四个词的英文首位字母。带肋钢筋表面轧有通长的纵肋（平行于钢筋轴线的均匀连续肋）和均匀分布的横肋（与纵肋不平行的其他肋），从而加强了钢筋与混凝土之间的黏结力，可有效防止混凝土与配筋之间发生相对位移。

表 7-8　　　　　　　　　　　热轧钢筋的力学性能和工艺性能

表面形状	牌号	公称直径 d/mm	屈服强度 R_{eL}/MPa	抗拉强度 R_m/MPa	断后伸长率 A（%）	最大力总伸长率 R_{gt}（%）	弯曲试验弯心直径
			≥				
光圆	HPB235	6~22	235	370	25.0	10.0	$d=a$
	HPB300		300	420			

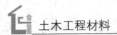

续表

表面形状	牌号	公称直径 d/mm	屈服强度 R_{eL}/MPa	抗拉强度 R_m/MPa	断后伸长率 A（%）	最大力总伸长率 R_{gt}（%）	弯曲试验 弯心直径
			≥				
月牙肋	HRB335 HRBF335	6～25	335	455	17		$d=3a$
		28～40					$d=4a$
		>40～50					$d=5a$
	HRB400 HRBF400	6～25	400	540	16	7.5	$d=4a$
		28～40					$d=5a$
		>40～50					$d=6a$
	HRB500 HRBF500	6～25	500	630	15		$d=6a$
		28～40					$d=7a$
		>40～50					$d=8a$

注：1. 弯曲试验的弯曲角度为180°。
2. 表中 d 为弯心直径，a 为钢筋公称直径。

HRB335 和 HRB400 钢强度较高，塑性和可焊性较好。钢筋表面轧有通长的纵肋和分布的横肋，从而加强了钢筋与混凝土之间的黏结力。这两种钢筋广泛用于大、中型钢筋混凝土结构的主筋，经冷拉处理后也可作为预应力筋。

HRB500 热轧带肋钢筋是性能优良的高强度螺纹钢筋，是中国目前最高等级的热轧钢筋，不仅可以应用到普通建筑结构，又可满足高层、超高层建筑和大型框架结构等对搞强度钢筋的需求。

2. 冷轧带肋钢筋

冷轧带肋钢筋是由热轧圆盘条经冷轧后，在其表面带有沿长度方向均匀分布的三面或两面横肋的钢筋。根据国家标准《冷轧带肋钢筋》（GB 13788—2008）的规定，冷轧带肋钢筋的牌号由 CRB 和钢筋的抗拉强度最小值构成。C，R，B 分别为冷轧（Cold rolled）、带肋（Ribbed）、钢筋（Bars）三个词的英文首位字母。冷轧带肋钢筋分为 CRB550、CRB650、CRB800、CRB970 四个牌号。CRB550 为普通钢筋混凝土用钢筋，其他牌号为预应力混凝土用钢筋。CRB550 钢筋的公称直径范围 4～12mm，CRB650 及以上牌号钢筋的公称直径为4mm、5mm、6mm。

3. 预应力混凝土用热处理钢筋

预应力混凝土用热处理钢筋是用热轧带肋钢筋经淬火和回火调质处理而成的，按外形分为有纵肋和无纵肋两种（都有横肋）。通常直径有 6mm、8.2mm、10mm 三种规格，条件屈服强度、抗拉强度和伸长率 δ_{10} 分别不小于 1325MPa、1470MPa 和 6%，1000h 应力损失不大于 3.5%。具有强度高、韧性高、黏结力好和塑性降低小等优点，特别适用于预应力混凝土构件。

4. 预应力混凝土用钢丝和钢绞线

预应力混凝土用钢丝是以优质碳素结构钢盘条为原料制成的，其抗拉强度比钢筋混凝土用热轧钢筋高许多，在构件中采用预应力钢丝可收到节省钢材、减小构件断面和节省混凝土的效果，主要用于桥梁、吊车梁、大跨度屋架、管桩等预应力钢筋混凝土构件中。

国家标准《预应力混凝土用钢丝》（GB/T 5223—2002）规定，钢丝按加工状态分为冷拉钢丝（代号为 WCD）和消除应力钢丝两类。消除应力钢丝按松弛性能又分为低松弛钢丝（代号为 WLR）和普通松弛钢丝（代号为 WNR）。钢丝按外形分为光圆钢丝（代号为 P）、螺旋肋钢丝（代号为 H）和刻痕钢丝（代号为 I）三种。

预应力混凝土用钢绞线是用冷拉光圆钢丝或冷拉刻痕钢丝捻制而成。《预应力混凝土用钢绞线》（GB/T 5224－2003）规定，钢绞线按结构分为 5 类：用两根光圆钢丝捻制的钢绞线，代号为 1×2；用三根光圆钢丝捻制的钢绞线，代号为 1×3；用三根刻痕钢丝捻制的钢绞线，代号为 1×3Ⅰ；用七根光圆钢丝捻制的标准型钢绞线，代号为 1×7；用七根光圆钢丝捻制又经模拔的钢绞线代号为（1×7）C。

预应力钢丝和钢绞线具有强度高、柔韧性好、质量稳定、成盘供应无需接头等优点。适用于大荷载、大跨度、曲线配筋的预应力钢筋混凝土结构。

7.6 钢材的腐蚀与防护

7.6.1 钢材的腐蚀

钢材表面与周围介质发生化学作用或电化学作用而遭到侵蚀的过程称为钢材的腐蚀（锈蚀）。

腐蚀不仅使钢材有效面积均匀减小，还会产生局部锈坑，引起应力集中，而且腐蚀会显著降低钢的强度、塑性、韧性等力学性能。

钢材腐蚀的主要影响因素有环境湿度、侵蚀性介质性质及数量、钢材材质及表面状况等。

根据钢材与环境介质的作用原理，腐蚀可分为化学腐蚀和电化学腐蚀两类。

1. 化学腐蚀

化学腐蚀是指钢材直接与周围介质发生化学作用而产生的腐蚀。这种腐蚀多数是氧化作用，使钢材表面形成疏松的铁氧化物。在干燥环境中化学腐蚀的速度缓慢，当温度高和湿度大时腐蚀速度大大加快。

2. 电化学腐蚀

电化学腐蚀是指由于钢材与电解质溶液接触而产生电流，形成微电池而引起的腐蚀。

钢材由不同的晶体组织构成，并含有杂质，由于这些成分的电极电位不同，当有电解质溶液（如水）存在时，就会在钢材表面形成许多微小的局部原电池。整个电化学腐蚀过程如下：

阳极区：$Fe = Fe^{2+} + 2e$（铁溶解，即铁被腐蚀，并放出电子）

阴极区：$2H_2O + 2e + 1/2O_2 = 2OH^- + H_2O$（消耗电子，氧被还原）

溶液区：$Fe^{2+} + 2OH^- = Fe(OH)_2$（生成铁锈，体积膨胀）

$4Fe(OH)_2 + O_2 + 2H_2O = 4Fe(OH)_3$（进一步氧化，体积再膨胀）

水是弱电解质溶液，而溶有 CO_2 的水则成为有效的电解质溶液，从而加速电化学腐蚀的过程。钢材在大气中的腐蚀，实际上是化学腐蚀和电化学腐蚀的共同作用所致，但以电化学腐蚀为主。

7.6.2 钢材的防护

1. 钢材腐蚀的防护

钢材的腐蚀既有内因（材质）又有外因（环境介质的作用），因此要防止或减少钢材的腐蚀可以从改变钢材本身的易腐蚀性、隔离环境中的侵蚀性介质或改变钢材表面的电化学过程三个方面入手。

（1）合金化。钢材的化学成分对耐腐蚀性有很大影响。如在钢中加入合金元素铜、铬、镍、钼等，制成不锈钢，可以提高耐腐蚀能力。

（2）涂敷保护层。金属保护层是用耐腐蚀性好的金属，以电镀或喷镀的方法覆盖在钢材表面，提高钢材的耐腐蚀能力。常用方法有：镀锌（如白铁皮）、镀锡（如马口铁）、镀铜和镀铬等。根据防腐的作用原理可分为阴极覆盖和阳极覆盖。

非金属保护层是在钢材表面用非金属材料作为保护膜，与环境介质隔离，以避免或减缓腐蚀。如喷涂涂料，搪瓷和塑料等。

（3）电化学保护法。对于不易涂覆保护层的钢结构，如地下管道、港口结构等，可采取阳极保护或阴极保护。

阳极保护法是在钢结构的附近埋设一些废钢铁，外加直流电源，将阴极接在被保护的钢结构上，阳极接在废钢铁上，通电后废钢铁成为阳极而被腐蚀，钢结构成为阴极而得到保护。

阴极保护法是在被保护的钢结构上连接一块比钢铁更活泼的金属，如锌、镁，使锌、镁成为阳极而被腐蚀，钢结构成为阴极而被保护。

（4）掺入阻锈剂。在土木工程中大量应用的钢筋混凝土中的钢筋，由于水泥水化后产生大量的氢氧化钙使正常的混凝土中 pH 值约为 12，这样在钢材表面能形成碱性氧化膜（钝化膜），对钢筋起保护作用。若混凝土碳化后，由于碱度降低（中性化）会失去对钢筋的保护作用。此外，混凝土中氯离子达到一定浓度，也会严重破坏钢筋表面的钝化膜。

为防止钢筋锈蚀，应保证混凝土的密实度以及钢筋外侧混凝土保护层的厚度，并使用混凝土用钢筋阻锈剂，预应力混凝土应禁止使用含氯盐的集料和外加剂。

2. 钢材的防火

钢是不燃性材料，但这并不表明钢材能够抵抗火灾。耐火试验与火灾案例表明：以失去支持能力为标准，无保护层时钢柱和钢屋架的耐火极限只有 0.25h，而裸露钢梁的耐火极限为 0.15h。温度在 200℃以内，可以认为钢材的性能基本不变；超过 300℃以后，弹性模量、屈服点和极限强度均开始显著下降，应变急剧增大；达到 600℃时已经失去承载能力。所以，没有防火保护层的钢结构是不耐火的。

钢结构防火保护的基本原理是采用绝热或吸热材料，阻隔火焰和热量，推迟钢结构的升温速率。防火方法以包覆法为主，即以防火涂料、不燃性板材或混凝土和砂浆将钢构件包裹起来。

知 识 链 接

1. 建桥用的金属材料漫谈

人类最早用来建桥的金属材料是铁。我国早在汉代（公元 65 年），曾在四川泸州用铁链建造了规模不大的吊桥。世界上第一座铸铁桥为 1779 年在英国建造的 COALEROOKDALE 桥，该桥 1934 年已禁止车辆通行。1878 年英国曾用铸铁在北海的 Tay 湾上建造全长 3160m，单跨 73.5m 的跨海大桥，采用梁式桁架结构，在石材和砖砌筑的基础上以铸铁管做桥墩，建成不到两年，一次台风夜袭，加之火车冲击荷载的作用，铸铁桥碰脆断，桥梁倒塌，车毁人亡，教训惨痛。此后人们研究和比较了钢材与铸铁，发现钢材不仅具有高的抗压强度，还具有高的抗拉强度和抗冲击韧性，更适合建桥。人类 1791 年首先使用钢材建造人行桥。德国人将英国的 IRON 铸铁拱桥按比例缩为 1/4，以钢材建造。人类总结了两百多年使用钢材建桥的经验，现在悬索桥已成为特大跨径桥梁的主要形式。

2. 钢结构的防火及防袭击

钢结构建筑有许多优点，与钢筋混凝土相比，有更好的抗震、防腐、耐久、环保和节能效果，可实现构架的轻量化和构件的大型化，施工也较简便。但同时也存在不少缺点，其中较突出的一点是防火问题。美国纽约的世贸大厦为钢结构，2001 年 9 月 11 日被恐怖主义者袭击而倒塌，这给人们提出了钢结构防火、防袭击破坏的新课题。一些钢结构建筑原已考虑到防火问题，为此在钢材表面涂防火涂料层，以延缓钢结构构件温度升高至临界屈服或破坏温度，提高结构的耐火极限和建筑物的防火等级，同时兼备减少热损失、节能的作用。但已涂覆防火涂料的世贸大厦遇袭后短时间即坍塌。故解决此问题不应仅仅着眼于防火涂料的改进，从发散思维的角度还可以考虑钢材本身性能的改进，如通过与无机非金属材料的复合，提高钢结构材料本身的防火等方面的能力；还可以设想研究材料或结构本身的自灭火性能，或者考虑如何综合多种因素选用土木工程材料，以增强重要建筑的防火、防袭的能力。

工程实例分析

 ［实例 7-1］ 北海油田平台倾覆

工程背景

1980 年 3 月 27 日，北海爱科菲斯科油田的 A. L. 基尔兰德号平台突然从水下深处传来一次震动，紧接着一声巨响，平台立即倾斜，短时间内翻入海中，致使 123 人丧生，造成巨大的经济损失。

原因分析

现代海洋钢结构如移动式钻井平台，特别是固定式桩基平台，在恶劣的海洋环境中受风浪和海流的长期反复作用和冲击振动；在严寒海域长期受流冰等的冲击碰撞；另外低温作用以及海水腐蚀介质的作用等都给钢结构平台带来极为不利的影响。突出问题就是海洋钢结构的脆性断裂和疲劳破坏。

上述事故的调查分析显示，事故原因是撑杆中水声器支座疲劳裂纹萌生、扩展，导致撑杆迅速断裂。由于撑杆断裂，使相邻 5 个支杆超载破坏，接着所支撑的承重脚柱破坏，使平台 20min 内全部倾覆。

[实例 7-2] 钢结构运输廊道倒塌

工程背景

前苏联某钢铁厂仓库运输廊道为钢结构，于某日倒塌。经检查可知：杆件发生断裂的位置在应力集中处的节点附近的整块母材上，桁架腹板和弦杆所有安装焊接接头均未破坏；全部断口和拉断处都很新鲜，未发黑、无锈迹。所用钢材为前苏联国家标准CT3号沸腾钢。

原因分析

切取部分母材作化学成分分析，碳、硫含量均超过前苏联国家标准焊接结构所用CT3号沸腾钢的碳硫含量规定，其中55%的沸腾钢中碳平均含量超过0.22%的标准规定，破坏发生部位附近含量达0.308%，经组织研究也证实了含碳过高的化学分析。另外32%的试样硫含量超过0.055%的标准规定，在折断部位含硫量达0.1%。碳对钢的性能有重要影响。碳含量增加，钢强度、硬度增高，塑性和韧性降低，且增大了钢的冷脆型，降低可焊性。而硫多数以FeS形式存在，是强度较低、较脆的夹杂物，受力易引起应力集中，降低钢的强度及疲劳强度，且对热加工和焊接不利，偏析也严重。此钢材不宜焊接，且使用的环境温度较低，是导致工程质量事故的主要原因。

习　　　题

一、单项选择题

1. 碳素结构钢中，尤其适用于较低温度下使用的钢号为（　　）。
   A. Q235—A　　　　B. Q235—B　　　　C. Q235—C　　　　D. Q235—D

2. 低合金高强度结构钢特别适用于（　　）。
   A. 不受动荷载作用的重型结构　　　　B. 不受动荷载作用的大跨结构
   C. 不受动荷载作用的高层、大跨结构　D. 重型、高层及大跨结构

3. 钢材的基本组织中，强度较高的为（　　）。
   A. 奥氏体　　　　B. 珠光体　　　　C. 铁素体　　　　D. 渗碳体

4. 钢材中，可明显增加其热脆性的化学元素为（　　）。
   A. 碳　　　　　　B. 磷　　　　　　C. 硫　　　　　　D. 锰

5. 钢绞线主要用于（　　）。
   A. 小构件配筋　　　　　　　　　　　B. 普通混凝土配筋
   C. 大尺寸预应力混凝土构件　　　　　D. 小尺寸预应力混凝土构件

6. 选用碳素结构钢的依据为（　　）。
   A. 荷载类型、连接方式
   B. 荷载类型、连接方式、环境温度
   C. 荷载类型、环境温度
   D. 连接方式、环境温度

7. 钢材中含量在1%以内时，可明显提高强度，但对塑性和韧性影响不大的元素为（　　）。
   A. 磷　　　　　　B. 硅　　　　　　C. 碳　　　　　　D. 氮

8.（　　）是用于衡量钢材塑性好坏的。

    A. 屈服强度　　　　B. 抗拉强度　　　　C. 冲击韧性　　　　D. 冷弯性能

9. 建筑钢材随着含碳量的增加，其（　　）。

    A. 塑性、韧性及可焊性降低，强度和硬度提高

    B. 塑性、韧性及可焊性提高，强度和硬度提高

    C. 塑性、韧性及可焊性降低，强度和硬度降低

    D. 塑性、韧性及可焊性提高，强度和硬度降低

10. 钢结构设计时，碳素结构钢以（　　）强度作为设计计算的取值依据。

    A. σ_p　　　　　　B. σ_s　　　　　　C. σ_b　　　　　　D. $\sigma_{0.2}$

二、填空题

1. 建筑钢材随着含碳量的增加，其强度＿＿＿＿＿＿、塑性＿＿＿＿＿＿。

2. 钢材的锈蚀有＿＿＿＿＿＿和＿＿＿＿＿＿两种类型。

3. 钢材的冲击韧性随温度的下降而降低，当环境温度降至一定的范围时，钢材冲击韧性 α_K 值＿＿＿＿＿＿，这时钢材呈脆性，这时的温度称之为钢材的＿＿＿＿＿＿。

4. 钢筋经冷加工及时效处理后，塑性和韧性＿＿＿＿＿＿。

5. 低合金高强度结构钢与碳素钢比，其机械强度较高，耐低温性＿＿＿＿＿＿。

6. 低合金高强度结构钢的牌号主要由＿＿＿＿＿＿、＿＿＿＿＿＿和＿＿＿＿＿＿三部分组成。

7. 低碳钢拉伸中经历了＿＿＿＿＿＿、＿＿＿＿＿＿、＿＿＿＿＿＿、＿＿＿＿＿＿四个阶段。

8. 钢筋经＿＿＿＿＿＿处理后，可提高钢筋屈服点。

9. 钢筋进行冷加工时效处理后屈强比＿＿＿＿＿＿。

10. 低碳钢的含碳量为＿＿＿＿＿＿。

第8章 建 筑 塑 料

本章主要阐述聚合物的基础知识、塑料的组成与特点，介绍了建筑塑料的分类及主要性能，并简要介绍了塑料型材及管材以及塑料系复合材料。

8.1 建筑塑料的组成和特点

塑料是以合成的或天然的高分子有机化合物为主要原料，在一定条件下塑化成形，且在常温下保持产品形状不变的材料。常见的高分子有机化合物有合成树脂、天然树脂、纤维素酯和沥青等，常用各种合成树脂作为塑料的主要原料。

塑料是 20 世纪后半叶开始大量应用的一种新型建筑材料。塑料具有自重轻、变形性能好、色彩丰富以及保温、隔热、绝缘和装饰效果好等优点。近年来，塑料工业发展较快，产量逐年增长，成本逐年下降，在建筑中的应用不断扩大。

8.1.1 建筑塑料的组成

塑料的基本成分是聚合物，其他成分是填料、增塑剂、稳定剂和着色剂等。有的塑料仅由聚合物组成，例如，由聚甲基丙烯酸甲酯树脂制成的塑料（俗称"有机玻璃"），称为单成分塑料，包括合成树脂、填充料、增塑剂、硬化剂和着色剂等多种成分的塑料称为多成分塑料。

1. 聚合物

聚合物是塑料的主要成分，一般含量为 $40\% \sim 100\%$，成形后能在制品中成为均一的连续相，能将各种添加剂黏结在一起，并赋予制品必要的物理机械性能。聚合物的性能在很大程度上取决于塑料的性能。因此，塑料的名称也按其所含有的聚合物的名称来命名。

（1）聚合物的体型。聚合物是由一种或多种有机小分子通过主价键一个接一个地连接而成的链状或网状分子，分子量都在 10 000 以上，有的高达数十万乃至数百万。例如，聚氯乙烯（分子量为 44）聚合而成的高分子聚氯乙烯分子量在 50 000~150 000。

聚合物最简单的连接方式呈线型，在其两侧还可以形成一些支链。许多线型或支链型大分子由化学键连接而成体型结构，如图 8-1 所示。

（2）聚合反应。由低分子单体合成聚合物的反应称作聚合反应，按单体和聚合物在组成和结构上发生的变化分为加聚反应和缩聚反应。

由单体加成而聚合起来的反应称为加聚反应，其产物称为加聚物。例如，乙烯加聚成聚乙烯：$nC_2H_2 \rightarrow (C_2H_2)_n$。其中，$n$ 表示聚合度。加聚物多在其单体前面冠以"聚"字命名，如聚乙烯、聚氯乙烯等。加聚物的结构大多为线型。

由两种或两种以上带有官能团（H—、—OH、Cl—、—NH$_2$、—COOH）的单体共聚，

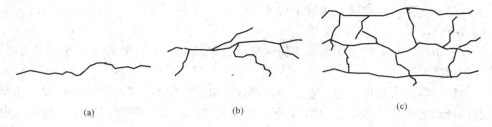

图 8-1 聚合物的分子形状

(a) 线型；(b) 支链型；(c) 体型

同时产生低分子副产物（如水、醇、氨或氯化氢等）的反应叫缩聚反应，其生成的聚合物叫缩聚物。缩聚物通常取其单体的简名，后面加上"树脂"二字来命名，如苯酚与甲醛的缩聚物称为酚醛树脂。缩聚物的结构为线型或体型。

（3）聚合物的物理状态。有些聚合物处于完全无定形状态，有些处于结晶状态，但结晶度不能达到 100%，往往是许多小晶区与无定形相交织在一起。

结晶性塑料通常随结晶度的提高，其密度、弹性模量、抗拉强度、表面硬度、耐热性等都随之提高，而抗冲击强度、断裂伸长率、透光性、溶解度等则相应下降。

（4）聚合物的熔点和玻璃化温度。熔点 T_m 是结晶聚合物的主要热转变温度，而玻璃化温度 T_g 是无定形聚合物的热转变温度。如图 8-2 所示。

无定形聚合物形变与温度的关系如图 8-2 所示。在 T_g 以下，聚合物处于玻璃态，体系黏度很大，形变随温度的变化很小。当加热到 T_g 时，在外观上聚合物从硬脆的固体变得较为柔韧，类似橡胶，即进入了高弹态。聚合物在高弹态，形变随温度的变化很小。温度继续升高超过黏流温度 T_f 时，聚合物呈现黏性和可流动的黏流态。

对于结晶化的聚合物，其形变与温度的关系如图 8-3 所示。结晶聚合物中虽然有无定形相存在，但由于结晶相承受的应力要比非结晶相大得多，所以在 T_g 温度并不发生显著改变，只有到了熔点 T_m，晶格被破坏，晶区熔融，聚合物直接进入粘流态（曲线 1 所示），或先进入高弹态后再进入黏流态（曲线 2 所示）。

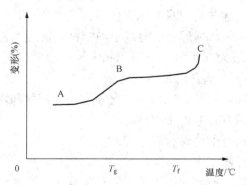

图 8-2 无定形聚合物的形变—温度曲线

A—玻璃态；B—高弹态；C—黏流态

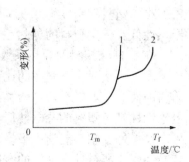

图 8-3 结晶聚合物的温度—形变曲线

T_g 和 T_m 是聚合物使用时耐热性的重要指标，甚至也是聚合物其他性能的重要指标。塑料处于玻璃态或部分结晶态，T_g 是无定形聚合物使用上限温度，T_m 则是高度结晶聚合物的使用上限温度。实际使用时，将处于比 T_g 或 T_m 更低的温度。

2. 添加剂

为了改善塑料的某些性能而加入的物质统称为添加剂。不同塑料所加入的添加剂不同，常用的添加剂类型有：

(1) 填料。填料又称填充剂，它是绝大多数建筑塑料制品中不可缺少的原料，填料又常占塑料组成材料的 $40\%\sim70\%$。其作用有：提高塑料的强度和刚度；减少塑料在常温下的蠕变现象及改善热稳定性；在某些建筑塑料中，填料还可以提高塑料制品的耐磨性、导热性、导电性及阻燃性，并可改善加工性能。常用的填充料有木屑、滑石粉、石灰石粉、炭黑、铝粉和玻璃纤维等。

(2) 增塑剂。增塑剂在塑料中掺加量不多，但是不可缺少的助剂之一。其作用为：提高塑料加工时的可塑性及流动性；改善塑料制品的柔韧性。常用的增塑剂有：用于改善加工性能及常温柔韧性的邻苯二甲酸二丁酯（DBP），邻苯二甲酸二辛酯（DOP），属于耐寒增塑剂的脂肪族二元酸酯类增塑剂等。

(3) 硬化剂。硬化剂又称固化剂，其主要作用是使线型高聚物交联成体型高聚物，使树脂具有热固性。例如，酚醛树脂常用的六亚甲基四胺，环氧树脂常用的胺类、酸酐类及高分子类。

(4) 着色剂。着色剂可使塑料具有鲜艳的色泽、光泽，增加塑料制品的美感和装饰性。常用的着色剂是一些无机和有机颜料。对着色剂的性能要求主要有相容性、纯度、抗热性、抗溶剂性、与树脂之间的反应性，以及不透明性、不褪色性等，同时要求成本要尽量低。

(5) 稳定剂。为防止某些塑料在热、光及其他条件作用下过早老化而加入的少量物质称为稳定剂。常用的稳定剂有抗氧化剂和紫外线吸收剂。

除以上组分外，在塑料生产中还常常加入一定量的其他添加剂，使塑料制品的性能更好，用途更加广泛。例如，使用发泡剂可以获得泡沫塑料，使用阻燃剂可以获得阻燃塑料。

8.1.2 建筑塑料的特点

与钢材、混凝土等传统的建筑材料相比，建筑塑料具有以下优点：

(1) 密度小。塑料的密度为 $0.9\sim2.2\text{g/cm}^3$，远远小于混凝土和钢材的密度。

(2) 导热性低。密实塑料的导热系数一般为 $0.12\sim0.80\text{W/(m·K)}$，大约为金属材料的 $1/600\sim1/500$。泡沫塑料的导热系数更小，是优良的绝热材料。

(3) 比强度高。塑料及其制品的比强度高，例如，玻璃钢的比强度高过钢材和木材。

(4) 耐腐蚀性好。塑料对盐碱酸类的腐蚀有较高的抵抗性。

(5) 电绝缘性好。塑料的导电性低，是良好的绝缘材料。

(6) 隔声性能好。塑料能消声吸振，降低噪音。

(7) 装饰性好。塑料具有良好的装饰性能，能制成线条清晰、色彩鲜艳、光泽动人的塑料制品。

塑料的主要缺点是耐热性低、耐火性差、易老化、弹性模量小，有些种类的塑料在燃烧时可放出有毒、有害的物质。

塑料作为建筑材料使用时，应扬长避短，充分发其优越性。

工程实例分析

 ［实例 8-1］　塑料制品厂失火

工程背景

2008 年 7 月 17 日下午，上海市一家塑料制品厂塑胶车间发生火灾，3 名消防队员在灭火救援中牺牲，9 名消防队员受伤。火灾产生的浓烟飘出至少 10km 远，高达 1km，并伴有浓烈的塑料烧焦气味。该厂塑胶车间建筑结构存在严重隐患，一根 50m 长的主梁突然倒塌，压在 3 名正在救火的消防队员身上，导致 3 人当场牺牲。当日 16 时，现场仍不断有浓烟排出。

原因分析

目前，塑料在生产、生活中应用极为广泛。在消防工作中，塑料生产企业既要面对一些老问题（如塑料火灾发生后产生的有毒烟气等），又要解决一些新问题（如燃烧产生的焦油或燃烧熔滴），因此有必要了解塑料的燃烧性能并且在工程应用中应注意塑料制品的可燃性及其燃烧气体的毒性，尽量使用通过改进配方制成的自熄和难燃甚至不燃产品。

8.2　建筑塑料的分类及主要性能

塑料中的基本成分合成树脂按照受热时发生的变化不同，分为热塑性树脂和热固性树脂。使用不同的合成树脂所制成的塑料制品也分为热塑性和热固性两种。热塑性塑料具有受热软化，冷却后硬化的性能，无论加热和冷却重复多少次，均能保持这种性能；而热固性塑料一旦加热即软化，然后产生化学反应，最终成为不能熔化和不能溶解的物质。其主要性能见表 8-1。

表 8-1　　　　　　　　　　　　　　　　建筑上常用塑料的性能

性能	热塑性塑料					热固性塑料	
	聚氯乙烯（硬）	聚氯乙烯（软）	聚乙烯	聚苯乙烯	聚丙烯	酚醛	有机硅
密度/（g/cm³）	1.3～1.45	1.3～1.7	0.92	1.04～1.07	0.9～0.91	1.25～1.36	1.65～2.0
抗拉强度/MPa	35～65	7～25	11～13	35～65	30～63	49～56	—
伸长率（%）	20～40	200～400	200～550	1～1.3	＞200	1.0～1.5	—
抗压强度/MPa	55～90	7～12.5	—	80～110	39～56	70～210	110～170
抗弯强度/MPa	70～110	—	—	55～110	42～56	85～105	48～54
弹性模量/GPa	2500～4200	—	130～250	2800～4200	—	5300～7000	—
线膨胀系数（×10⁻⁵/℃）	5～18.5	—	16～18	6～8	10～11.2	5～6.0	5～5.8
耐热/℃	50～70	65～80	100	65～95	100～120	120	300
耐溶剂性/℃	溶于环己酮	溶于环己酮	室温下无溶剂	溶于芳香族溶剂	室温下无溶剂	不溶于任何溶剂	溶于芳香族溶剂

续表

性能	热塑性塑料					热固性塑料	
	聚氯乙烯（硬）	聚氯乙烯（软）	聚乙烯	聚苯乙烯	聚丙烯	酚醛	有机硅
应用	天沟、外墙覆面板、排水管	地面材料、半透明天花板	防水薄膜、管子、电线管套及卫生设备	隔热泡沫塑料、胶乳材料、防水薄膜	围护结构、管子	层压板、矿棉、防水材料、电器制品	清漆、润滑剂和脱模剂中的外加剂

8.3 塑料型材及管材

8.3.1 塑料型材

1. 塑料地板

塑料地板包括用于地面装饰的各类塑料块板和铺地卷材。塑料地板不仅起着装饰、美化环境的作用，还赋予步行者以舒适的脚感、御寒保温，对减轻疲劳，调整心态有重要作用。塑料地板可应用于绝大多数的公用设施，如办公楼、商店、学校等。

2. 塑料门窗

由于塑料具有容易加工成形和拼装上的优点，其门窗结构形式的设计有更大的灵活性，常见的塑料窗是侧开窗（又称推拉窗）和平开窗两种。

塑料门按其结构形式主要有以下三种：镶板门、框板门和折叠门。

塑料门窗与钢木门窗及铝合金门窗相比有以下特点：

（1）隔热性能优良。常用聚氯乙烯的导热系数虽然与木材接近，但由于塑料门窗框、扇均为中空异型材，密闭空气层导热系数极低，所以它的保温隔热性能优于木门窗，与钢门窗相比节约大量能源。

（2）气密性、水密性好。塑料门窗所采用的中空异型材，挤压成形，尺寸准确，而且型材侧面带有嵌固弹性密封条的凹槽，使密封性大为改善。密封性的改善不仅提高了水密性、气密性，也减少了室内的尘土，改善了生活、工作环境。

（3）装饰性好。塑料制品可根据需要设计出各种颜色和样式，具有良好的装饰性。考虑到老化及吸热问题，外窗多为白色。

（4）加工性能好。只要改变模具，即可挤压出适合不同风压强度要求及建筑功能的复杂断面的中空异型材。

（5）隔音性能好。塑料窗的隔音效果优于普通窗。按德国工业标准 DIN4109 试验，塑料门窗隔音达 30dB，而普通窗的隔音只有 25dB。

另外，塑料门窗应具有较好的耐老化性能。生产时应在塑料门窗用树脂中加入适当的抗老化剂，使其抗老化性有可靠的保证。

3. 塑料墙纸

塑料墙纸是以一定材料为基材，表面进行涂塑后，再经过印花、压花或发泡处理等多种工艺而制成的一种墙面装饰材料。它是目前国内外广泛使用的一种室内墙面装饰材料，也可用于顶棚、顶梁以及车辆、船舶、飞机的表面装饰。

4. 玻璃钢建筑制品

常见的玻璃钢制品是用玻璃纤维及其织品为增强材料，以热固性不饱和聚酯树脂或环氧树脂为胶粘材料制成的一种复合材料。它的质量轻、强度接近钢材，因此人们把它称为玻璃钢。玻璃钢具有良好的耐酸碱腐蚀特性；不具有磁性；瞬间耐高温，是优良的绝热材料。

玻璃钢应用广泛。美国波音 747 飞机上，采用玻璃钢制造的零件就达一万多种。

玻璃钢在土木工程中得到广泛应用。许多新建的体育馆、展览馆巨大的屋顶就是用玻璃钢制成，以发挥其质轻、高强及透阳光的长处。玻璃钢耐腐蚀性好，可利用它制造各种管道、储罐等。玻璃钢在土木工程中必将发挥越来越大的作用。

8.3.2　塑料管材

1. 硬质聚氯乙烯塑料管（UPVC 管）

UPVC 管是使用最普遍的一种塑料管，约占全部塑料管材的 80%。UPVC 管的特点是具有较高的硬度和刚度，许用应力一般在 10MPa 以上，价格比其他塑料管低，故硬质聚氯乙烯塑料管在产量中居第一位。硬质聚氯乙烯管分为Ⅰ型、Ⅱ型和Ⅲ型。Ⅰ型是高强度聚氯乙烯管，这种管在加工过程中，树脂添加剂中的增塑剂成分最低，因而具有良好的物理和化学性能，其热变形温度为 70℃，最大的缺点是低温下较脆，冲击强度低。Ⅱ型管在制造过程中，加入了 ABS/CPE 或丙烯酸树脂等改性剂，因而抗冲击强度性能比Ⅰ型低，热变形温度为 60℃。Ⅲ型管具有较高的耐热和耐化学性能，热变形温度为 100℃，使用温度可达 100℃，可作沸水管道用。硬质聚氯乙烯塑料管的使用范围很广，可用作给水、排水、灌溉、供气、排气等管道，住宅生活用管道，工矿业工艺管道及电线、电缆套管等。

2. 聚乙烯塑料管（PE 管）

聚乙烯管的特点是相对密度小、强度与质量比值高，脆化温度低（－80℃），优良的低温性能和韧性使其能抗车辆和机械振动、冰冻和解冻及操作压力突然变化的破坏。聚乙烯管性能稳定，在低温下能经受搬运和使用中的冲击；管壁光滑，介质流动阻力小。聚乙烯管材中，中密度和高密度管材最适宜用作城市燃气和天然气管道，特别是中密度聚乙烯管材更受欢迎。低密度聚乙烯管材宜作饮用水管道、电缆管道、泵站管道，特别是用于需要移动的管道。

3. 聚丙烯塑料管（PP 管）和三型聚丙烯管（PP－R 管）

PP 管与其他塑料管相比，具有较高的表面硬度和表面光洁度，流体阻力小，使用温度范围为 120℃左右，许用应力为 5MPa，弹性模量为 130MPa。PP 管多用作化学废料排放管、化验室废水管及盐水处理管等。

PP 管的使用温度有一定的限制，为此可以在丙烯聚合时掺入少量的其他单体，如乙烯、1-丁烯等进行共聚。由丙烯和少量其他单体共聚的 PP 成为共聚 PP，可以减少丙烯高分子链的规整性，从而减少 PP 的结晶度，达到提高 PP 韧性的目的。共聚聚丙烯又分为嵌段共聚聚丙烯和无规共聚聚丙烯（PPR）。无规共聚聚丙烯具有优良的韧性和抗温度变形性能，能耐 90℃以上的沸水，低温脆化温度可达－15℃，是制作水管的优良材料，现已在建筑工程中广泛应用。

工程实例分析

 ［实例 8-2］　UPVC 下水管破裂

工程背景

广东某企业生产硬聚氯乙烯（UPVC）下水管，在广东省许多建筑工程中被使用，由于其质量优良而受到广泛的好评，当该产品被外销到北方时，施工队反应在冬季进行下水管安装时，经常发生水管破裂的现象。

原因分析

经技术专家现场分析，认为主要是由于水管的配方所致，因为该水管主要在南方的工程上用，由于广东常年的温度都比较高，该 UPVC 的抗冲击强度可满足实际使用要求，但到北方的冬天，地下的温度仍然相当低，这时的 UPVC 材料变硬、变脆，抗冲击强度已达不到要求。北方市场的 UPVC 下水管需要重新进行配方，生产厂家经改进配方，在配方中多加了抗冲击改性剂，解决了水管破裂的问题。

8.4 塑料系复合材料

以塑料为母体相，其中分散纤维状、颗粒状材料或者空气泡等形成的复合材料称为塑料系复合材料。其主要品种有以下几类：

（1）玻璃纤维增强材料。玻璃纤维增强材料俗称"玻璃钢"，在上一节已有介绍，此处不再讲述。

（2）泡沫塑料。泡沫塑料是在塑料中分散了微细空气泡制成的制品。其制造方法通常是将发泡剂添加在合成树脂中成形，还有一种是将玻璃和塑料的中空微型小球加入塑料中。泡沫塑料制品主要有聚氨酯泡沫塑料和聚苯乙烯泡沫塑料。此外，还有聚乙烯泡沫塑料和酚醛树脂系泡沫塑料等。

泡沫塑料密度小，导热性低，适用于保温、隔声部位。泡沫塑料强度低，耐腐蚀性和耐热性与塑料基本相同。

（3）膜材料。膜材料是一种新型塑料系复合材料。它由聚酯纤维或玻璃纤维编织成基材，在其两面涂覆树脂。涂层材料为聚氯乙烯树脂、聚四氟乙烯树脂、乙烯-四氟乙烯共聚物。建筑膜材料具有一定强度，柔韧性好，可用于建造大型体育场馆、入口走廊、公众休闲广场、展览会场和购物中心等建筑。

以树脂为胶凝材料，加入粗、细骨料制成的混凝土称为树脂混凝土。骨料与普通水泥混凝土用骨料基本相同，通常使用碎石、卵石、砂子和人工轻骨料等。在合成树脂或沥青系混凝土中，加入硬化剂和触媒调节使之在所希望的时间内硬化。与水泥混凝土相比，树脂混凝土密实度高，吸水率低，强度较高。由于母体相全是树脂，整体上有高分子材料的特征，防水性、耐腐蚀性优良，但耐热性、耐燃性较差。树脂混凝土外观效果好，色彩丰富，可用作装饰材料。

习　　题

一、单项选择题

1.（　　）树脂属于热塑性树脂。

　　A. 聚乙烯　　　　　B. 聚丙烯　　　　　C. 酚醛树脂　　　　D. A＋B

2. 塑料具有（　　）等优点。

　　A. 质量轻、比强度高、保温绝热性好

　　B. 加工性能好、富有装饰性

　　C. 易老化、易燃、耐热性差、刚性差

　　D. 质量轻、比强度高、保温绝热性好、加工性能好、富有装饰性

3. 玻璃化温度 T_g 低于常温的高分子聚合物是（　　）。

　　A. 塑料　　　　　　B. 橡胶　　　　　　C. 煤焦油　　　　　D. 石油沥青

4. 建筑工程中常用的 PVC 塑料是指（　　）。

　　A. 聚乙烯塑料　　　B. 聚氯乙烯塑料　　C. 酚醛塑料　　　　D. 聚苯乙烯塑料

5. 建筑塑料中最基本的组成是（　　）。

　　A. 增塑剂　　　　　B. 稳定剂　　　　　C. 填充剂　　　　　D. 合成树脂

二、填空题

1. 热塑性树脂的分子结构通常是_____型；热固性树脂的分子结构通常是_____型。

2. 常用的热塑性塑料品种主要包括_____、_____、_____和_____。

3. 塑料组成中，增塑剂能使塑料的硬度和_____降低。

4. 既不溶于溶剂也不会熔融的高聚物属于_____型高聚物。

5. 塑料产生化学老化的原因有分子的交联和分子的_____。

第9章 沥青和沥青混合料

本章重点讲解了石油沥青、沥青混合料，并在此基础上介绍改性的沥青材料及其制品。

9.1 沥 青

9.1.1 沥青的分类与基本组成结构

1. 沥青的分类

沥青是高分子碳氢化合物及非金属（氧、氮、硫等）衍生物组成的极其复杂的混合物。沥青是一种有机胶凝材料，在常温下呈黑色或黑褐色的固体、半固体或液体状态。沥青再按其产源不同可分为地沥青和焦油沥青，其分类见表 9-1。

表 9-1   沥青的分类表

沥青	地沥青	天然沥青	石油在天然条件下，长时间地球物理作用下所形成的产物
		石油沥青	石油经炼制加工后所得到的产品
	焦油沥青	煤沥青	由煤干馏所得到的煤焦油再加工所得
		页岩沥青	由页岩炼油所得到的工业副产品

沥青是一种憎水性的有机胶凝材料，常温下呈固体、半固体或黏性液体。沥青能与砂、石、砖、混凝土、木材、金属等材料牢固地黏结在一起，具有良好耐腐蚀性，在建设工程中主要用于道路工程及防潮、防水、防腐蚀材料。

2. 沥青的基本组成结构

（1）石油沥青的基本组成。由于石油沥青化学组成的复杂性，对组成进行分析的难度很大，且化学组成也不能完全反映出沥青的性质。因此，从工程使用角度出发将石油沥青中化学成分和物理性质相近的成分或化合物作为一个组分，以便于理解掌握石油沥青的性质。

1）三组分分析法。石油沥青的三组分分析法是将石油沥青分离为油分、树脂（脂胶）及沥青质（也称地沥青质）三个组分。因我国富产石蜡基或中间基沥青，在油分中往往含有蜡，故在分析时还应将油蜡分离。由于这一组分分析法是兼用了选择性溶解和选择性吸附的方法，所以又称为溶解—吸附法。

三组分的主要特性与石油沥青性质的关系见表 9-2。

2）四组分分析法。L. W. 科尔贝特首先提出将沥青分离为：饱和分、环烷-芳香分、极性-芳香分和沥青质等的色层分析方法。后来也有将上述四个组分称为饱和分、芳香分、胶质和沥青质。故这一方法也称为 SARS 法。我国现行四组分分析法（SHT—1992 和 JTJ

052—2000）是将沥青试样先用正庚烷沉淀"沥青质 A_t"，再将可溶分（及软沥青质）吸附于氧化铝谱柱上，先用正庚烷冲洗，所得的组分称为"饱和分 S"；继用甲苯冲洗，所用的组分称为"芳香分 A_r"；最后用甲苯-乙醇、甲苯、乙醇冲洗，所得组分称为"胶质 R"。对于含蜡沥青，可将所分离得的饱和分与芳香分，以丁酮－苯为脱蜡溶剂，在－20℃下冷却分离固态烃烷，确定含蜡量。

石油沥青按四组分分析法所得各组的性状见表 9 - 3。

表 9 - 2　　　　　　　石油沥青各组分的特征及对沥青性质的影响

组分	含量（%）	分子量	碳氢比	密度/(g/cm³)	特　征	在沥青中的主要作用
油分	45~60	100~500	0.5~0.7	0.7~1.0	无色至淡黄色黏稠液体，可溶于大部分溶剂，不溶于酒精	油分是决定沥青流动性的组分，流动性大，而黏性小，温度敏感性大
树脂	15~32	600~1000	0.7~0.8	1.0~1.1	红褐色至黑褐色的黏稠半固体，多呈中性，少量酸性。熔点低于 100℃	树脂是决定沥青塑性的主要组分。树脂含量增多，沥青塑性增大，温度敏感性增大
沥青质	5~30	1000~6000	0.8~1.0	1.1~1.5	黑褐色至黑色的硬脆的固体微粒，加热后不溶解，而分解为坚硬的焦炭，使沥青带黑色	沥青质是决定沥青黏性的主要组分。含量高，沥青黏性大，温度敏感性小，塑性降低，脆性增大

表 9 - 3　　　　　　　石油沥青四组分分析法的各组分性状

性状	外观特性	平均比重	平均分子量	主要化学结构
饱和分	无色液体	0.89	625	烷烃、环烷烃
芳香分	黄色至红色液体	0.99	730	芳香烃、含 S 衍生物
胶质	棕色黏稠液体	1.09	970	多环结构，含 S、O、N 衍生物
沥青质	深棕色至黑色固体	1.15	3400	缩合环结构，含 S、O、N 衍生物

研究结果表明，沥青的性质与各组分的含量比例有密切关系。沥青质含量高，则沥青的黏度增大，温度敏感性降低；饱和分增大则使沥青黏度降低；胶质含量增加可使沥青延度增大。

（2）石油沥青的结构。对于沥青的结构，主要有胶体理论和高分子溶液理论两种。

胶体理论认为，沥青中的油分、树脂、地沥青质彼此结合是以地沥青质为核，树脂吸附于其表面，逐渐向外扩张，并溶于油分中，形成以地沥青质为核心的沥青胶团，无数胶团通过油分结合成胶体结构。

1）溶胶型结构。沥青中油分和树脂含量较高。因而，其塑性、温度敏感性大，黏小，开裂后的自愈能力强，胶团之间没有或很少有吸引力。

2）凝胶型结构。沥青中地沥青质含量较高。胶团外围膜层较薄，分子引力较大，不易产生滑动。因而，其塑性、温度敏感性小，黏性大，开裂后的自愈能力差。建筑石油沥青多属此种结构。

3）溶胶-凝胶型结构。沥青中地沥青质含量适宜，胶团之间有一定的吸引力，性质介于溶胶结构与凝胶结构之间。道路石油沥青多属于此种结构。

沥青胶体结构的形成与沥青中各组分的含量及化学性质有关。

近年来，随着研究的不断深入，高分子溶液理论已被更多的人认可。高分子溶液理论认为：沥青是以高分子量的地沥青质为溶质，以低分子量的软沥青质为溶剂的高分子溶液。沥青质的含量以及沥青质与软沥青质之间溶解度参数的差异，很大程度上决定高分子溶液的稳定性。通常沥青质含量很低，且沥青质与软沥青质之间溶解度参数差值很小，就能形成稳定溶胶；随着沥青质含量的增加，而且沥青质与软沥青质之间溶解参数之间差值仍较小，这可由溶胶逐渐转化为稳定的凝胶。沥青质含量很高，且沥青质与软沥青质之间溶度参数差值又较大，则可形成沉淀型凝胶。

（3）煤沥青的基本组成。由于煤沥青是由复杂化合物组成的混合物，分离为单体组成十分困难，故目前煤沥青化学组分的研究与前述石油沥青方法相同，也是采用选择性溶解等方法，将煤沥青分离为游离碳、油分、软树脂和硬树脂四个组分。

1）游离碳。游离碳又称自由碳，是高分子的有机化合物的固态碳质微粒，不溶于有机溶剂，加热不熔，但高温分解。煤沥青的游离碳含量增加，可提高其黏度和温度稳定性。但随着游离碳含量增加，其低温脆性也增加。

2）油分。油分是液态碳氢化合物。与其他组分比较是最简单结构的物质。

3）树脂。树脂分为两类：①硬树脂，类似石油沥青中的沥青质；②软树脂，赤褐色黏塑性物，溶于氯仿，类似石油沥青中的树脂。

9.1.2 石油沥青的主要性质及技术要求

1. 石油沥青的主要性质

（1）黏滞性。石油沥青的黏滞性是指石油沥青内部阻碍其相对流动的一种特性，它反映石油沥青在外力作用下抵抗变形的能力。黏滞性是划分沥青牌号的主要技术指标。石油沥青黏滞性的大小与其组分有关，石油沥青中沥青质含量多，同时有适量树脂，而油分含量较少时，黏滞性大。黏滞性受温度影响较大，在一定温度范围内，温度升高，黏度降低，反之，黏度升高。对于固态或半固态石油沥青，其黏滞性用相对黏度来表示，用针入度测定仪测定其针入度来衡量。针入度是在规定温度 25℃条件下，以规定质量 100g 的标准针，经历规定时间 5s 贯入试样中的深度，以 0.1mm 为单位表示。针入度测定示意图见图 9-1。显然，针入度越大，表示沥青越软，黏度越小。液体石油沥青或较稀的石油沥青的黏度，用标准黏度计测定的标准黏度表示。

（2）塑性。塑性是指石油沥青受到外力作用时，产生不可恢复的变形而不破坏的性质。它是石油沥青的主要性能之一。

图 9-1 针入度试验示意图

当石油沥青中油分和沥青质适量，树脂含量较多，沥青质表面的沥青膜层越厚，塑性越好。温度对于石油沥青塑性也有明显影响，当温度升高，沥青的塑性随之增大。

石油沥青能制造出性能良好的柔性防水材料，很大程度上决定于沥青的塑性。塑性较好的沥青防水层能随建筑物变形而变形，一旦产生裂缝时，也可能由于特有的黏塑性而自行愈合。沥青的塑性对冲击振动荷载有一定吸收能力，并能减少摩擦时的噪声，故沥青是一种优良的道路路面材料。

石油沥青的塑性用延度指标表示。沥青延度是把沥青试样制成∞字形标准试模（中间最小截面积为 $1cm^2$），在规定的拉伸速度（5cm/min）和规定温度下拉断时的拉长长度，以 cm 为单位。延度指标测定的示意图如图 9-2 所示。石油沥青延度值越大，表示其塑性越好。

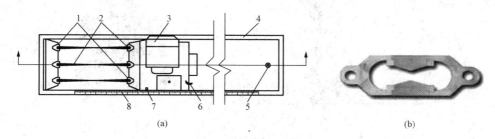

图 9-2　延度试验示意图
(a) 延度仪；(b) 延度模具
1—试模；2—试样；3—电机；4—水槽；5—泄水孔；6—开关柄；7—指针；8—标尺

（3）温度敏感性。温度敏感性是指石油沥青的黏滞性和塑性随温度升降而变化的性能。变化程度小，则沥青温度敏感性小，反之则温度敏感性大。

沥青是多组分的非晶体高分子物质，没有固定的熔点，随着温度的升高，沥青的状态发生连续的变化，其塑性增大，黏性减小，逐渐软化，此时的沥青如液体一样发生黏性流动。这一过程中，不同的沥青，其塑性和黏性变化程度也不同。

评价沥青温度敏感性的指标很多，常用的是软化点和针入度指数。

1）软化点。沥青软化点是反映沥青敏感性的重要指标，即沥青由固态转变为具有一定流动性的温度。《公路工程沥青及沥青混合料试验规程》（JTJ 052—2000）规定，沥青软化点试验采用环球法测定。环球法时把沥青试样注入内径为 18.9mm 的铜环内，环上置一直径 9.53mm，重 3.5g 的钢球 ［图 9-3 (a)］。浸入水或甘油中，按规定升温速度（5℃/min）从 0℃ 开始升温，使沥青软化下垂 ［图 9-3 (b)］。当沥青下到规定距离 25.4mm 时的温度，即沥青软化点（单位为℃）。软化点越高，沥青的温度敏感性越小。

2）针入度指数。软化点是沥青性能随着温度变化过程中重要的标志点。但它是人为确定的标志点，单凭软化点这一性质，来反映沥青性能随温度变化的规律，并不全面。目前用来反映沥青温度敏感性的常用指标为针入度指数 PI。

针入度指数是基于以下基本事实的：根据大量试验结果，沥青针入度值的对数 $\lg P$ 与温度 T 具有线性关系：

$$\lg P = K + A_{\lg Pen} T \tag{9-1}$$

式中　T——不同试验温度，相应温度下的针入度为 P；

K——回归方程的截距；

A_{1gPen}——回归方程的直线斜率。

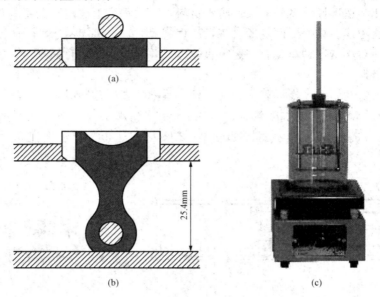

图 9 - 3　软化点试验示意图

（a）试验前钢球位置；（b）达到软化点时钢球位置；（c）软化点测定仪

则沥青的针入度指数 PI 可按下式计算，并记为 PI_{1gPen}。

$$PI_{1gPen} = \frac{20 - 500A_{1gPen}}{1 + 50A_{1gPen}} \qquad (9 - 2)$$

针入度指数是根据一定温度变化范围内沥青性能的变化来计算出来的。因此，利用针入度指数来反映沥青性能随温度的变化规律更为准确；针入度指数 PI 值越大，表示沥青的温度敏感性越低。以上针入度指数的计算公式是以沥青在软化点时的针入度为 800 为前提的。实际上，沥青在软化点时的针入度波动于 600～1000 之间，特别是含蜡量高的沥青，其波动范围更宽。因此，我国现行标准中规定，针入度指数是利用 15℃、25℃ 和 30℃ 的针入度回归得到的。

针入度指数不仅可以用来评价沥青的温度敏感性，同时也可以用来判断沥青的胶体结构。当 $PI<-2$ 时，沥青属于溶胶结构，温度敏感性大；当 $PI>2$ 时，沥青属于凝胶结构，温度敏感性低；介于其间的属于溶胶-凝胶结构。

（4）大气稳定性。大气稳定性是指石油沥青在大气综合因素（热、阳光、氧气和潮湿等）长期作用下抵抗老化的性能。大气稳定性好的石油沥青可以在长期使用中保持其原有性质。

石油沥青在热、阳光、氧气和水分等因素的长期作用下，石油沥青中低分子组分向高分子组分转化，即沥青中油分和树脂相对含量减少，地沥青质逐渐增多，从而使石油沥青的塑性降低，黏度提高，逐渐变得硬脆，直至开裂，失去使用功能，这个过程称为老化。

石油沥青的大气稳定性常以蒸发损失和蒸发后针入度比来评定。其测定方法是：先测定沥青试样的质量及其针入度，然后将试样置于加热损失试验专用烘箱中，在 160℃ 下加热蒸发 5h，待冷却后再测定其质量和针入度，按下式计算其蒸发损失百分率和蒸发后针入度比：

$$蒸发损失百分率 = \frac{蒸发前质量 - 蒸发后质量}{蒸发前质量} \times 100\%$$

$$蒸发后针入度比 = \frac{蒸发后针入度}{蒸发前针入度} \times 100\%$$

蒸发损失百分率越小，蒸发后针入度比越大，则表示沥青大气稳定性越好，沥青耐久性越高。

（5）安全性。

闪点（也称闪火点）是指沥青加热挥发出可燃气体，与火焰接触闪火时的最低温度。

燃点（也称着火点）是指沥青加热挥发出的可燃气体和空气混合，与火焰接触能持续燃烧时的最低温度。

闪点和燃点的高低表明沥青引起火灾或爆炸的可能性的大小，它关系到运输、储存和加热使用等方面的安全。例如，建筑石油沥青闪点约 230℃，在熬制时一般温度为 185～200℃，为安全起见，沥青还应与火焰隔离。

2. 石油沥青的技术要求

（1）石油沥青的选用。选用石油沥青时应根据工程性质（房屋、道路、防腐）、当地气候条件、所处工程部位（屋面、地下）等因素来综合考虑。由于高牌号沥青比低牌号沥青含油分多、抗老化能力强，故在满足要求的前提下，应尽量选用牌号高的石油沥青，以保证有较长的使用年限。

1）道路石油沥青。道路石油沥青分为普通石油沥青、乳化石油沥青、液体石油沥青和改性沥青等。道路工程中选用沥青材料应考虑交通量和气候特点。南方高温地区宜选用高黏度的石油沥青，以保证夏季沥青路面具有足够的稳定性，不出现车辙等；而北方寒冷地区宜选用低黏度的石油沥青，以保证沥青路面在低温下仍具有一定的变形能力，避免出现开裂。

2）建筑石油沥青。建筑石油沥青针入度较小（黏性较大）、软化点较高（耐热性较好），但延伸度较小（塑性较小），主要用作制造油纸、油毡、防水涂料和沥青嵌缝膏等。它们绝大部分用于建筑屋面工程、地下防水工程、沟槽防水、防腐蚀工程及管道防腐工程等。使用时制成的沥青胶膜较厚，增大了对温度的敏感性；同时黑色沥青表面又是好的吸热体，一般同一地区沥青屋面的表面温度比其他材料的都高；沥青屋面达到的表面温度比当地最高气温高 25～30℃。为避免夏季流淌，一般屋面用沥青材料的软化点还应比本地区屋面最高温度高 20～25℃，可选用 10 号或 30 号石油沥青。例如，武汉、长沙地区沥青屋面温度约达 68℃，选用沥青的软化点应在 90℃左右，低了夏季易流淌；但也不宜过高，否则冬季低温易硬脆、甚至开裂。一些不易受温度影响的部位、或气温较低的地区，如地下防水防潮层等，可选用牌号较高的沥青，如 60 号或 100 号沥青。所以，选用石油沥青时要根据地区、工程环境及要求而定。

3）普通石油沥青。当沥青温度达到软化点时，容易产生流淌现象；沥青中石蜡的渗透还会使得沥青黏结层的耐热性和黏结力降低。故在工程中一般不宜采用普通石油沥青。

（2）石油沥青的技术标准。

1）建筑石油沥青的技术标准。在对沥青划分等级时，是依据沥青的针入度、延度、软化点等指标。针入度是划分沥青标号的主要指标。对于同一品种的石油沥青，牌号越大，相应的黏性越小（针入度值越大）、延展性越好（塑性越大）、感温性越大（软化点越低）。

对于建筑石油沥青，按沥青针入度值划分为 40 号、30 号和 10 号三个标号。建筑石油沥青针入度较小、软化点高，但延度较小。建筑石油沥青技术性能应符合《建筑石油沥青》（GB/T 494—2010），见表 9 - 4。

表 9 - 4　　　　　　　　　　　建筑石油沥青技术标准

项　目		质　量　指　标		
		10 号	30 号	40 号
针入度（25℃，100g，5s）/(1/10mm)		10～25	26～35	36～50
针入度（46℃，100g，5s）/(1/10mm)		报告	报告	报告
针入度（0℃，200g，5s）/(1/10mm)	≥	3	6	6
延度（25℃，5cm/min）/cm	≥	1.5	2.5	3.5
软化点（环球法）/℃	不低于	95	75	60
溶解度（三氯乙烯,%）	≥	99.0		
蒸发后质量变化（163℃，5h,%）	≤	1		
蒸发后 25℃针入度比（%）	≥	65		
闪点（开口杯法）/℃	不低于	260		

2）道路石油沥青的技术要求。道路石油沥青的质量应符合表 9 - 6 规定的技术要求。各个沥青等级的适用范围应符合表 9 - 5 的规定。

表 9 - 5　　　　　　　　　　　道路石油沥青的适用范围

沥青等级	适　用　范　围
A 级沥青	各个等级的公路，适用于任何场合和层次
B 级沥青	1. 高速公路、一级公路沥青下面层及以下的层次，二级及二级以下公路的各个层次 2. 用作改性沥青、乳化沥青、改性乳化沥青、稀释沥青的基质沥青
C 级沥青	三级及三级以下公路的各个层次

对高速公路、一级公路，夏季温度高、高温持续时间长、重载交通、山区及丘陵区上坡路段、服务区、停车场等行车速度慢的路段，尤其是汽车荷载剪应力大的层次，宜采用稠度大、60℃黏度大的沥青，也可提高高温气候分区的温度水平选用沥青等级；对冬季寒冷的地区或交通量小的公路、旅游公路宜选用稠度小、低温延度大的沥青；对温度日温差、年温差大的地区宜注意选用针入度指数大的沥青。当高温要求与低温要求发生矛盾时应优先考虑满足高温性能的要求。

表 9 - 6　道路石油沥青技术要求

指标	单位	等级	160号④	130号④	110号	90号	70号①	50号	30号①④	试验方法①
针入度(25℃，5s，100g)	dmm	—	140~200	120~140	100~120	80~100	60~80	40~60	20~40	T0604
适用的气候分区	—	—	注④	注④	2-1　2-2　2-3　3-2	1-1　1-2　1-3　1-4　2-2　2-3　2-4	1-3　1-4　2-2　2-3　2-4	1-4	注④	附录A⑤
针入度指数 PI②	—	A				-1.5~+1.0				T 0604
		B				-1.8~+1.0				
软化点(R&B)　≥	℃	A	38	40	43	45	46　45	49	55	T 0606
		B	36	39	42	43	44　43	46	53	
		C	35	37	41	42	43	45	50	
60℃动力黏度②　≥	Pa·s	A	—	60	120	160　140	180　160	200	260	T 0620
10℃延度②　≥	cm	A	50	50	40	45　30　20	25　20　15	15	10	T 0605
		B	30	30	30	30　20　15	20　15　10	10	8	
15℃延度　≥	cm	A，B			100	100	100	80	50	
		C			60	50	40	30	20	
蜡含量(蒸馏法)　≤	%	A				2.2				T 0615
		B				3.0				
		C				4.5				
闪点　≥	℃		230	230	245	245	260	260	260	T 0611
溶解度　≥	%					99.5				T 0607

续表

指标	单位	等级	沥青标号							试验方法①
			160号④	130号④	110号	90号	70号③	50号	30号④	
密度(15℃)	g/cm³		实测记录							T 0603
TFOT(或RTFOT)后⑤										
质量变化 ≤	%		±0.8							T 0610或 T 0609
残留针入度比 ≥	%	A	48	54	55	57	61	63	65	T 0604
		B	45	50	52	54	58	60	62	
		C	40	45	48	50	54	58	60	
残留延度(10℃) ≥	cm	A	12	12	10	8	6	4	—	T 0605
		B	10	10	8	6	4	2	—	
残留延度(15℃) ≥	cm	C	40	35	30	20	15	10	—	T 0605

①试验方法按照现行《公路工程沥青及沥青混合料试验规程》(JTG E20—2011)规定的方法执行。用于仲裁试验求取PI时的5个温度的针入度关系的相关系数不得小于0.997。

②经建设单位同意，表中PI值、60℃动力黏度、10℃延度可作为选择性指标，也可不作为施工质量检验指标。

③70号沥青可根据需要要求供应商提供针入度范围为60~70或70~80的沥青，50号沥青可要求提供针入度范围为40~50或50~60的沥青。

④30号沥青仅适用于沥青稳定基层。130号和160号沥青除寒冷地区可直接在中低级公路上直接应用外，通常用作乳化沥青、改性沥青、稀释沥青的基质沥青。

⑤老化试验以TFOT为准，也可以RTFOT代替。

3. 煤沥青的主要性质

煤沥青是将煤焦油进行蒸馏，蒸去水分和所有的轻油及部分中油、重油和蒽油后所得的残渣。根据蒸馏程度的不同煤沥青分为低温沥青、中温沥青和高温沥青。建筑上所采用的煤沥青多为黏稠或半固体的低温沥青。

与石油沥青相比，由于两者的成分不同，煤沥青具有如下性能特点：

（1）由固态或黏稠态转变为粘流态（或液态）的温度间隔较小，夏天易软化流淌，而冬季脆裂，即温度敏感性较大。

（2）含挥发性成分和化学稳定性差的成分较多，在热、阳光、氧气等长期综合作用下，煤沥青的组分变化较大，易硬脆，故大气稳定性较差。

（3）含较多的游离碳，塑性较差，容易因变形而开裂。

（4）因含有蒽、酚等，故有毒性和臭味，防腐能力较好，适用于木材的防腐处理。

（5）因含表面活性物质较多，与矿物表面的黏附力较好。

9.1.3 沥青的掺配、改性及主要沥青制品

1. 沥青的掺配

在工程中，往往一种牌号的沥青不能满足工程要求，因此常常需要不同牌号的沥青进行掺配。在进行掺配，为了不使掺配后的沥青胶体结构破坏，应选用表面张力相近和化学性质相似的沥青。实验证明同产源的沥青容易保证掺配后的沥青胶体结构的均匀性。所谓同源是指同属石油沥青或属于煤沥青。当使用两种沥青时，每种沥青的配合量宜按下列公式计算：

$$Q_1 = \frac{T_2 - T}{T_2 - T_1} \times 100\%$$

$$Q_2 = 100\% - Q_1$$

（9-3）

式中　Q_1——较软沥青用量，%；

　　　Q_2——较硬沥青用量，%；

　　　T——掺配后的沥青软化点，℃；

　　　T_1——较软沥青软化点，℃；

　　　T_2——较硬沥青软化点，℃。

2. 改性沥青

在土木工程中使用的沥青应具有一定的物理性质和黏附性。在低温条件下有弹性和塑性；在高温条件下要有足够的强度和稳定性；在加工和使用条件下具有抗"老化"能力；还应与各种矿料和结构表面有较强的黏附力；以及对变形的适应性和耐疲劳性。通常，石油加工厂加工制备的沥青不一定能全面满足这些要求，为此，常用橡胶、树脂和矿物填料等改性。橡胶、树脂和矿物填料等通称为石油沥青的改性材料。

（1）橡胶改性沥青。橡胶是沥青的重要改性材料，它和沥青有较好的混溶性，并能使沥青具有橡胶的很多优点，如高温变形性小，低温柔性好。由于橡胶的品种不同，掺入的方法也有不同，而各种橡胶沥青的性能也有差异。现将常用的几种分述如下：

1）氯丁橡胶改性沥青。沥青中掺入氯丁橡胶后，可使其气密性、低温柔性、耐化学腐蚀性、耐气候性等得到大大改善。氯丁橡胶改性沥青的生产方法有溶剂法和水乳法。溶剂法

是先将氯丁橡胶溶于一定的溶剂中形成溶液，然后掺入沥青中，混合均匀即成为氯丁橡胶改性沥青。水乳法是将橡胶和石油沥青分别制成乳液，再混合均匀即可使用。氯丁橡胶改性沥青可用于路面的稀浆封层、制作密封材料和涂料等。

2）丁基橡胶改性沥青。丁基橡胶改性沥青的配制方法与氯丁橡胶沥青类似，而且较简单一些。

将丁基橡胶碾切成小片，于搅拌条件下把小片加到 100℃ 的溶剂中（不得超过 110℃），制成浓溶液，同时将沥青加热脱水熔化成液体状沥青。通常在 100℃ 左右把两种液体按比例混合搅拌均匀进行浓缩 15～20min，达到要求性能指标。丁基橡胶在混合物中的含量一般为 2%～4%。同样也可以分别将丁基橡胶和沥青制备成乳液，然后再按比例把两种溶液混合即可。

丁基橡胶改性沥青具有优异的耐分解性，并有较好的低温抗裂性能和耐热性能，多用于道路路面工程、制作密封材料和涂料。

3）热塑性弹性体改性沥青（SBS）。SBS 是热塑性和弹性体苯乙烯-丁二烯嵌段共聚物，它兼有树脂和橡胶的特性，常温下具有橡胶的弹性，高温下又能像树脂那样熔融流动，成为可塑的材料。SBS 改性沥青具有良好的耐高温性、优异的低温柔性和耐疲劳性，是目前应用最成功和用量最大的一种改性沥青。SBS 改性沥青采用胶体磨法或高速剪切法生产，SBS 掺量一般为 3%～10%，主要用于防水卷材和铺筑高等级公路路面等。

4）再生橡胶改性沥青。再生橡胶掺入沥青中以后，同样可大大提高沥青的气密性，低温柔性，耐光、热、臭氧性，耐气候性。

再生橡胶改性沥青材料的制备是先将废旧橡胶加工成 1.5mm 以下的颗粒，然后与沥青混合，经加热搅拌脱硫，就能得到有一定弹性、塑性和黏结力良好的再生橡胶改性沥青材料。废旧橡胶的掺量视需要而定，一般为 3%～15%。

再生橡胶改性沥青可以制成卷材、片材、密封材料、胶粘剂和涂料等，随着科学技术的发展，加工方法的改进，各种新品种的制品将会不断增多。

（2）树脂改性沥青。用树脂改性石油沥青，可以改进沥青的耐寒性、耐热性、黏结性和不透气性。由于石油沥青中含芳香性化合物很少，故树脂和石油沥青的相容性较差，而且可用的树脂品种也较少，常用的树脂有：古马隆树脂、聚乙烯、乙烯-乙酸乙烯共聚物（EVA）、无规聚丙烯 APP 等。

1）古马隆树脂改性沥青。古马隆树脂又名香豆酮树脂，呈黏稠液体或固体状，浅黄色至黑色，易溶于氯化烃、酯类、硝基苯等，为热塑性树脂。

将沥青加热融化脱水，在 150～160℃ 下把古马隆树脂放入熔化的沥青中，并不断搅拌，再把温度升至 185～190℃，保持一定时间，使之充分混合均匀，即得到古马隆树脂沥青。树脂掺量约 40%。这种沥青的黏性较大。

2）聚乙烯树脂改性沥青。在沥青中掺入 5%～10% 的低密度聚乙烯，采用胶体磨法或高速剪切法即可制得聚乙烯树脂改性沥青。聚乙烯树脂改性沥青的耐高温性和耐疲劳性有显著改善，低温柔性也有所改善。一般认为，聚乙烯树脂与多蜡沥青的相容性较好，对多蜡沥青的改性效果较好。

此外，用乙烯-乙酸乙烯共聚物（EVA）、无规则聚丙烯（APP）也常用来改善沥青性能，制成的改性沥青具有较好的弹塑性、耐高温性和抗老化性，多用于防水卷材、密封材料和防水涂料等。

（3）橡胶和树脂改性沥青。橡胶和树脂同时用于改性沥青的性质，使沥青同时具有橡胶和树脂的特性，且树脂比沥青便宜，橡胶和树脂又有较好的混溶性，故效果较好。

橡胶、树脂和沥青在加热熔融状态下，沥青和高分子聚合物之间发生相互侵入和扩散，沥青分子填充在聚合物大分子的间隙内，同时聚合物分子的某些链节扩散进入沥青分子中，形成凝聚的网状混合结构，故可以得到较优良的性能。

配制时，采用的原材料品种、配比、制作工艺不同，可以得到很多性能各异的产品。主要有卷、片材，密封材料，防水涂料等。

（4）矿物填充料改性沥青。为了提高沥青的黏结能力和耐热性，降低沥青的温度敏感性，经常加入一定数量的矿物填充料。常用的矿物填充料大多是粉状的和纤维状的，主要的有滑石粉、石灰石粉、硅藻土和石棉等。

滑石粉主要化学成分是含水硅酸镁（$3MgO \cdot 4SiO_2 \cdot H_2O$），亲油性好（憎水），易被沥青润湿，可直接混入沥青中，以提高沥青的机械强度和抗老化性，可用于具有耐酸、耐碱、耐热和绝缘性能的沥青制品中。

石灰石粉主要成分为碳酸钙，属亲水性的岩石，但其亲水程度比石英粉弱，而最重要的是石灰石粉与沥青有较强的物理吸附力和化学吸附力，故是较好的矿物填充料。

硅藻土是软质多孔而轻的材料，易磨成细粉，耐酸性强，是制作轻质、绝热、吸音的沥青制品的主要填料。膨胀珍珠岩粉有类似的作用，故也可作沥青的矿物填充料。

石棉绒或石棉粉的主要组成为钠、钙、镁、铁的硅酸盐，呈纤维状，富有弹性，具有耐酸耐碱和耐热性能，是热和电的不良导体，内部有很多微孔，吸油（沥青）量大，掺入后可提高沥青的抗拉强度和热稳定性。

此外，白云石粉、磨细砂、粉煤灰、水泥、高岭土粉、白垩粉等也可作沥青的矿物填充料。

3. 沥青制品

（1）冷底子油。冷底子油是用稀释剂（汽油、柴油、煤油、苯等）对沥青进行稀释的产物。它多在常温下用于防水工程的底层，故称冷底子油。

冷底子油黏度小，具有较好的流动性。涂刷在混凝土、砂浆或木材等基面上，能很快渗入基层孔隙中，待溶剂挥发后，便于基面牢固结合。冷底子油形成的涂膜较薄，一般不单独作防水材料使用，只做某些防水材料的配套材料。施工时在基层上先涂刷一道冷底子油，再刷沥青防水涂料或铺油毡。冷底子油可封闭基层毛细孔隙，使基层形成防水能力，并使基层表面变为憎水性，为黏结同类防水材料创造有利条件。

冷底子油应涂刷于干燥的基面上，不宜在有雨、雾、露的环境中施工，通常要求与冷底子油相接触的水泥砂浆的含水率不大于 10%。

（2）沥青胶。沥青胶属于矿物填充料改性沥青，是在沥青中掺入适量的粉状或纤维状矿物填充料经均匀混合而制成。常用的矿物填充料主要有滑石粉、石灰石粉、木屑粉、石棉粉等。

沥青胶中掺入填充料，不仅可以节约沥青，更主要的是改善了沥青的性能。与纯沥青相比，沥青胶具有较好的黏性、耐热性和柔韧性，主要用于粘贴卷材、嵌缝、接头、补漏及做防水层的底层。沥青胶的主要技术指标见表 9 - 7。

表 9-7　　　　沥青胶的质量要求（GB 50207—2002）

指标名称 标号	S—60	S—65	S—70	S—75	S—80	S—85
耐热度	用 2mm 厚的沥青胶粘合两张沥青油纸，在不低于下列温度（单位为℃）中，在 1∶1 坡度上停放 5h 后，沥青胶不应流淌，油纸不应滑动					
	60	65	70	75	80	85
柔韧性	涂在沥青油纸上的 2mm 的沥青胶层，在 18℃±2℃时围绕下列直径（单位为 mm）的圆棒，用 2s 的时间以均衡速度弯成半周，沥青胶不应有裂纹					
	10	15	15	20	25	30
黏结力	用手将两张粘贴在一起的油纸慢慢地一次撕开，从油纸和沥青胶粘贴面的任何一面的撕开部分，应不大于粘贴面积的 1/2					

工程实例分析

　［实例 9-1］　沥青路面裂缝分析

工程背景

　　河北中部某一地区附近的沥青路面总会出现一些裂缝，裂缝大多是横向的，且几乎为等距离间距的，冬天裂缝尤其明显。对此问题，运用所学的知识分析原因。

原因分析

　　（1）路面不结实的可能性可排除。此路段路基很结实，路面没有明显塌陷，而且这种原因一般只会引起纵向裂缝。因此，填土未压实，路基产生不均匀沉陷或冻胀作用的可能性可以排除。

　　（2）路面强度不足，负载过大的可能性可排除。平时很少有重型车辆、负载过大的车辆经过，而且路面没有明显塌陷。况且因强度不足而引起的裂缝应大多是网裂和龟裂，而此裂缝大多横向，有少许龟裂。由此可知并不是路面强度不足，负载过大所致。

　　（3）初步判断是因沥青材料老化及低温所致。从裂缝的形状来看，沥青老化低温引起的裂缝多为横向，且裂缝几乎为等距离间距。这与该路面破损情况吻合。该路面已修筑多年，沥青老化后变硬、变脆，延伸性下降，低温稳定性变差，容易产生裂缝、松散。在冬天，气温下降，沥青混合料受基层的约束而不能收缩，产生了应力，应力超过沥青混合料的极限抗拉强度，路面便产生开裂，因而冬天裂缝尤为明显。

9.2　沥青混合料

9.2.1　沥青混合料的分类及组成结构

1. 沥青混合料的分类

沥青混合料按照粗骨料的最大粒径、级配类型以及用途有以下分类方法：

（1）按骨料的最大粒径分类。按骨料的最大粒径，沥青混合料分为粗粒式（骨料的最大

粒径 $D_m=37.5mm$ 或 $31.5mm$）、中粒式（$D_m=26.5mm$ 或 $19mm$）、细粒式（$D_m=16mm$ 或 $13.2mm$）和砂粒式（$D_m=9.5mm$）。其中，粗粒式和中粒式多用于道路面层的底层，而细粒式多作为道路面层的上层。

（2）按骨料级配类型及混合料的密实程度分类。按骨料级配类型及混合料的密实程度，沥青混合料可分为密级配（空隙率约 $3\%\sim6\%$）、开级配（空隙率大于 18%）和半开级配（空隙率约 $6\%\sim12\%$）。密级配沥青混合料多用于道路面层和水工结构物中的防渗层；开级配沥青混合料多用于道路基层、防渗层底部的整平胶结层；而沥青碎石多用于高速公路基层或下面层等。

（3）按施工方式分类。按施工方式，沥青混合料可分为以下类别：

1）碾压沥青混合料：将加热拌合好的混合料摊铺后碾压，用于道路路面，土石坝、蓄水池、渠道和各种堤防的面板衬砌，以及护面、土石坝内部的防渗墙等。

2）浇筑沥青混合料：将沥青砂浆浇注到预先铺好的块石斜坡或抛石的基础上，原则上不需要碾压，适用于碾压困难或水下施工的工程。

3）沥青预制板：将沥青混合料浇筑成形，预制成板。这种预制板具有不透水性、耐磨性及耐久性，可用做水工建筑物的衬砌及护面。

（4）按施工温度分类，沥青混合料可分为以下类别：

1）热铺施工沥青混合料：将材料加热后，在高温下进行拌合和铺筑。

2）冷铺施工沥青混合料：使用有机溶剂稀释沥青，或制成乳化沥青，常温下即可施工。

2. 沥青混合料的组成材料及结构特点

（1）沥青混合料的组成材料。沥青混合料的基本组成材料为沥青、粗细骨料（碎石、石屑和砂等）和矿粉填料。其中沥青是胶结材料，最常用的沥青材料是石油工业的副产品，即石油沥青。所用的沥青标号，宜根据地区气候条件、施工季节气温、路面类型、施工方法等按表 9-8 选用。砂石骨料和矿粉填料均属于矿物质材料（简称矿料）。石子为粗集料，规定其粒径大于 $2.5mm$，在沥青混合料中起骨架作用。砂为细骨料，粒径范围为 $0.075\sim2.5mm$，其作用是填充粗骨料空隙。沥青面层用粗集料的质量要求要符合《沥青路面施工及验收规范》（GB 50092—1996）的要求，见表 9-9。粒径小于 $0.075mm$ 的矿物质材料为矿粉填料，由于矿粉填料颗粒微细，具有很大的表面能，与沥青混合后，将产生物理吸附和化学吸附作用，提高沥青混合料的温度稳定性和黏滞性，使沥青混合料的性能得到改善。常用的矿物填料有石棉粉、粉煤灰、石灰石粉、大理石粉和白云石粉等。沥青面层用细集料的质量要求要符合 GB 50092—1996 的要求，见表 9-10。

表 9-8 　　　　　　　　　　　　　　各类沥青路面选用的石油沥青标号

气候分区		沥青路面类型			
		沥青表面处治	沥青贯入式及上拌下贯式	沥青碎石	沥青混凝土
寒区	最低月平均气温低于−10℃，如黑龙江、吉林、辽宁北部、内蒙北部、甘肃等			AH—90	AH—90
		A—140	A—140	AH—110	AH—110
		A—180	A—180	AH—130	AH—130
		A—200	A—200	AH—100	AH—100
				AH—140	AH—140

续表

气候分区		沥青路面类型			
		沥青表面处治	沥青贯入式及上拌下贯式	沥青碎石	沥青混凝土
温区	最低月平均气温-10~0℃,如辽宁北部、内蒙南部、山东、安徽北部等	A—100	A—100	AH—90	AH—70
		A—140	A—140	AH—110	AH—90
		A—180	A—180	A—100	A—60
				A—140	A—100
热区	最低月平均气温高于0℃,如广东、广西、海南、福建、安徽南部、江苏南部等			AH—50	AH—50
		A—60	A—60	AH—70	AH—70
		A—100	A—100	AH—90	A—100
		A—140	A—140	A—100	A—60
				A—60	

表 9-9　　　　　　　　　　沥青面层用粗集料质量要求

指标		高级公路、一级公路城市快速路、主干路	其他等级公路与城市道路
石料压碎值（%）	≤	28	30
洛杉矶磨耗损失（%）	≤	30	40
视密度/(t/m³)	≥	2.50	2.15
吸水率（%）	≤	2.0	3.0
对沥青的黏附性	≥	4级	3级
坚固性（%）	≤	12.0	—
细长扁平颗粒含量（%）	≤	15	20
水洗法<0.075mm 颗粒含量（%）	≤	1	1
软石含量（%）	≤	5	5
石料磨光值/BPN	≤	42	实测
石料冲击值（%）	≤	28	实测

续表

指　标	高级公路、一级公路城市快速路、主干路	其他等级公路与城市道路
破碎砾石的破碎面积（％）　≥		
拌合的沥青混合料路面表面层	90	40
中下面层	50	40
贯入式路面	—	40

注：1. 坚固性试验可根据需要进行；坚固性试验是以规定数量的集料，分别装入金属网篮中，浸入饱和硫酸钠溶液中进行干湿循环试验。经一定的循环次数后，观察其表面破坏情况，并用质量损失百分率表示其坚固性。
　　2. 当粗集料用于高速公路、一级公路和城市快速路、主干路时，多孔玄武岩的视密度可放宽至 2.45t/m³，吸水率可放宽至 3％，并应得到主管部门的批准。
　　3. 石料磨光值是为高速公路、一级公路和城市快速路、主干路的表层抗滑需要而试验的指标，石料冲击值可根据需要进行。其他公路与城市道路如需要时，可提出相应的指标值。
　　4. 钢渣的游离氧化钙的含量不应大于 3％，浸水后的膨胀率不应大于 2％。

表 9-10　　　　　　　　　　　　　沥青面层用细集料质量要求

指　标	高速公路、一级公路城市快速路、主干路	其他等级公路与城市道路
视密度/(t/m³)　≥	2.50	2.45
坚固性（>0.3mm 部分,％）　≤	12	—
砂当量（％）　≤	60	50

注：1. 坚固性试验可根据需要进行。
　　2. 当进行砂当量试验有困难时，也可用水洗法测定小于 0.075mm 部分的含量（仅适用于天然砂），对高速公路、一级公路和城市快速路、主干路要求该含量不大于 3％，对其他公路与城市道路要求该含量不大于 5％。

（2）沥青混合料的结构特点。沥青混合料根据其粗、细集料的比例不同，其结构组成由三种形式，如图 9-4 所示。

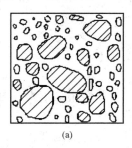 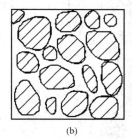 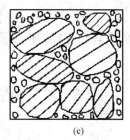

(a)　　　　　　　　　　(b)　　　　　　　　　　(c)

图 9-4　沥青混合料的典型组成结构

（a）悬浮密实结构；（b）骨架空隙结构；（c）骨架密实结构

1）悬浮密实结构。连续密级配的沥青混合料，由于细集料的数量较多，粗集料被细集料挤开，以悬浮状态位于细集料之间，不能直接形成骨架。这种结构的沥青混合料密实度较高，内摩擦角较低，黏聚性较高，高温稳定性较差。

2）骨架孔隙结构。连续开级配的沥青混合料，由于细集料的数量较少，粗集料之间不仅紧密相连，而且有较多的空隙。这种结构的沥青混合料的内摩擦角较大，黏聚力较低，温度稳定性较好。当沥青路面采用这种形式的沥青混合料时，沥青面层下需要做下封层。

3）骨架密实结构。间断密集配的沥青混合料，是上面两种结构形式的有机结合。它既有一定数量的粗集料形成骨架结构，又有足够的细集料填充到粗集料之间的空隙中去。因此，这种结构的沥青混合料的密实度、内摩擦角和黏聚力均较高，温度稳定性较好。

3. 沥青混合料的强度理论

沥青混合料在常温和较高温度下，由于沥青黏结力不足而产生变形或由于抗剪强度不足而破坏，一般用库仑理论来分析其强度和稳定性。

对圆柱形试件进行三轴剪切试验，从摩尔圆可得材料的应力情况。从图 9-5 中应力圆的公切线即摩尔-库仑包络线，或抗剪强度曲线。包络线与纵轴相交的截距表示混合料的黏结力 c，切线与横轴的交角 φ，表示混合料的内摩阻角：

$$\tau = c + \sigma\tan\varphi \tag{9-4}$$

式中　　τ——抗剪强度，MPa；

c——黏结力，MPa；

σ——剪损时的法向压应力，MPa。

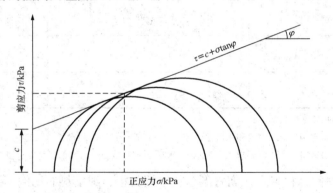

图 9-5　沥青混合料三轴试验确定 c、φ 的值的摩尔-库仑圆

9.2.2　沥青混合料的性质和测试方法

1. 高温稳定性

高温稳定性是指沥青混合料在高温条件下，在长期交通荷载作用下，不产生车辙、波浪和油包等破坏现象的性能。

影响沥青混合料高温稳定性的主要因素有：沥青的用量、沥青的黏度、矿料的级配、矿料的尺寸与形态、沥青混合料摊铺面积等。要增强沥青混合料的高温稳定性，就要提高沥青混合料的抗剪强度和减少塑性变形。

当沥青过量时，会降低沥青混合料的内摩阻力，而且在夏季容易产生泛油现象。因此，适当减少沥青的用量，可以使矿料颗粒更多地以结构沥青的形式相联结，增加混合料黏聚力和内摩阻力，提高沥青黏度，增加沥青混合料抗剪变形的能力。

由合理矿料级配组成的沥青混合料，可以形成骨架密实结构，这种混合料的黏聚力和内摩阻力都比较大。

沥青混合料的高温稳定性可用马歇尔试验的稳定度和流值来评定，或用沥青混合料闭式三轴压缩试验来评定。马歇尔稳定度试验是对标准击实的试件在规定的温度和速度等条件下受压，测定沥青混合料的稳定度和流值等指标所进行的试验。马歇尔稳定度是按规定条件采用马歇尔试验仪测定的沥青混合料所能承受的最大荷载，以 kN 计。流值是马歇尔试验时相应于最大荷载时试件的竖向变形，以 mm 计。根据研究表明，马歇尔稳定度和流值指标与沥青混合料的高温稳定性有一定的相关性。同时实验设备和方法较为简单，并可以作为现场质量控制。因此，马歇尔试验被广泛采用。还需说明的是，混合料的最大粒径对马歇尔试验的准确度有直接的影响。

沥青混合料闭式三轴压缩试验（也称史密斯三轴试验）是试件置于一密闭的压力室中，根据其承受不同垂直应力作用下产生相应侧压力的关系，确定沥青混合料的黏结力及内摩擦角，分别以 MPa 及度表示。

随着高等级公路的兴起，对路面稳定性提出了更高的要求。对高速公路、一级公路采用车辙试验来测定沥青混合料的高温稳定性。沥青混合料的车辙试验是在规定尺寸的板块状压实试件上，在规定条件下，用固定荷载的橡胶轮反复行走后，测定其在变形稳定期每增加变形 1mm 的碾压次数，即动稳定度，以次/mm 表示。

2. 水稳定性

高速公路沥青路面的水损害是导致我国高速公路沥青路面早期损坏的主要原因之一。大量的研究资料表明，进入路面结构内的自由水是造成路面损坏的首要因素。水损害很大的降低了路面的使用寿命，提高了路面养护成本，给国民经济造成巨大的损失。在规定的试验条件下进行浸水马歇尔试验和冻融劈裂试验检验沥青混合料的水稳定性。达不到要求时必须按要求采取抗剥落措施，调整最佳沥青用量后再次试验。

3. 低温抗裂性

低温抗裂性是指沥青混合料不出现低温脆化、低温缩裂、温度疲劳等现象，从而导致出现低温裂缝的性能。沥青混合料不仅应具备高温的稳定性，同时还要具有低温的抗裂性，以保证路面在冬季低温时不产生裂缝。

混合料的低温脆化是指在低温条件下变形能力下降，低温缩裂通常是有材料本身的抗拉强度不足而造成的，可通过沥青混合料的劈裂试验和线性收缩系数试验来反映。

宜对密级配沥青混合料在温度－10℃、加载速率 50mm/min 的条件下进行弯曲试验，测定破坏强度、破坏应变、破坏劲度模量，并根据应力应变曲线的形状，综合评价沥青混合料的低温抗裂性能。

4. 耐久性

沥青混合料的耐久性是指其在外界各种因素（如阳光、空气、水、车辆荷载等）的长期作用下不破坏的性能。影响沥青混合料耐久性的主要因素有：沥青的性质、矿料的性质、沥青混合料的组成与结构（沥青用量、混合料压实度）等。

沥青的抗老化性越好，矿料越坚硬、不易风化和破碎、与沥青的黏结性好，沥青混合料的寿命越长。

从耐久性角度出发，沥青混合料空隙率减少，可防止水的渗入和日光紫外线对沥青的老化作用，但是一般沥青混合料中均应残留一定量的空隙，以备夏季沥青混合料膨胀。

当沥青用量较正常用量减少时，沥青膜变薄，混合料的延伸能力降低，脆性增加。如沥青用量过少，将使混合料的空隙率增加，沥青膜暴露较多，加速了老化作用。同时增加了渗水率，加强了水对沥青的剥落作用。沥青混合料的耐久性用马歇尔试验来评价，可用马歇尔试验测得的空隙率、沥青饱和度和残留稳定度等指标来表示耐久性。

5. 抗滑性

随着现代高速公路的发展以及车辆行驶速度的增加，对沥青混合料路面的抗滑性提出了更高的要求。沥青混合料的抗滑性的影响因素有：矿料的表面性质、沥青用量，混合料的级配及宏观构造等。应选用质地坚硬、具有棱角的粗集料，高速公路通常采用玄武岩。为节省投资，也可采用玄武岩与石灰岩混合使用的方法，这样，待路面经过一段时间的使用后，石灰岩骨料被磨平，玄武岩骨料相对突出，更能增加路面的粗糙性。沥青用量偏多，会明显降低路面的抗滑性。路面抗滑性可用路面构造深度、路面抗滑值以及摩擦系数来评定。构造深度、路面抗滑值和摩擦系数越大，说明路面的抗滑性越好。

6. 施工和易性

为了保证室内配料在现场条件下顺利施工，沥青混合料应具备良好的施工和易性。影响混合料施工和易性的主要因素有：矿料级配、沥青用量、环境温度、搅拌工艺等。

矿料的级配对其和易性影响较大。粗细集料的颗粒级配不当，混合料容易分层沉积（粗集料在面层，细集料在底部）；细集料偏少，沥青不易均匀的分布在矿料表面；细集料偏多，则拌合困难。此外，当沥青用量偏小，或矿粉用量偏多，混合料容易产生疏松，不易压实；如沥青用量过多，或矿粉质量不好，则易导致混合料黏结成团，不易摊铺。生产上对沥青混合料的和易性一般凭经验来判定。

9.2.3 沥青混合料的配合比设计

热拌沥青混合料广泛应用于各种等级道路的沥青面层。其配合比设计的任务就是通过确定粗集料、细集料、矿粉和沥青之间的比例关系，使沥青混合料的强度、稳定性、耐久性等各项指标均达到工程要求。

热拌沥青混凝土配合比设计应包括三个阶段：目标配合比设计阶段、生产配合比设计阶段、生产配合比验证阶段。

1. 目标配合比设计阶段

选择足够的沥青和矿料试样。矿料（粗集料、细集料和填料）应进行筛分，得出各种矿料的筛分曲线。还应测定粗集料、细集料、填料及沥青的相对密度。

目标配合比设计阶段采用工程实际使用的材料计算各种材料的用量比例，配合成的矿料级配应符合表 9-11 的规定，并应通过马歇尔试验确定最佳沥青用量。

（1）矿料配合比设计。矿料的配合比计算是让各种矿料以最佳比例相混合，从而在加入沥青后，使沥青混凝土既密实，又有一定的空隙，供夏季时沥青路面的膨胀。矿料配合比计算按下面步骤进行：

1）根据道路等级、路面类型及所处的结构层等选择适用的沥青混合料类型，按表 9-11 确定矿料级配范围。

表 9 - 11　　沥青混合料矿料级配及沥青用量范围（方孔筛）

通过下列筛孔（方孔筛，mm）的质量百分率

级配类型			53.0	37.5	31.5	26.5	19.0	16.0	13.2	9.5	4.75	2.36	1.18	0.6	0.3	0.15	0.075	沥青用量（%）
沥青混凝土	粗粒式	AC-30 I	100	100	90~100	79~92	66~82	59~77	52~72	43~63	32~52	25~42	18~32	13~25	8~18	5~13	3~7	4.0~6.0
		II		100	90~100	65~85	52~70	45~65	38~58	30~50	18~38	12~28	8~20	4~14	3~11	2~7	1~5	3.0~5.0
		AC-25 I			100	95~100	75~90	62~80	53~73	43~63	32~52	25~42	18~32	13~25	8~18	5~13	3~7	4.0~6.0
		II			100	90~100	65~85	52~70	42~62	32~52	20~40	13~30	2~23	6~16	4~12	3~8	2~5	3.0~5.0
	中粒式	AC-20 I				100	95~100	75~90	62~80	50~72	38~58	28~46	20~34	15~27	10~20	6~14	4~8	4.0~6.0
		II				100	90~100	65~85	52~70	40~60	26~45	16~33	11~25	7~18	4~13	3~9	2~5	3.5~5.5
		AC-16 I					100	95~100	75~90	58~78	42~63	32~50	22~37	16~28	11~21	7~15	4~8	4.0~6.0
		II					100	90~100	65~85	50~70	30~50	18~35	12~26	7~19	4~14	3~9	2~5	3.5~5.5
	细粒式	AC-13 I						100	95~100	70~88	48~68	36~53	24~41	18~30	12~22	8~16	4~8	4.5~6.5
		II						100	90~100	60~80	34~52	22~38	14~28	8~20	5~14	3~10	2~6	4.0~6.0
		AC-10 I							100	95~100	55~75	38~58	26~43	17~33	10~24	6~16	4~9	5.0~7.0
		II							100	90~100	40~60	24~42	15~30	9~22	6~15	4~10	2~6	4.5~6.5
	砂粒式	AC-5 I								100	90~100	55~75	35~55	20~40	12~28	7~18	5~10	6.0~8.0
沥青碎石	特粗	AM-40	100	90~100	50~80	40~65	30~54	25~50	20~45	13~38	5~25	2~15	0~10	0~8	0~6	0~5	0~4	2.5~4.0
	粗粒	AM-30		100	90~100	50~80	38~65	32~57	25~50	17~42	8~30	2~20	0~15	0~10	0~8	0~5	0~4	2.5~4.0
		AM-25			100	90~100	50~80	43~73	38~65	25~55	10~32	2~20	0~14	0~8	0~8	0~5	0~5	3.0~4.5
	中粒	AM-20				100	90~100	60~85	50~75	40~65	15~40	5~22	1~16	1~12	0~10	0~8	0~5	3.0~4.5
		AM-16					100	90~100	60~85	45~68	18~42	6~25	3~18	1~14	0~10	0~8	0~5	3.0~4.5
	细粒	AM-13						100	90~100	50~80	20~45	8~28	4~20	2~16	0~12	0~9	0~6	3.5~4.5
		AM-10							100	85~100	35~65	10~35	5~22	2~16	0~12	0~9	0~6	3.0~4.5
抗滑表层		AK-13K						100	90~100	60~80	30~53	20~40	15~30	10~23	7~18	5~12	4~8	3.5~5.5
		AK-13B						100	85~100	70~100	18~40	10~30	8~22	5~15	3~12	3~9	2~6	3.5~5.5
		AK-16					100	90~100	60~82	45~70	25~45	15~35	10~25	8~18	6~13	4~10	3~7	3.5~5.5

2）由各种矿料的筛分曲线计算配合比例，合成的矿料级配应符合表 9-11 的规定。矿料的配合比计算宜借助计算机进行，也可用图解法确定。合成的级配应满足：①应使包括 0.075mm、2.36mm、4.75mm 筛孔在内的较多筛孔的通过量接近设计级配范围的中限；②对交通量大、轴载重的道路，宜偏向级配范围的下（粗）限。对中、小交通量或人行道路等宜偏向级配范围的上（细）限。

3）合成的级配曲线应接近连续或合理的间断级配，不得有过多的犬牙交错。当经过再三调整，仍有两个以上的筛孔超出级配范围时，应对原材料重新设计。

（2）沥青最佳用量的确定。沥青最佳用量根据马歇尔试验按下列步骤确定：

1）根据表 9-11 中所列的沥青用量范围及实践经验，估计适宜的沥青用量（或油石比例）。

2）以估计沥青用量为中值，按 0.5% 间隔变化，取 5 个不同的沥青用量，用小型拌合机与矿料拌合，按规定的击实次数成型马歇尔试件。按下列规定的试验方法，测定试件的密度，并计算空隙率、沥青饱和度、矿料间隙率等物理指标，进行体积组成分析。

Ⅰ型沥青混合料试件应采用水中重法测定。

表面较粗但较密实的Ⅰ型或Ⅱ型沥青混合料、使用了吸收性集料的Ⅰ型沥青混合料试件应采用表干法测定。

吸水率大于 2% 的沥青混凝土或沥青碎石混合料等不能用表干法测定的试件采用蜡封法测定。

空隙率较大的沥青碎石混合料、开级配沥青混合料试件可采用体积法测定。

进行马歇尔试验，测定马歇尔的稳定度及流值物理力学性质。选择的沥青用量范围应使密度及稳定度曲线出现峰值。

3）进行马歇尔试验，测定马歇尔稳定度及流值等物理力学性质。

4）按图 9-6 的方法，以沥青用量为横坐标，以测定的各项指标为纵坐标，分别将试验结果点入图中，连成圆滑的曲线。

5）从图 9-6 中求取相应于密度最大值的沥青用量为 α_1，相应于稳定度最大值的沥青用量 α_2 及相应于规定空隙率范围的中值（或要求的目标空隙率）α_3，按下式求取三者的平均值作为最佳沥青用量的初始值 OAC_1。

$$OAC_1 = \frac{(\alpha_1 + \alpha_2 + \alpha_3)}{3} \qquad (9-5)$$

6）求出各项指标均符合表 9-11 沥青混合料技术标准的沥青用量范围 $OAC_{min} \sim OAC_{max}$，按下式求取中值 OAC_2。

$$OAC_2 = \frac{OAC_{min} + OAC_{max}}{2} \qquad (9-6)$$

7）按最佳沥青用量初始值 OAC_1，在图 9-6 中求取相应的各项指标值，当各项指标均符合表 9-12 规定的马歇尔设计配合比技术标准时，由 OAC_1 及 OAC_2 综合决定最佳沥青用量（OAC）。当不能符合表 9-12 的规定时，应调整级配，重新进行配合比设计，直至各项指标均能符合要求为止。

8）由 OAC_1 及 OAC_2 综合决定最佳沥青用量（OAC）时，宜根据实践经验和道路等级、气候按下列步骤进行：

①一般可取 OAC_1 及 OAC_2 作为最佳沥青用量（OAC）。

②对道路以及车辆渠化交通的高速公路、一级公路、城市快速路、主干路，有可能造成

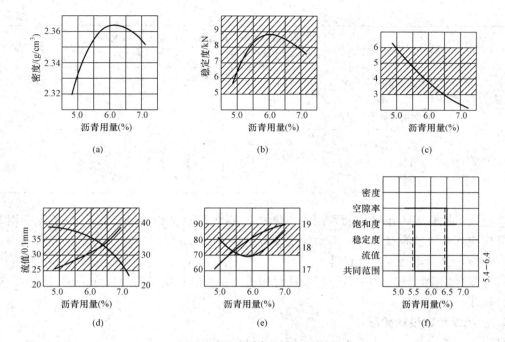

图 9 - 6　马歇尔试验结果示例

注：图中阴影范围为设计要求范围，$\alpha_1 = 6.35\%$，$\alpha_2 = 6.2\%$，$\alpha_3 = 5.7\%$，$OAC_1 = 6.08\%$，$OAC_{min} = 5.4\%$，
　　$OAC_{max} = 6.4\%$，$OAC_2 = 5.9\%$，$OAC = 6.0\%$。

较大车辙的情况时，可在 OAC_2 与下限 OAC_{min} 范围内决定，但不宜小于 OAC_2 的 99.5%。

　　③对寒冷道路以及其他等级公路与城市道路，最佳沥青用量可以在 OAC_2 与上限值 OAC_{max} 范围内决定，但不宜大于 OAC_2 的 100.3%。

　　（3）最佳沥青用量（OAC）的检验。经过上面计算得出的最佳用量应进行水稳定性检验和高温稳定性检验。

　　水稳定性检验：按最佳沥青用量（OAC）制作马歇尔试件进行浸水马歇尔试验或真空饱水后的浸水马歇尔试验，当残留稳定度不符合表 9 - 12 的规定时，应重新进行配合比设计，或采取抗剥离措施重新试验，直至符合要求为止。

表 9 - 12　　　　　　　　　热拌沥青混合料马歇尔试验技术指标

试验项目	沥青混合料类型	高速公路、一级公路城市快速路、主干路	其他等级公路与城市道路	行人道路
击实次数/次	沥青混凝土	两面各 75	两面各 50	两面各 35
	沥青碎石、抗滑表层	两面各 50	两面各 50	两面各 35
稳定度/kN	Ⅰ型沥青混凝土	>7.5	>5.0	>3.0
	Ⅱ型沥青混凝土、抗滑表层	>5.0	>4.0	—
流值/0.1mm	Ⅰ型沥青混凝土	20～40	20～45	20～50
	Ⅱ型沥青混凝土、抗滑表层	20～40	20～45	—

续表

试验项目	沥青混合料类型	高速公路、一级公路城市快速路、主干路	其他等级公路与城市道路	行人道路
空隙率（%）	Ⅰ型沥青混凝土	3～6	3～6	2～5
	Ⅱ型沥青混凝土、抗滑表层沥青碎石	4～10	4～10	—
		＞10	＞10	—
沥青饱和度（%）	Ⅰ型沥青混凝土	70～85	70～85	75～90
	Ⅱ型沥青混凝土、抗滑表层沥青碎石	60～75	60～75	—
		40～60	40～60	—

高温稳定性检验：按最佳沥青用量（OAC）制作车辙试验试件，在60℃条件下用车辙试验机检验其高温抗车辙能力，当动稳定度不符合表9-12要求时，应对矿料级配或沥青用量进行调整，重新进行配合比设计。

目标配合比阶段确定的矿料级配及沥青用量，供拌合机确定各冷料仓的供料比例、进行速度及试拌使用。

2. 生产配合比设计阶段

对间歇式拌合机，应从二次筛分后进入各热料仓的材料中取样，并进行筛分，确定各熟料仓的材料比例，供拌合机控制室使用。同时，应反复调整冷料进料比例，使供料均衡，并取目标配合比设计的最佳沥青用量、最佳沥青用量加0.3%和最佳沥青用量减0.3%等三个沥青用量进行马歇尔试验，确定生产配合比的最佳沥青用量。

3. 生产配合比的验证阶段

拌合机应采用生产配合比进行试拌，铺筑试验段，并用拌合的沥青混合料进行马歇尔试验及路上钻取芯样检验，由此确定生产用的标准配合比。标准配合比应作为生产上控制的依据和质量检验的标准。标准配合比的矿料合成级配中，0.075mm、2.36mm、4.75mm三档筛孔的通过率应接近要求级配的中值。

工程实例分析

 ［实例9-2］ 粗集料针片状颗粒含量高对沥青混合料的影响

工程背景

南方某高速公路某段在铺沥青混合料时，粗集料针片状含量较高（约17%）。在满足马歇尔技术指标条件下沥青用量增加约10%。实际使用后，沥青路面的强度和抗渗能力相对较差。请分析原因，并提出有效的防治措施。

原因分析

沥青混合料是由矿料骨架和沥青构成的，据空间网络结构。矿料针片状含量过高，针片状矿料相互搭架形成空洞较多，虽可增加沥青用量略加弥补，但过多增加沥青用量不仅在经济上不合算，而且还影响了沥青混合料的强度及性能。

防治措施：沥青混合料粗集料应符合洁净、干燥、无风化、无杂质、良好的颗粒形状，具有足够强度和耐磨性等 12 项技术要求。其中，矿料针片状含量需严格控制在小于或等于 15%。矿料针片状含量过高主要原因是加工工艺不合理，采用颚式破碎机加工尤需注意。若针片状含量过高，应回加工厂回轧。一般来说，瓜子片（粒径 5～15mm）的针片状含量往往较高，在粗集料级配设计时，可在级配曲线范围内适当降低瓜子片的用量。

习 题

一、单项选择题

1. 沥青标号是根据（ ）划分的。
 A. 耐热度   B. 针入度   C. 延度   D. 软化点

2. 沥青胶的标号是根据（ ）划分的。
 A. 耐热度   B. 针入度   C. 延度   D. 软化点

3. 石油沥青的主要组分有（ ）。
 A. 油分   B. 固体石蜡
 C. 地沥青质   D. 油分、树脂、地沥青质

4. 石油沥青的技术性质中，其温度敏感性是用（ ）表示。
 A. 针入度   B. 延伸度   C. 软化点   D. 蒸发损失百分率

5. "三毡四油"防水层中的"油"是指（ ）。
 A. 防水涂料   B. 冷底子油   C. 沥青胶   D. 油漆

6. 赋予石油沥青以流动性的组分是（ ）。
 A. 油分   B. 树脂   C. 沥青脂胶   D. 地沥青质

7. 高聚物改性沥青防水卷材克服了传统沥青防水卷材（ ）的不足。
 A. 成本高   B. 温度稳定性差
 C. 延伸率小   D. 温度稳定性差及延伸率小

8. 乳化沥青中的主要成膜物质为（ ）。
 A. 石灰膏   B. 沥青   C. 水   D. 乳化剂和水

9. 用于屋面防水的石油沥青，其软化点必须高于屋面最高温度（ ）。
 A. 5～15℃   B. 15～20℃   C. 20～25℃   D. 25～30℃

10. 石油沥青在使用过程中，随着环境温度的降低，沥青的（ ）。
 A. 黏性增大，塑性减小   B. 黏性增大，塑性增大
 C. 黏性减小，塑性增大   D. 黏性减小，塑性减小

二、填空题

1. 石油沥青中油分的含量越大，则沥青的温度感应性_____，大气稳定性_____。

2. 沥青制品在使用几年后，出现变硬、开裂现象是因为_____。

3. 在沥青胶中掺入填料的主要目的是提高沥青胶的粘接性、_____和大气稳定性。

4. 石油沥青中的_____越多，则沥青的塑性越高。

5. 沥青的组分中，_____含量决定石油沥青的高温稳定性，该性能用_____指标来表示。

第10章 木 材

本章主要阐述木材的分类和构造、物理和力学性质，介绍木材的防护措施，并讲述木材产品的种类和应用。

10.1 木材的分类和构造

10.1.1 木材的分类

树木按树叶外观形状不同分针叶树和阔叶树。

1. 针叶树

针叶树树干通直高大，易得较大尺寸的木材，且纹理平顺，材质均匀，木质软，容易加工，所以又称软木材。针叶树木材强度较高，表观密度和膨胀变形较小，耐腐蚀性较强，是建筑工程的主要用材，广泛用作承重构件、制作模板、门窗等。常用针叶树种有松、柏、杉等。

2. 阔叶树

阔叶树树干通直部分较短，材质较硬，所以又称硬木材。阔叶树的木材一般表观密度较大，膨胀和翘曲变形大，易开裂。但阔叶树中有些树种花纹美观，适合做房屋建筑的内部装修、家具和胶合板等。常用的阔叶树材种有榆木、水曲柳和柞木等。

10.1.2 木材的构造

木材的构造决定其性质，针叶树和阔叶树的构造略有不同，故其性质有差异。可以从宏观和微观两个方面了解木材的构造。

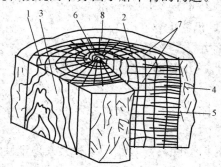

图 10-1 木材的宏观结构

1—横切面；2—径切面；3—弦切面；4—树皮；
5—木质部；6—髓心；7—髓线；8—年轮

1. 木材的宏观构造

木材的宏观构造是指用肉眼和放大镜就能观察到的木材组织。通常从树干的三个切面上来进行剖切，即横切面（垂直于树轴的面）、径切面（通过树轴的面）和弦切面（平行于树轴的面），如图 10-1 所示。

在横切面上可以看到，树木是由树皮、木质部和髓心三部分构成。木质部是建筑用材的主要部分。从横切面上看到的深浅相间的圆环称为年轮。年轮越密，表明树木的生长年限越长，木材的品质越好。一般针叶树的年轮比较明显，阔叶树材大多不容易区别。在同一年轮里，春天生长的木质颜色较浅，质地比较松软，称为春材（早材）；夏秋两季生长的木质颜色较深，质地比较坚硬，称为夏材（晚材）。

从髓心向外的辐射线，称为木射线。木射线与周围连接较差，木材干燥时易沿髓线开裂，但木射线和年轮组成了美丽的天然纹理。

2. 木材的微观结构

木材的微观结构是在显微镜下观察到的木材组织。在显微镜中可以看到，木材是由无数管状细胞紧密结合而成，它们大部分为纵向排列。每个细胞由细胞壁和细胞腔组成，细胞壁由细长的纤维组成。木材的细胞壁越厚，细胞腔越小，木材越密实，强度越高，但胀缩也越大。夏材的细胞壁比春材的细胞壁厚。

<h2 style="text-align:center">工程实例分析</h2>

 ［实例 10 - 1］　客厅木地板

工程背景

某客厅采用白松实木地板装修，使用一段时间后多处磨损。

原因分析

白松属于针叶树材。其木质软、硬度低、耐磨性差。虽受潮后不易变形，但用于走动频繁的客厅则不妥，可考虑改用质量好的复合木地板，其板面坚硬耐磨，可防高跟鞋、家具的重压、磨刮。

10.2　木材的物理和力学性质

10.2.1　木材的物理性质

1. 含水率与吸湿性

木材是吸水性材料，其吸附水的能力很强。木材中的水分可分为自由水、吸附水和化合水三种。自由水是存在于细胞腔及细胞间隙中的水分；吸附水是被吸附在细胞壁内的水分；化合水是木材化学成分中的结合水，总含量不超过 $1\%\sim2\%$，一般情况下不予考虑。自由水只与木材的体积密度、抗腐蚀性、干燥性和燃烧性有关，而吸附水是影响木材强度和湿胀干缩的主要因素。

当木材的细胞壁充满吸附水，而细胞腔和细胞间隙中无自由水时的含水率，称为木材的纤维饱和点。纤维饱和点随树种而异，一般介于 $25\%\sim35\%$ 之间，通常以 30% 作为木材的纤维饱和点。木材的纤维饱和点是木材的物理、力学性质随含水率而变化的转折点。

当环境的温度和湿度发生变化时，木材的平衡含水率就会发生较大的变化。达到平衡点的木材，其性能保持相对的稳定。因此，在木材加工和使用前，应将木材干燥至使用环境的平衡含水率。

2. 干缩湿胀

木材具有较大的干缩湿胀性，其变形性能受含水及木材各向异性的影响。

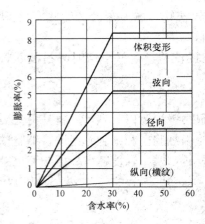

图 10-2 松木含水率与
变形的关系

潮湿的木材，干燥至纤维饱和点时，木材中的自由水蒸发，几何尺寸不变，若继续干燥，含水率低于纤维饱和点，这时的木材的吸附水减少，木材产生收缩；反之，干燥木材吸湿时，首先细胞壁吸附水增加，木材将产生膨胀。当吸水率超过纤维饱和点时，再吸湿，自由水增加，但木材的几何尺寸不变。

由于木材的各向异性，其胀缩在各个方向上也不同，如图 10-2 所示。弦向胀缩最大，径向次之，纵向最小。当含水率超过纤维饱和点（30％）时，木材不再继续膨胀。

10.2.2　木材的力学性质

木材构造上的各向异性不仅影响木材的物理性质，也影响木材的力学性质，使木材的各种力学强度都具有明显的方向性。在顺纹方向（作用力与木材纵向纤维方向平行），木材的抗拉和抗压强度都比横纹方向（作用力与木材纵向纤维方向垂直）高得多；对横纹方向，弦向又不同于径向；当斜纹受力（作用力方向介于横纹和纵纹之间）时，木材强度随力与木纹交叉角的增大而降低。

1. 抗压强度

顺纹抗压强度是木材各种力学性质中的基本指标，在土木工程中应用最广，如柱、桩、斜撑等。木材顺纹受压破坏是细胞壁丧失稳定性的结果，而非纤维断裂，因此木材顺纹强度高达 30～70MPa，仅次于木材的顺纹抗拉和抗弯强度，而且受疵病的影响较小。

横纹抗压强度远小于顺纹抗压强度，通常只有顺纹抗压强度的 10％～20％。木材的横纹受压破坏主要是因为细胞被挤紧、压扁，产生较大的变形。所以，木材的横纹抗压强度以使用中所限制的变形量来决定，通常取其比例极限作为横纹抗压强度指标。

2. 抗拉强度

木材的顺纹受拉是将纤维纵向拉断，非常困难，所以，在木材的所有受力方式中，顺纹抗拉强度最高，为顺纹抗压强度的 2～3 倍，可达到 50～200MPa 之间。横纹抗拉是将管状纤维横向撕裂，由于纤维之间的横向联系比较疏松，所以木材的横向抗拉强度很低，仅为顺纹抗拉强度的 1/40～1/10。

3. 抗弯强度

木材具有良好的抗弯性能，抗弯强度约为顺纹抗压强度的 1.5～2 倍。因此，在土木工程中常用作受弯构件，如梁、脚手架、地板等。木梁受弯时，上部产生顺纹压力，下部产生顺纹拉力。上部首先达到强度极限，出现细小的皱纹，但不马上破坏，继续加力时，下部受拉部分也达到极限，这时构件破坏。

4. 抗剪强度

木材的抗剪强度因作用力与纤维方向不同，可分为三种：顺纹剪切、横纹剪切和横纹切断，如图 10-3 所示。

（1）顺纹抗剪，即剪力方向与木材纤维平行。木材顺纹受剪时，绝大部分纤维本身并不破坏，只破坏了受剪面中纤维的联结。所以木材的顺纹抗剪强度很小，通常是顺纹抗压强度

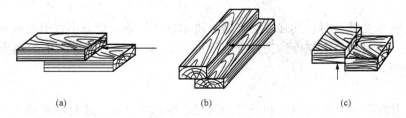

图 10-3 木材的剪切

(a) 顺纹剪切；(b) 横纹剪切；(c) 横纹切断

的 1/7～1/3。

（2）横纹抗剪，即剪力方向与木材方向垂直，而受剪面则与纤维平行。木材横纹抗剪强度比顺纹抗剪强度还低。实际工程中一般不出现横纹受剪破坏。

（3）横纹断裂，即剪力方向、受剪面均与木纤维垂直。横纹切断是将木纤维横向切断，因此，木材横纹切断强度较高，约为顺纹抗剪强度的 4～5 倍。

在土木工程中，木材构件受剪情况比受压、受弯、受拉少得多。一般木结构中的木梢是承受横纹剪断作用，木桁架下弦端部承受顺纹剪切作用。

10.2.3 影响木材强度的因素

1. 含水率

当木材含水率超过纤维饱和点变化时，含水率的变化是自由水量变化，基本上不影响木材的强度；当含水率低至纤维饱和点以下时，随着含水率降低，吸附水减少，细胞壁趋于致密，木材强度增大。通常，以木材含水率为 12% 时的强度作为标准强度，以便于相互比较。当木材含水率大于或者等于 12% 时，按式（10-1）进行换算（当含水率为 8%～23% 时，误差最小），即：

$$\sigma_{12} = \sigma_w[1 + \alpha(W - 12)] \tag{10-1}$$

式中　σ_{12}——含水率 12% 时的木材强度；

　　　σ_w——含水率 W 时的木材强度；

　　　W——木材含水率，%；

　　　α——含水率校正系数。

按照作用力形式和树种，α 取下列数值：

（1）顺纹抗压：红松、落叶松、杉、榆、桦为 0.05，其他树种为 0.04。

（2）顺纹抗拉：针叶树为 0，阔叶树为 0.015。

（3）抗弯：各种树种均为 0.04。

（4）顺纹抗剪：各种树种均为 0.03。

2. 温度

当温度升高时，木质纤维中的胶结物质处于软化状态，其强度和弹性均降低，这种现象当温度达到 50℃ 时开始明显；当环境温度降至 0℃ 以下时，其中水分结冰，木材强度变大，但木质变得较脆，并且解冻后各项强度均有降低。因此木材的使用温度为 50℃ 以下的正温为宜。

3. 时间

木材长时间承受载荷时，其强度会降低。将木材在长期载荷下不致引起破坏的最大强度称为持久强度。木材的持久强度约为标准强度的 0.5～0.6 倍。木材产生的蠕变是木材强度下降的主要原因。

4. 疵病

树木生长和保存中产生的内部和外部的缺陷，统称为疵病。木材的疵病主要有木节、裂纹、斜纹和腐朽等，这些缺陷将使木材的强度降低。

10.3　木材的防护

木材作为土木工程材料，最大的缺点是容易腐朽、虫蛀和燃烧，腐朽和虫蛀大大缩短了木材的使用寿命，而易燃大大限制了它的适用范围。所以，采用适当措施来提高木材的耐久性和耐火性是非常重要的。

10.3.1　木材的腐朽与防腐

木材的腐朽是真菌侵害所致。真菌在木材中生存和繁殖必须具备三个条件——水分、适宜的温度和空气中的氧。所以木材完全干燥和完全浸入水中（缺氧）都不容易腐朽。了解木材产生腐朽的原因，也就有了防止木材腐朽的方法。通常防止木材腐朽有以下两个措施：一是破坏真菌生存的条件，最常用的办法是使木结构、木制品和储存的木材经常处于通风干燥的状态，并对木结构和木制品表面进行油漆处理，油漆涂层既使木材隔离了空气，又隔离了水分；二是将化学防腐剂注入木材，使真菌无法寄生。木材防腐剂的种类很多，一般分水溶性、油质和膏状防腐剂三种。

10.3.2　木材的防虫

木材除受真菌侵蚀而腐朽外，还会遭受昆虫的蛀蚀。常见的昆虫有白蚁、天牛等。木材虫蛀的防护方法，主要是采用化学药剂处理。木材防腐剂也能防止昆虫的危害。

10.3.3　木材的防火

木材属木质纤维材料，易燃烧，它是具有火灾危险性的有机可燃物。所谓木材的防火，就是将木材经过具有阻燃性能的化学物质处理后，变成难燃的材料，以达到遇小火能自熄，遇大火能延缓或阻滞燃烧蔓延的目的，从而赢得扑救的时间。

常用的防火处理方法是在木材表面涂刷或覆盖难燃材料和用防火剂浸注木材。

工程实例分析

 ［实例 10-2］　木地板腐蚀原因分析

工程背景

某邮电局大楼设备用房于七楼现浇混凝土楼板上，铺炉渣混凝土 50mm，再铺地板。完工后设备未及时进场，门窗关闭了一年，当设备进场时，发现木板大部分腐蚀，一踩即断裂。

原因分析

炉渣混凝土中的水分封闭于木地板内部，慢慢渗透到未做防腐、防潮处理的木格栅和木地板中，门窗关闭使木材含水率较高，此环境条件正好适合真菌的生长，导致木材腐蚀。

［实例 10-3］　含水率对木材性能的影响

工程背景

天安门城楼建于明朝，清朝重修，经历数次战乱，屡遭炮火袭击，天安门依然巍然屹立。20 世纪 70 年代初重修，从国外购买了上等良木更换顶梁柱，一年后柱根便腐朽，不得不再次大修。

原因分析

这些木材拖上船后从非洲运回，饱浸海水，上岸后工期紧迫，不顾木材含水率高，在潮湿的木材上涂漆，水分难挥发，这些潮湿的木材最容易受到真菌的腐蚀。

10.4　木材的应用

在建筑工程中使用的木材常有原木、板材和枋材三种形式。原木是指去皮去树梢后按一定规格锯成一定长度的木料；板材是指宽度为厚度 3 倍或 3 倍以上的木料；枋材是指宽度不足厚度 3 倍的木料。除了直接使用木材外，还对木材进行综合利用，制成各种人造板材。这样既提高了木材使用率，又改善了天然木材的不足。

各种人造板及其制品是室内装修的最主要的材料之一。室内装饰装修用的人造板大多存在游离甲醛释放问题。游离甲醛是室内环境污染的主要污染物，对人体危害很大，已引起全社会的关注。《室内装修装饰材料人造板及其制品中甲醛释放限量》（GB 18580—2001）规定了各种板材中甲醛限量值。

10.4.1　胶合板

胶合板又称层压板，是用蒸煮软化的软木旋切成薄片，再用胶黏剂按奇数层以各层纤维相互垂直的方向粘合热压而成的人造板材。胶合板层数可达 15 层。根据层数的不同，而有不同的称谓，如三合板、五合板等。我国胶合板目前主要采用松木、水曲柳、马尾松及部分进口原木制成。

胶合板有很多优点：

（1）利用小直径的原木可制成表面花纹美观的大张无缝无节的薄板。

（2）能消除由于木材各向异性而引起的不利因素，这种板变形均匀，各向强度大致相等。

（3）能充分利用板材，胶合板除表层利用较好的木材外，内层可用质差或有缺陷的木材。

胶合板可用作隔板、地板、天花板、护壁板、车船内装修板及家具等。耐水胶合板（用合成树脂做胶粘剂）可用作混凝土的模板。

10.4.2 纤维板

纤维板是将木材加工剩下来的板皮、刨花、树枝等废料，经破碎浸泡、研磨成木浆，再加入一定量的胶结料，经热压成形、干燥处理而成的人造板材。纤维板的特点是材质均匀，各向强度一致，抗弯强度高，可达 55MPa，耐磨、绝热性好，不易胀缩和翘曲，不腐朽。纤维板在建筑工程中可代替木板，主要用作建筑装饰材料和建筑构件，如室内隔墙的装饰板、天花板、门板、楼梯扶手等；还用于制作家具，各种台面板、桌椅、茶几及组合家具的箱、柜等，由于抗污染性、耐水性强，更适合于做厨房的炊用家具。

10.4.3 复合木地板

复合木地板是以中密度纤维板或木板条为基材，涂布三氧化二铝等作为覆盖材料而制成的一种板材。它具有耐烫、耐污、耐磨、抗压、施工方便等特点。复合木地板安装方便，板与板之间可用过槽榫进行连接。在地面平整度保证的前提下，复合木地板可直接铺在地面上，而不需要用胶黏结。

10.4.4 刨花板、木丝板、木屑板

刨花板、木丝板、木屑板是以天然木材加工剩下的木丝、木屑等为原料，经干燥后拌入胶料，再经过热压而成的人造板材。所用胶料可用合成树脂，也可用水泥等无机胶结料。这类板材一般表观密度小，强度较低，主要用作隔音和绝热材料，但不宜用于潮湿处。其表面可粘贴塑料贴面或胶合板作饰面层，这样既增加了板材的强度，又使板材具有装饰性，可用作吊顶、隔墙、家具等。

10.4.5 微薄木贴面板

微薄木贴面板是用水曲柳、榉木和桦木等花纹美丽的原木旋切成 0.1～0.5mm 厚的薄片，以胶合板为基材胶合而成，装饰性好，用于室内装修或家具制造时粘贴于大芯板、细木加工等基体板材表面，增加装饰效果。

由于木质复合板材的基本素材是木材，其性能与天然板材比较接近，同时又能加工成较大型的尺寸，弥补了天然板材各向异性的缺点。木质复合板材高效率地利用了天然木材中不能成为整体木材制品的部分，在房屋建筑、家居装修和家具制造等方面代替了天然板材，发挥了巨大的作用。

习　　题

一、单项选择题

1. 木材在使用前应使其含水率达到（　　）。
   A. 纤维饱和点　　　　B. 平衡含水率　　　　C. 饱和含水率　　　　D. 绝干状态含水率

2. 当木材的含水率大于纤维饱和点时，随含水率的增加，木材的（　　）。
   A. 强度降低，体积膨胀　　　　　　　　B. 强度降低，体积不变
   C. 强度降低，体积收缩　　　　　　　　D. 强度不变，体积不变

3. 由于木材构造的不均匀性，在不同方向的干缩值不同。（　　）的干缩最小。

　　A. 顺纹方向　　　　B. 径向　　　　C. 弦向　　　　D. 斜向

4. 木材中（　　）发生变化，木材的物理力学性质产生不同程度的改变。

　　A. 自由水　　　　B. 吸附水　　　　C. 化合水　　　　D. 游离水

5. 木材的木节和斜纹会降低木材的强度，其中对（　　）强度影响最大。

　　A. 抗拉　　　　B. 抗弯　　　　C. 抗剪　　　　D. 抗压

6. 木材中（　　）含量的变化，是影响木材强度和胀缩变形的主要原因。

　　A. 自由水　　　　B. 吸附水　　　　C. 结合水　　　　D. 化合水

7. 木材在进行加工使用前，应将其干燥至含水程度达到（　　）。

　　A. 纤维饱和点　　B. 平衡含水率　　C. 标准含水率　　D. 绝干状态

8. 为防止木结构腐蚀虫蛀，下列措施错误的是（　　）。

　　A. 将木材干燥至 20% 以上的含水率　　　　B. 木屋架山墙通风，设老虎窗

　　C. 用防腐剂浸渍木材　　　　D. 刷油漆

9. 影响木材强度的下列因素中，不是主要因素的是（　　）。

　　A. 含水率　　　　B. 温度、负荷时间　　C. 相对密度　　　　D. 疵病

二、填空题

1. 在木材的含水率小于纤维饱和点的情况下，继续干燥木材，则木材的强度_____。

2. 木材试件的顺纹强度中最大的为_____强度。

3. 木材的强度和体积是否随含水率而发生变化的转折点是_____。

4. 在木结构设计使用中，木材不能长期处于_____的温度中使用。

5. 木材的持久强度约为木材极限强度的_____。

附　　　录

附录 A　材料学基础知识

材料的组成与结构是决定材料性质的内部因素。

A.1　材料的组成

材料的化学组成，是指组成材料的化学元素种类和数量，直接影响材料的化学以及物理力学性质。

材料的矿物组成，是指组成材料的矿物种类和数量，材料的矿物组成直接影响无机非金属材料的性质。

基本单元即链节的多次重复即构成合成高分子材料，如经过聚合反应之后得到的聚乙烯中链节为乙烯，其重复单元的个数称为聚合度。

A.2　材料的结构

结构是指材料系统内各组成单元之间的相互联系和相互作用方式。从尺寸上分为微观结构、亚微观结构、显微结构和宏观结构等四个不同的层次，见表 A-1。

表 A-1　材料的结构

结构层次	物体尺寸	观测设备	研究对象	举　例
宏观结构	$100\mu m$ 以上	肉眼 放大镜 体视显微镜	大晶粒 颗粒集团	断面结构 外观缺陷 裂纹、空洞
显微结构	$100\sim10\mu m$	偏光显微镜	晶粒 多相集团	物相或颗粒聚集方式、形状、分布及物相的光学性质
	$10\sim0.2\mu m$	反光显微镜 相衬显微镜 干涉显微镜	微晶集团	物相或颗粒的形状、大小、取向、分布和结构；物相的部分光学性质：消光、干涉色、延性、多色性等
亚显微结构	$0.2\sim0.01\mu m$	暗场显微镜 超视显微镜 干涉相衬显微镜 透射电子显微镜 扫描电子显微镜	微晶 胶团	液相分离体，沉积，凝胶结构；界面形貌；晶体构造的位错缺陷
微观结构	$<0.01\mu m$	离子显微镜 扫描隧道显微镜 高分辨电子显微镜	晶格点阵	晶格；原子结构

1. 微观结构

微观结构是指组成材料的原子或分子的具体排列方式以及结合状况等。

用刚性小球堆积的简化模型表征原子和离子的排列时，大多是以固定半径为依据的，可以准确地用于主要含金属键的大部分金属材料中。

材料的微观结构可分为晶体、非晶体。晶体是由质点（原子、离子或分子）在三维空间作有规律的周期性重复排列（远程有序）而形成的固体。质点的这种规则排列构架称为晶格。构成晶格的最基本的几何单元称为晶胞。晶体就是由大量形状、大小和位向完全相同的晶胞堆砌而成。故晶体结构取决于晶胞的类型及尺寸。结晶态属于热力学的稳定状态。

不同的晶体具有不同的性质，例如，水泥熟料中的 $\beta-Ca_2SiO_4$ 和 $\gamma-Ca_2SiO_4$ 虽然化学组成相同，但因晶体结构不同，而呈现出不同的水化性能，在室温下，前者具水化活性，而后者没有。

晶体的物理力学性质，还与质点间结合力有关，可分为离子键、共价键、金属键和分子键四种。

（1）离子键和离子晶体。由正、负离子间的静电引力所形成的离子键构成的晶体称为离子晶体。离子键的结合力比较大，故离子晶体具有较高的强度、硬度和熔点，但较脆。其固体状态是电和热的不良导体，熔融或溶解状态时都能导电。

（2）共价键和原子晶体。共价键的特点是两个原子共享价电子对。由原子以共价键构成的晶体为共价晶体，如石英、金刚石等。共价键的结合力很大，故原子晶体具有高强度、高硬度和高熔点。但塑性变形能力很差，只有将共价键破坏才能使材料产生永久变形。通常为电和热的不良导体。

（3）金属键和金属晶体。金属键结合的特点是价电子的"公有化"。由金属阳离子组成晶格，自由电子运动其间，阳离子与自由电子形成金属键，金属键的结合力较强。

金属晶体的晶格一般是排列密集的晶体结构，如铁的体心立方体结构，故金属材料一般密度较大。金属晶体有较高的硬度和熔点，具有很好的塑性变形性能，并具有导电和传热性质。

（4）分子键和分子晶体。分子键也称范德瓦尔斯力，是存在于中性原子或分子之间的结合力，本质上是一种物理键，依分子键结合起来的晶体称为分子晶体。

分子键结合力很弱，分子晶体具有较大的变形性能、熔点很低，为电、热的不良导体。

分子键是普遍存在的，但当有前述化学键存在时，它会被遮盖而被忽略；对由数个分子或由多个分子组成的微细颗粒或超微细颗粒（如纳米颗粒），其间范德瓦尔斯力的作用则是很重要的。

此外，还有一种特殊的分子键——氢键，它是由氢原子与 O、F、N 等原子相结合时，形成的一种附加键。氢键是一种物理键，但比范德瓦尔斯力强。在实际材料中，大多数晶体并不是由前述某一种类型键结合的，而是存在着混合键。

2. 显微结构

显微结构是指用光学显微镜可以观察到的材料组成及结构。材料在这一层次上的组成及其聚集状态，对其性质有重要影响。例如，水泥混凝土材料可以分为水泥基体相、集料分散相、界面相及孔隙等。它们的状态、数量及性质将决定水泥混凝土的物理力学性质。

3. 亚显微结构

（1）晶格缺陷。实际材料中主要有点缺陷、线缺陷及面缺陷三种。

点缺陷是指晶格中有空位和填隙原子。特别是填隙原子会造成晶格畸变，从而使晶体的强度增加、塑性降低，材料长期使用后还会产生新的点缺陷，这是材料疲劳的起始点。

线缺陷（位错）是指晶体中存在着多余的半个平面，使晶面容易滑移产生塑性变形。当晶体受力后，位错线从晶粒内移至晶粒表面时，晶粒即产生了永久变形。

面缺陷是指晶体中相邻两晶粒的晶格由于存在相位差，在界面处形成的原子排列不规则，界面处的原子滑移更加困难，同样使晶体材料的强度提高、塑性降低。

而晶体结构内部的堆积缺陷、晶界和相界等则属于多维的空间晶格缺陷。

（2）非晶体。非晶体结构又称无定形结构或玻璃体结构。它与晶体的区别在于质点排列没有一定规律性，而且非晶体没有特定的几何外形，是各向同性的，也没有固定的熔点，石英玻璃以及聚合物，都是非晶体的典型代表，而通过极快速的冷却也能获得非晶态的金属。

由于玻璃体冷凝时没有结晶放热过程，在内部蓄积着大量内能，属于热力学的不稳定状态，会释放内能向晶体转变，因而长期使用的玻璃会由于结晶倾向而失透。

（3）微粉、超微颗粒及胶体。

1）微粉。是指粒径在 $10^{-4} \sim 0.1$ mm 间的各种矿物或金属的粉末。将宏观物体破碎成微粉，其比表面积随粒径减小而增大，可加快颗粒溶解及表面化学反应速度。

2）超微颗粒。是指粒径在 $10^{-6} \sim 10^{-4}$ mm 的各种微粒，微粒尺寸进入纳米量级时，比表面积增大，表面能和表面张力显著增加，具备比传统材料更加优异的物理力学性质。

3）胶体。是指超微颗料在介质中形成的分散体系。当胶体的物理力学性质取决于介质时为可流动的溶胶，而颗粒相互吸附凝聚形成网状结构时称为凝胶。凝胶与溶胶之间互变的性质称为触变性，如新拌水泥浆体具有溶胶性质，开始初凝则具有凝胶性质及触变性。

4. 宏观构造

材料的构造是指材料的宏观组织状况，包括材料中的大孔隙、裂纹、不同材料的组合方式、各组成材料的分布等，如岩石的层理、混凝土中的砂石、木材的纹理、材料中的气孔等。材料的性质与其构造有密切的关系。

多孔材料的各种性质，除与材料孔隙率的大小有关外，还与孔隙的构造特征有关。材料中的孔隙，包括与外界相连通的开口孔隙和与外界隔绝的闭口孔隙。孔隙本身又按粗细分为极细孔隙（孔径小于 0.01mm）、细小孔隙（孔径小于 1.0mm）和粗大孔隙（孔径大于 1.0mm）。

粗大的开口孔隙中水分易于透过，而极细的孔隙中水分及溶液易被吸入，大小介于二者之间的毛细孔隙，既容易被水充满并在其中渗透，这对材料的抗渗、抗冻及抗侵蚀等耐久性指标产生不利影响。闭口孔隙，除了对材料的抗渗、抗冻及抗侵蚀性能的影响较小外，有时还可起有益的作用，如提高材料的保温隔热和吸声性能。

A.3 材料结构的研究方法

除宏观结构可直接用肉眼观察外，其他层次结构的研究手段一般需要借助于仪器。

仪器分析按信息形式可分为图像分析法和非图像分析法。

1. 图像分析法

图像分析法以显微术为主体。光学显微术是在微米尺度观察材料结构的较普及的方法，扫描电子显微术可达到亚微观结构的尺度，透射电子显微术把观察尺度推进到纳米甚至原子尺度，如高分辨电子显微术可用来研究原子的排列情况。场离子显微术则利用被检测材料做成的针尖表面原子层轮廓边缘的电场不同，借助惰性气体离子轰击荧光屏可以得到对应原子排布的投影像，也达到原子尺度的分辨率。而最新的扫描隧道显微镜和原子力显微镜的分辨率则分别达到 0.05nm 和 0.2nm，为材料表面的表征技术开拓了新的领域。

电子显微术还可与微区分析方法（如波谱、能谱等）相结合，定性甚至定量研究材料的化学组成及其分布情况。

2. 非图像分析法

非图像分析法分为衍射法和成分谱分析，前者主要用来研究材料的结晶相及其晶格常数，后者主要测定材料的化学成分。

（1）衍射法。衍射法包括 X 射线衍射、电子衍射和中子衍射等三种分析方法。

X 射线衍射法包括德拜粉末照相，背发射和透射劳厄照相，还有用于高温和低温的衍射仪以及研究单晶的四圆衍射仪等。X 射线衍射分析物相较简便、快捷，适于多相体系的综合分析，也能对尺寸在微米量级的单颗粒晶体材料进行结构分析。

微细晶体或材料的亚微米尺度结构测定特别适于用电子衍射来完成。

中子衍射有利于测定材料中氢原子的分布，不过目前价格较高。

（2）成分谱分析。成分谱用于材料的化学成分分析。成分谱种类很多，光谱包括紫外光谱、红外光谱、荧光光谱、激光拉曼光谱等；色谱包括气相色谱、液相色谱、凝胶色谱等；热谱包括差热分析仪、热重分析仪、示差扫描量热计等；此外，还有原子吸收光谱、质谱等。

另一类谱分析是基于材料受激发的发射谱与晶体缺陷附近的原子排列状态密切相关的原理而设计的，如核磁共振谱、电子自旋共振谱、穆斯堡尔谱、正电子湮没分析等。

附录 B　土木工程材料试验

　　土木工程材料试验是重要的实践性学习环节，其学习的目的是使学生熟悉土木工程材料的技术要求，并能进行检验和评定；通过试验进一步了解土木工程材料的性质和使用形式，巩固、丰富和加深土木工程材料的理论知识、提高分析和解决问题的能力。

　　材料质量指标和试验结果是有条件的、相对的，与取样、试验方法、测量精度和数据处理密切相关的。在试验过程中，材料的取样、试验操作和数据处理都应严格按照现行的有关标准和规范进行，以保证试验结果的代表性、稳定性、正确性和可比性。

B.1　土木工程材料的基本性质试验

B.1.1　密度试验

1. 试验依据和适用范围

本试验依据《水泥密度测定方法》（GB/T 208—1994）进行。

此方法适用于测定水泥的密度，也适用于测定采用本方法的其他粉状物料的密度。

2. 主要仪器设备

李氏瓶（图 B-1）；恒温水槽；烘箱；天平（称量 500g，精度 0.01g）；温度计；干燥器等。

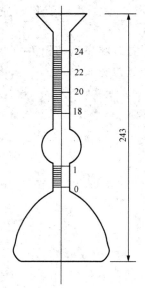

图 B-1　李氏瓶

3. 试样制备

　　将试样研磨，用 0.90mm 方孔筛筛除筛余物，并放到 110℃±5℃的烘箱中，烘至恒重。将烘干的粉料放入干燥器中冷却至室温待用。

4. 试验步骤

　　（1）将与试样不起反应的液体（若测定水泥密度，则用无水煤油）注入李氏瓶中至 0～1ml 刻度线后（以弯月面下部为准），盖上瓶塞放入恒温水槽内，使刻度部分浸入水中，恒温 30min，记下刻度数。

　　（2）从恒温水槽中取出李氏瓶，用滤纸将李氏瓶细长颈内没有煤油的部分仔细擦干净。

　　（3）用天平称取试样 60g，称准至 0.01g。

　　（4）用小匙将水泥试样一点点装入李氏瓶中，反复摇动（也可用超声波震动），至没有气泡排出，再次将李氏瓶静置于恒温水槽中，恒温 30min，记下第二次读数。

（5）第一次读数和第二次读数时，恒温水槽的温度差不大于 0.2℃。

5. 试验结果计算

水泥体积应为第二次读数减去初始读数，即水泥所排开的无水煤油的体积。

按下式计算出试样密度 ρ（精确至 0.01g/cm³）：

$$\rho = m/V$$

密度试验用两个试样平行进行，以其结果的算术平均值作为最后结果。两个结果之差不得超过 0.02g/cm³。

B.1.2 干体积密度、含水率和吸水率

1. 试验依据及适用范围

本试验依据为《蒸压加气混凝土性能试验方法》（GB/T 11969—2008），适用于蒸压加气混凝土及类同材料的检验。

2. 主要仪器设备

电热鼓风干燥箱：最高温度 200℃；

托盘天平或磅秤：称量 2000g，感量 1g；

钢板直尺：规格为 300mm，分度值为 0.5mm；

恒温水槽：水温 15～25℃。

3. 试样制备

A. 试样的制备采用机锯或刀锯，沿制品膨胀方向中心部分上、中、下顺序锯取一组，"上"块上表面距离制品顶面 30mm，"中"块在制品正中处，"下"块下表面离制品底面 30mm。锯时不得将试件弄湿。

B. 制取 100mm×100mm×100mm 立方体试件二组 6 块。

4. 试验步骤

A. 干体积密度和含水率试验步骤

a. 取试件一组 3 块，逐块量取长、宽、高三个方向的轴线尺寸，精确至 1mm，计算试件的体积；并称取试件质量 m，精确至 1g。

b. 将试件放入电热鼓风干燥箱内，在 60℃±5℃下保温 24h，然后在 80℃±5℃下保温 24h，再在 105℃±5℃下烘至恒质（m_0）。

B. 吸水率试验步骤

a. 取另一组 3 块试件放入电热鼓风干燥箱内，在 60℃±5℃下保温 24h，然后在 80℃±5℃下保温 24h，再在 105℃±5℃下烘至恒质（m_0）。

b. 试件冷却至室温后，放入水温为 20℃±5℃的恒温水槽内，然后加水至试件高度的 1/3，保持 24h，再加水至试件高度的 2/3，经 24h 后，加水高出试件 30mm 以上，保持 24h。

c. 将试件从水中取出，用湿布抹去表面水分，立即称取每块质量（m_g），精确至 1g。

5. 结果计算与评定

A. 干体积密度按下式计算：

$$\gamma_0 = \frac{M_0}{V} \times 10^6$$

式中　γ_0——干体积密度，kg/m³；

　　M_0——试件烘干后质量，g；

　　V——试件体积，mm³。

B. 含水率按下式计算：

$$W_s = \frac{M - M_0}{M_0} \times 100$$

式中　W_s——含水率，%；

　　M_0——试件烘干后质量，g；

M——试件烘干前的质量，g。

C. 吸水率按下式计算（以质量百分率表示）：

$$W_R = \frac{M_g - M_0}{M_0} \times 100$$

式中　W_R——吸水率，%；

$\quad\quad M_0$——试件烘干后质量，g；

$\quad\quad M_g$——试件吸水后质量，g。

D. 体积密度的计算精确至 $1kg/m^3$；含水率和吸水率的计算精确至 0.1%。

问题与讨论

（1）在进行密度试验时，试样的研碎程度对试验结果有何影响，为什么？

提示：试验样品内部存在较多孔隙，颗粒越大材料孔隙率越大，测得的密度值越大，其误差越大。所以试件越碎测试结果越准确。

（2）在进行吸水率试验时，为什么要将逐步浸入水中？如果将试样一次性放入水下，对试验结果有和影响，为什么？

提示：为了把试样中的空气排除；否则数据结果将会偏低。

（3）为何进行吸水率试验时，要"取出试件，用拧干的湿毛巾抹去试件表面的水分"后才进行称量？如果直接称量，结果会如何？

提示：是测饱和面吸水率；结果会偏高。

B.2　水泥试验

B.2.1　试验的目的及依据

测定水泥的细度、标准稠度用水量、凝结时间、体积安定性及胶砂强度等主要技术性质，作为评定水泥强度等级的主要依据。

本试验根据《水泥细度检验方法（45μm 和 80μm 方孔筛）筛析法》（GB/T 1345—2005）、《水泥标准稠度用水量、凝结时间、安定性检验方法》（GB/T 1346—2011）和《水泥胶砂强度检验方法（ISO）》（GB/T 17671—1999）进行。

B.2.2　水泥试验的一般规定

（1）同一试验用的水泥应在同一水泥厂、同品种、同强度等级、同编号、同期到达的水泥中取样。

（2）试验用水泥从取样至试验要保持 24h 以上时，应把它贮存在基本装满和气密的容器里。容器应不与水泥发生反应。

（3）所取的试样应充分搅拌均匀，且用 0.9mm 的方孔筛筛过，并记录筛余百分率及筛余物的情况。

（4）试验用水必须是洁净的淡水。

（5）试验室温度应保持在 20℃±2℃，相对湿度大于 50%；水泥养护箱（室）的温度为 20℃±1℃，相对湿度大于 90%。试体养护池水温度应在 20℃±1℃范围内。

（6）试验用的水泥、标准砂、拌合用水、试模及其他试验用具的温度应与试验室温度相同。

B.2.3　水泥细度检验

水泥细度检验分为负压筛析法、水筛法和手工筛析法（即干筛法）三种。在检验时对结果有异议时，以负压筛筛析法的测定为准。

本处介绍负压筛法。用筛网上所得筛余物的质量占试样原始质量的百分数来表示水泥样品的细度。

1. 主要仪器设备

（1）负压筛。负压筛由圆形筛框和筛网组成，筛框有效直径为142mm，高25mm，方孔边长为0.080mm。

（2）负压筛析仪。负压筛析仪由筛座、负压筛、负压源及收尘器组成。其中筛座由转速为30r/min±2r/min 的喷气嘴、负压表、控制板、微电机及壳体组成。

（3）天平。最大量程100g，分度值不大于0.01g。

2. 检测方法

（1）筛析试验前，把负压筛放在筛座上，盖上筛盖，接通电源，检查控制系统，调节负压至4000～6000Pa 范围内。

（2）称取试样，80μm 筛析称取试样25g，称取试样精确至0.01g，置于洁净的负压筛中，盖上筛盖，放在筛座上，开动筛析仪连续筛析2min，在此期间如有试样黏附于筛盖，可轻轻敲击使试样落下。

（3）筛毕，用天平称量筛余物质量。

3. 试验结果计算

水泥试验筛余百分数按下式计算（精确至0.1%）：

$$F = \frac{R_t}{W} \times 100\%$$

式中　　F——水泥试样的筛余百分数，%；

　　　　R_t——水泥筛余物的质量，g；

　　　　W——水泥试样的质量，g。

合格评定时，每个样品应称取两个试样分别筛析，取筛余平均值为筛析结果。若两次筛余结果绝对误差大于0.5%（筛余值大于5.0%时，可放至1.0%）时，应再做一次试验，取两次相接近结果的算术平均值，作为最终结果。

B.2.4　水泥标准稠度用水量

1. 主要仪器设备

水泥净浆搅拌机；水泥标准稠度与凝结时间测定仪（维卡仪），如图 B-2 所示；天平及量水器。

2. 检测方法

（1）标准法。

1）试验前，检查仪器金属棒能否自由滑动；调整维卡仪的金属棒至试杆接触玻璃板时指针应对准标尺零点；搅拌机运转正常等。

2）拌合前，搅拌锅和搅拌叶片需用湿布擦过，将拌合水倒入搅拌锅内，称取500g 水泥试样，用5～10s 时间小心倒入搅拌锅内水中。拌合时，先将锅放到搅拌机锅座上，升至搅拌位置，开动机器，慢速搅拌120s，停拌15s，同时将叶片和锅壁上的水泥浆刮入锅中间，接着快速搅拌120s 后停机。

3）拌合结束后，立即取适量的水泥净浆一次性装入已置于玻璃板上的试模中，浆体要

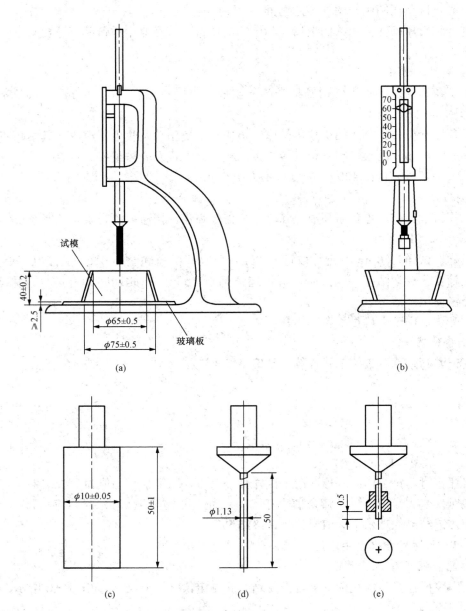

图 B-2　水泥标准稠度测定仪和凝结时间试针

（a）初凝时间测定用立式试模的侧视图；（b）终凝时间测定用反转试模的前视图；

（c）标准稠度试杆；（d）初凝用试针；（e）终凝用试针

超过试摸上端，用宽约 25mm 直边小刀轻轻拍打高出试摸的水泥净浆 5 次以排出浆体中的空隙，然后在试摸表面约 1/3 处，略倾斜试摸向外轻轻锯掉去多余的净浆，再试摸边沿轻抹顶部一次，使浆体表面光滑。在锯掉多余的净浆和抹平的过程，注意不要压实净浆；抹平后迅速将试模和底板移到维卡仪上，并将其中心定在试杆下，降低试杆直至与水泥净浆表面接触，拧紧螺丝 1~2s 后，突然放松，试杆垂直自由的沉入水泥浆中。在试杆停止沉入或释放试杆 30s 时记录试杆距底板之间的距离，升起试杆后，立即擦净。整个操作应在搅拌后

1.5min 内完成。

4) 试验结果判定，以试杆沉入净浆并距底板（6±1）mm 的水泥净浆为标准稠度净浆。其拌合水量为该水泥的标准稠度用水量 P，按水泥质量的百分比计。

B.2.5　水泥净浆凝结时间的测定

1. 主要仪器设备

水泥净浆搅拌机；标准稠度测定仪；试针和圆模；量水器；天平。

2. 检测方法

（1）测定前准备工作。检查维卡仪滑动部分表面光滑，能靠重力自由下落，不得有紧涩和晃动现象；调整初凝时间试针下端接触玻璃板时，将指针对准零点；搅拌机运行正常。

（2）制备试件。称取水泥试样 500g，以标准稠度用水量拌制水泥净浆，水泥全部加入水中的时间为凝结时间的起始时间。以制作标准稠度水泥净浆的方法装模和刮平，然后立即放入湿气养护箱内。

（3）测定初凝时间。试件在养护箱中养护至加水后 30min 时进行第一次测定。测定时，从养护箱中取出试模放到试针下，使试针与净浆表面接触，拧紧螺丝 1~2s 后突然放松，试针垂直自由沉入净浆。观察试针停止下沉或释放试针 30s 时指针读数。当试针沉至距底板（4±1）mm 时，即为水泥达到初凝状态。临近初凝时每隔 5min（或更短时间）测定一次；由水泥全部加入水中至初凝状态的时间为水泥终凝时间，用"min"表示。

（4）测定终凝时间。为了测定终凝时间，在终凝针上要安装一个环形附件。完成初凝时间后，立即将试模连同浆体以平移的方式从玻璃板取下，翻转 180°（直径大端向上，小端向下），放在玻璃板上，再放入湿气养护箱中继续养护。临近终凝时间时，每隔 15min 测定一次，当试针沉入试体 0.5mm 时，即环形附件开始不能在试体上留下痕迹时，为水泥达到终凝状态。由水泥全部加入水中至终凝状态的时间为水泥终凝时间，用 min 表示。

测定时应注意，在最初测定操作时应轻轻扶持金属棒，使其徐徐下降，以防试针撞弯。但测定结果应以自由下落为准，整个测试过程中试针贯入的位置至少要距圆模内壁 10mm。临近初凝时，每隔 5min（或更短时间）测定一次，达到初凝时应立即重复测定一次，当两次结果相同时，才能定为到达初凝状态。临近终凝时每隔 15min（或更短时间）测定一次，达到终凝时，须在两个不同点测试，确认两次结果相同时，才能定为终凝状态。每次测定不得让试针落入原针孔。每次测试完毕将试针擦干净，并将试模放回的养护箱内。整个测试过程中要防止试模受振。

3. 试验结果

由开始加水至初凝、终凝状态的时间分别为该水泥的初凝时间和终凝时间，用 h 或 min 来表示。

凝结时间的测定可以用人工测定，也可用符合标准要求的自动凝结时间测定仪测定。两者有争议时，以人工测定为准。

B.2.6　安定性的测定

测定方法可以用试饼法，也可用雷氏法，有争议时以雷氏法为准。试饼法是观察水泥净浆试饼沸煮后的外形变化来检验水泥的体积安定性。雷氏法是测定水泥净浆在雷氏夹中煮沸后的膨胀值。

1. 主要仪器设备

(1) 沸煮箱。有效容积为 410mm×240mm×310mm。篦板结构应不影响试验结果，篦板与加热器之间的距离大于 50mm，箱的内层由不易锈蚀的金属材料制成。

(2) 雷氏夹。由铜质材料制成，其结构如图 B-3 (a) 所示。当一根指针的根部先悬挂在一根金属丝或尼龙丝上，另一根指针的根部再挂上 300g 的砝码时，两根指针的针尖距离增加应在 17.5mm±2.5mm 范围内，当去掉砝码后针尖的距离能恢复到砝码前的状态。

(3) 雷氏夹膨胀值测定仪 [图 B-3 (b)] 标尺最小刻度为 1mm。

(4) 水泥净浆搅拌机。

(5) 量水器及天平。

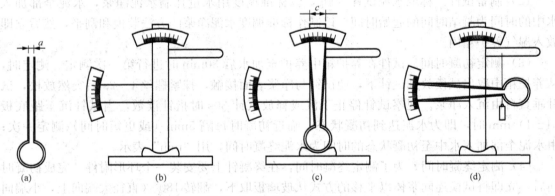

图 B-3　雷氏夹膨胀值测定

2. 标准法（雷氏法）检测方法

(1) 测定前准备工作。试验前检查雷氏夹的质量是否符合要求。

每个试样需成型两个试件，每个雷氏夹配备两个边长或直径 80mm、厚度 4~5mm 的玻璃板两块，凡与水泥净浆接触的玻璃板和雷氏夹内表面都要稍稍涂上一层油。

(2) 水泥标准稠度净浆的制备。以标准稠度用水量拌制水泥净浆。

(3) 试件的制备。采用雷氏法时，将预先准备好的雷氏夹放在已稍擦油的玻璃板上，并立刻将已制好的标准稠度净浆一次装满试模，装模时一只手轻轻扶持试模，另一只手用宽约 25mm 的直边刀在浆体表面轻轻插捣 3 次，然后抹平。盖上稍涂油的玻璃板，接着立刻将试模移至养护箱内养护 24h±2h。

(4) 沸煮。调整好沸煮箱内水位，使其能保证在整个沸煮过程中都超过试件，不需要中途添补试验用水，同时能保证在 30min±5min 内加热至恒温。

脱下玻璃板取下试件，先测量试件指针尖端间的距离 A，精确到 0.5mm。接着将试件放入养护箱的水中篦板上，指针朝上，试件之间互不交叉，然后在 30min±5min 内加热至沸，并恒沸 3h±5min。

(5) 试验结果。沸煮结束后，放掉沸煮箱中热水，打开箱盖，待箱体冷却至室温，取出试件进行判别。测定雷氏夹指针尖端距离 C，准确至 0.5mm [图 B-3 (c)]，当两个试件沸煮后增加距离 C−A 的平均值不大于 5.0mm 时，即认为该水泥安定性合格，当两个试件沸煮后增加距离 C−A 的平均值相差大于 5.0mm 时，应用同一样品立即重做一次试验。以复验结果为准。

3. 代用法（试饼法）检测方法

（1）测定前的准备工作。每个样品需要准备两块约 100mm×100mm 的玻璃板，凡与水泥净浆接触的玻璃板都要稍稍涂上一层油。

（2）试饼的成形方法。将制好的净浆取出一部分，分成两等份，使之呈球形。将其放在预先准备好的玻璃板上，轻轻振动玻璃板，并用湿布擦过的小刀由边缘向中央抹动，做成直径 70~80mm、中心厚约 10mm、边缘渐薄、表面光滑的试饼。接着，将试饼放入养护箱内养护 24h±2h。

（3）沸煮。脱去玻璃板取下试饼，在试饼无缺陷的情况下（如已开裂翘曲要检查原因，确认无外因时，该试饼已属不合格，不必沸煮）。将试饼放在沸煮箱的水中箅板上，然后在 30min±5min 内加热至沸，并恒沸 180min±5min。

（4）试验结果。沸煮结束后，即放掉沸煮箱中热水，打开箱盖，待箱体冷却至室温，取出试件进行判别。目测试饼未发现裂缝，用直尺检查也没有弯曲（使钢直尺和试饼底部紧靠，以两者间不透光为不弯曲）的试饼为安定性合格，反之为不合格。当两个试饼判别结果有矛盾时，该水泥安定性也为不合格。

B. 2. 7　水泥胶砂强度检验

试验标准适用于硅酸盐水泥、普通硅酸盐水泥、矿渣硅酸盐水泥、粉煤灰硅酸盐水泥、复合硅酸盐水泥以及石灰石硅酸盐水泥的抗折与抗压强度的检验。其他水泥采用本标准时必须探讨该标准规定的适应性。

1. 主要仪器设备

（1）行星式水泥胶砂搅拌机，一种工作时搅拌叶片既绕自身轴线自转又沿搅拌锅周边公转，运动轨迹似行星式的水泥胶砂搅拌机。

（2）水泥胶砂试体成型振实台，由可以跳动的台盘和使其跳动的凸轮等组成。振实台的振幅为 15mm±0.3mm，振动频率 60 次/(60s±2s)。

（3）试模，为可卸的三联模，由隔板、端板、底座等组成。模槽内腔尺寸为 40mm×40mm×160mm。三边应相互垂直。

（4）抗折试验机，一般采用杠杆比值为 1∶50 的电动抗折试验机。抗折夹具的加荷与支撑圆柱直径应为 10mm±0.1mm，两个支撑圆柱中心距离为 100mm±0.2mm。

（5）抗压试验机，以 200~300kN 为宜，在接近 4/5 量程范围内使用时，记录的荷载应有±1% 精度，并具有按 2400N/s±200N/s 速率的加荷能力。

（6）抗压夹具，由硬质钢材制成，上、下压板长 40mm±0.1mm，宽不小于 40mm，加压面必须磨平。

2. 试件成形

（1）配料。水泥胶砂试验用材料的质量配合比应为：

$$水泥：标准砂：水 = 1∶3∶0.5$$

每锅胶砂成形 3 条试体，每锅用料量为：水泥 450g±2g，标准砂 1350g±5g，拌合用水量 225g±1g。按每锅用料量称好各材料。

（2）搅拌。使搅拌机处于等工作状态，然后按以下的程序进行操作：

先将拌合水倒入搅拌锅里，再加入水泥，把锅放在固定架上，上升至固定位置。立即开动机器，低速搅拌 30s 后，在第二个 30s 开始的同时均匀地将砂子加入。当各级砂是分装时，从最粗粒级开始，依次将所需的每级砂加完。把机器转至高速再拌 30s。停拌 90s，在停拌的第一个 15s 内用一胶皮刮具将叶片锅壁上的胶砂刮入锅中间，在高速下继续搅拌 60s。各个搅拌阶段，时间误差应在 1s 之内。

（3）试件的制备。成形前将试模擦净，四周的模板与底座的接触面上应涂干黄油，紧密装配，防止漏浆，内壁均匀刷一薄层机油。在搅拌的同时，将试模和模套固定在振实台上，胶砂制备后立即进行成形。用一个适当的勺子直接从搅拌锅里将胶砂分两层装入试模，装第一层时，每个槽里约放 300g 胶砂，用大播料器垂直架在模套顶部，沿每个模槽来回一次将料层播平，接着振动 60 次。再装入第二层胶砂，用小播料器播平，再振实 60 次。

移走模套，从振实台上取下试模，用一根金属直尺以近似 90° 的角度架在试模模顶的一端，然后沿试模长度方向以横向锯割动作慢慢向另一端移动，一次将超过试模部分的胶砂刮去，并用同一直尺在近乎水平的情况下将试体表面抹平。在试模上做上标记或加字条表明试件编号和试件相对振实台的位置。

（4）试件养护。去掉留在模子四周的胶砂。立即将做好标记的试模放入雾室或湿箱的水平架子上养护，湿空气应能与试模各边接触。养护时不应将试模放在其他试模上。一直养护到规定的脱模时间脱模前，用防水墨汁或颜料笔对试体进行编号和做其他标记，两个龄期以上的试体，在编号时应将同一试模中的三条试体分在两个以上龄期内。

对于 24h 龄期的，应在破型试验前 20min 内脱模，对于 24h 以上龄期的应在成型后 20～24h 之间脱模，将做好标记的试体立即水平或竖直放在 20℃±1℃ 水中养护，水平放置时刮平面应朝上。养护期间试体之间间隔或试体上表面的水深不得小于 5mm。

试体龄期是从水泥加水搅拌开始时算起。不同龄期强度试验时间应符合表 B-1 的规定。

表 B-1		水泥胶砂强度试验时间			
龄期	24h	48h	3d	7d	28d
试验时间	24h±15min	48h±30min	72h±45min	7d±2h	>28d±8h

（5）强度试验。到龄期的试件应在试验（破型）前 15min 从水中取出，去试件表面沉积物，用湿布覆盖。用规定的设备以中心加荷法测定抗折强度。

在折断后的棱柱体上进行抗压试验，受压面是试体成型时的两个侧面，面积为 40mm×40mm。当不需要抗折强度数值时，抗折强度试验可以省去。但抗压强度试验应在不使试件受有害应力情况下折断的两截棱柱体上进行。

抗折强度测定时，将试体一个侧面放在试验机支撑圆柱上，试体长轴垂直于支撑圆柱，通过加荷圆柱以 50N/s±10N/s 的速率均匀地将荷载垂直地加在棱柱体相对侧面上，直至折断。保持两个半截棱柱体处于潮湿状态直至抗压试验。

抗折强度 R_f 以 MPa 表示，按下式进行计算（精确至 0.1MPa）：

$$R_f = \frac{1.5F_f L}{b^3}$$

式中　F_f——折断时施加于棱柱体中部的荷载，N；

　　　L——支撑圆柱之间的距离，mm；

　　　b——棱柱体正方形截面的边长，mm。

抗压强度测定以规定的仪器，在半截棱柱体的侧面上进行。

半截棱柱体中心与压力机压板受压中心差应在±0.5mm内，棱柱体露在压板外的部分约有10mm。

在整个加荷过程中以2400N/s±200N/s的速率均匀地加荷直至破坏。

抗压强度R_c以MPa为单位，按式进行计算（精确至0.1MPa）：

$$R_c = \frac{F_c}{A}$$

式中　F_c——破坏荷载，N；

　　　A——受压部分面积，mm²。

以一组三个棱柱体上得到的六个抗压强度测定值的算术平均值为试验结果。如六个测定值中有一个超出六个平均值的±10%时，就应剔除这个结果，而以剩下五个的平均数为结果。如果五个测定值中再有超过它们平均数±10%的，则此组结果作废。

问题与讨论

（1）水泥技术指标中并没有标准稠度用水量，为什么在水泥性能试验中要求测其标准稠度用水量？

提示：用水量会影响安定性和凝结时间的试验结果。

（2）进行凝结时间测定时，制备好的试件没有放入湿气养护箱中养护，而是暴露在相对湿度为50%的室内，试分析其对试验结果的影响？

提示：在相对湿度低的环境中，试件易失水。

（3）某工程所用水泥经上述安定性检验（雷氏法）合格，但一年后构件出现开裂，试分析是否可能是水泥安定性不良引起的？

提示：安定性试验（雷氏法）只可检验出因游离CaO过量引起的安定性不良。

（4）判定水泥强度等级时，为何用水泥胶砂强度，而不用水泥净浆强度？

提示：水泥为胶凝材料。

（5）测定水泥胶砂强度时，为何不用普通砂，而用标准砂？所用标准砂必须有一定的级配要求，为什么？

提示：使试验结果具有可比性；级配好坏会影响试验结果。

B.3　混凝土用骨料试验

B.3.1　试验的目的及依据

对建筑用砂、石进行试验，评定其质量，为普通混凝土配合比设计提供原材料参数。

建筑用砂试验依据为《建设用砂》（GB/T 14684—2011）；建筑用石试验依据为《建筑用卵石、碎石》（GB/T 14685—2011）。

B.3.2　取样与处理

（1）取样。在料堆上取样，取样部位应均匀分布。取样前先将取样部分表层除去，然后从不同的部位抽取大致等量的砂8份或石子十五份。在皮带运输机或车船上取样需按照标准的有关规定。

砂石单项试验的最少取样数量应按《建筑用砂》（GB/T 14684—2011）和《建筑用卵石、碎石》（GB/T 14685—2011）规定进行，部分单项试验的最少取样数量见表B-2和表B-3。

表 B-2　　　　　　　　　　　部分单项砂试验的最少取样量　　　　　　　　　（单位：kg）

试验项目	颗粒级配	表观密度	堆积密度与空隙率	含泥量
最少取样量	4.4	2.6	5.0	4.4

表 B-3　　　　　　　　　　　部分单项石子试验的最少取样量　　　　　　　　（单位：kg）

试验项目	最 大 粒 径 mm							
	9.5	16.0	19.0	26.5	31.5	37.5	63.0	75.0
颗粒级配	9.5	16.0	19.0	25.0	31.5	37.5	63.0	80.0
含泥量	8.0	8.0	24.0	24.0	40.0	40.0	80.0	80.0
泥块含量	8.0	8.0	24.0	24.0	40.0	40.0	80.0	80.0
针片状颗粒含量	1.2	4.0	8.0	12.0	20.0	40.0	40.0	40.0
表观密度	8.0	8.0	8.0	8.0	12.0	16.0	24.0	24.0
堆积密度与空隙率	40.0	40.0	40.0	40.0	80.0	80.0	120.0	120.0

（2）处理。

1）砂试样处理。

①分料器法。将样品放在潮湿状态下拌合均匀，然后通过分料器，取接料斗中的其中一份再次通过分料器。重复上述过程，直至把样品缩分到试验所需量为止。

②人工四分法。将所取样品放在平整洁净的平板上，在潮湿状态下拌合均匀，并摊成厚度约 20mm 的圆饼，然后沿相互垂直的两条直径把圆饼分成大致相等的 4 份，取其对角的两份重新搅匀，再堆成圆饼。重复上述过程，直至把样品缩分到试验所需量为止。

③堆积密度、机制砂坚固性检验所用试样可不经缩分，在搅匀后直接进行试验。

2）石试样处理。将样品置于平板上，在自然状态下拌合均匀，并堆成堆体，然后沿相互垂直的两条直径把堆体分成大致相等的 4 份，取其对角线上的两份重新搅匀，再堆成堆体。重复上述过程，直至把样品缩分到试验所需量为止。

堆积密度试验所用试样可不经缩分，在搅匀后直接进行试验。

B.3.3　砂的颗粒级配试验

1. 主要仪器设备

（1）鼓风烘箱：能使温度控制在 105℃±5℃。

（2）天平：称量 1000g，感量 1g。

（3）方孔筛：孔径为 150μm、300μm、600μm、1.18mm、2.36mm、4.75mm 及 9.50mm 的筛各一只，并附有筛底和筛盖。

（4）摇筛机。

（5）搪瓷盘，毛刷等。

2. 试样制备

按规定取样，筛除大于 9.50mm 颗粒（并算出其筛余百分率），并将试样缩分至约 1100g，放在烘箱中于 105℃±5℃下烘干至恒量，待冷却至室温后，分为大致相等的两份备用。

注：恒量系指试样在烘干 1～3h 的情况下，其前后质量之差不大于该项试验所要求的称量精度（下同）。

3. 试验步骤

（1）称取试样 500g，精确到 1g。将试样倒入按孔径大小从上到下组合的套筛（附筛底）上，然后进行筛分。

（2）将套筛置于摇筛机上，摇 10min；取下套筛，按筛孔大小顺序再逐个用手筛，筛至每分钟通过量小于试样总量 0.1% 为止。通过的试样并入下一号筛中，并和下一号筛中的试样一起过筛，这样顺序进行，直至各号筛全部筛完为止。

（3）称出各号筛的筛余量，精确至 1g，试样在各号筛上的筛余量不得超过按下式计算的量。

$$G = \frac{A\sqrt{d}}{200}$$

式中　G——在一个筛上的筛余量，g；

　　　A——筛面面积，mm^2；

　　　d——筛孔尺寸，mm。

超过时应下列方法之一处理。

1）将该粒级试样分成少于按上式计算出的量，分别筛分，并以筛余量之和作为该号筛的筛余量。

2）将该粒级及以下各粒级的筛余混合均匀，称出其质量，精确至 1g，再用四分法缩分为大致相等的两份，取其中一份，称出其质量，精确至 1g，继续筛分。计算该粒级及以下各粒级的分计筛余量时应根据缩分比例进行修正。

4. 试验结果评定

筛分析试验结果按下列步骤计算：

（1）计算分计筛余百分率：各号筛的筛余量与试样总量之比，计算精确至 0.1%。

（2）计算累计筛余百分率：该号筛的分计筛余百分率加上该号筛以上各分计筛余百分率之和，计算精确至 0.1%。筛分后，如每号筛的筛余量与筛底的剩余量之和同原试样质量之差超过 1%，须重新试验。

（3）砂的细度模数 M_x 可按下式计算，精确至 0.01：

$$M_x = \frac{(A_2 + A_3 + A_4 + A_5 + A_6) - 5A_1}{100 - A_1}$$

式中　　　　　　　M_x——细度模数；

A_1，A_2，A_3，A_4，A_5，A_6——分别为 4.75mm，2.36mm，1.18mm，600μm，300μm，150μm 筛的累积筛余百分率。

（4）累计筛余百分率取两次试验结果的算术平均值，精确至 1%。细度模数取两次试验结果的算术平均值，精确至 0.1；如两次试验的细度模数之差大于 0.20 时，需重新试验。

（5）根据各号筛的累计筛余百分率，采用修约值比较法评定该式样的颗粒级配。

B.3.4　碎石或卵石的颗粒级配试验

1. 主要仪器设备

（1）鼓风烘箱：能使温度控制在 105℃±5℃。

（2）天平：称量 10kg，感量 1g。

（3）方孔筛：孔径为 2.36mm、4.75mm、9.50mm、16.0mm、19.0mm、26.5mm、

31.5mm、37.5mm、53.0mm、63.0mm、75.0mm 及 90mm 的筛各一只，并附有筛底和筛盖（筛框内径为 300mm）。

（4）摇筛机。

（5）搪瓷盘，毛刷等。

2. 试样制备

按规定取试样（表 B-4），并将试样缩分至略大于规定数量，经烘干或风干后备用。

表 B-4　　　　　　　　　　　颗粒级配试验所需试样数量

最大粒径/mm	9.5	16.0	19.0	26.5	31.5	37.5	63.0	75.0
最小试样质量/kg	1.9	3.2	3.8	5.0	6.3	7.5	12.6	16.0

3. 试验步骤

（1）按规定称取试样。

（2）将试样按筛孔大小顺序过筛，当每号筛上筛余层的厚度大于试样的最大粒径时，应将该号筛上的筛余分成两份，再次进行筛分，直到各筛每分钟通过量不超过试样总量的 0.1%。

（3）称取各筛筛余的质量，精确至试样总质量的 0.1%。在筛上的所有分计筛余量和筛底剩余的总和与筛分前的试验总质量相比，其相差不得超过 1%。

4. 试验结果评定

（1）计算分计筛余百分率：各号筛的筛余量与试样总质量相比，计算精确至 0.1%。

（2）计算累计筛余百分率：该号筛的筛余百分率加上该号筛以上各分计筛余百分率之和，精确至 1.0%。筛分后，如每号筛的筛余量与筛底的筛余量之和同原质量之差超过 1% 时，须重新试验。

（3）根据各号筛的累积筛余百分率，评定该试样的颗粒级配。

B.3.5　砂的表观密度和堆积密度试验

1. 砂的表观密度试验

（1）仪器设备。

鼓风烘箱：能使温度控制在 105℃±5℃。

天平：称量 1000g，感量 0.1g。

容量瓶：500ml。

干燥器、搪瓷盘、滴管、毛刷等、温度计等。

（2）试样制备。试样制备可参照前述的取样与处理方法。并将试样缩分至约 660g，放在烘箱中于 105℃±5℃下烘干至恒重，待冷却至室温后，分为大致相等的两份备用。

（3）试验步骤。

1）称取试样 300g，精确至 0.1g。将试样装入容量瓶，注入冷开水至接近 500ml 的刻度处，用手旋转摇动容量瓶，使砂样充分摇动，排除气泡，塞紧瓶盖，静置 24h。然后用滴管小心加水至容量瓶 500ml 的刻度处，塞紧瓶塞，擦干瓶外水分，称出其质量，精确至 1g。

2）倒出瓶内水和试样，洗净容量瓶，再向容量瓶内注水（水温相差不超过 2℃，并在 15~25℃ 范围内）至 500ml 的刻度处，塞紧瓶塞，擦干瓶外水分，称出其质量，精确至 1g。

（4）结果计算与评定。砂的表观密度按下式计算，精确至 $10kg/m^3$：

$$\rho_0 = \left(\frac{G_0}{G_0+G_2-G_1} - \alpha_t\right)\rho_水$$

式中 ρ_0——表观密度，kg/m^3；

$\rho_水$——1000，水的密度，kg/m^3；

G_0——烘干试样的质量，g；

G_1——试样，水及容量瓶的总质量，g；

G_2——水及容量瓶的总质量，g；

α_t——水温对表观密度影响的修正系数，见表 B-5。

表 B-5　　　　　　　　　不同水温对砂的表观密度影响的修正系数

水温/℃	15	16	17	18	19	20	21	22	23	24	25
α_t	0.002	0.003	0.003	0.004	0.004	0.005	0.005	0.006	0.006	0.007	0.008

表观密度取两次试验结果的算术平均值，精确至 $10kg/m^3$；如两次试验结果之差大于 $20kg/m^3$，须重新试验。

2. 砂的堆积密度试验

（1）仪器设备。

鼓风烘箱：能使温度控制在 105℃±5℃。

天平：称量 10kg，感量 1g。

容量筒：圆柱形金属筒，内径 108mm，净高 109mm，壁厚 2mm，筒底厚约 5mm，容积为 1L。

方孔筛：孔径为 4.75mm 的筛一只。

垫棒：直径 10mm，长 500mm 的圆钢。

直尺、漏斗或料勺、搪瓷盘、毛刷等。

（2）试样制备。试样制备可参照前述的取样与处理方法。

（3）试验步骤。

1）用搪瓷盘装取试样约 3L，放在烘箱中于 105℃±5℃ 下烘干至恒重，待冷却至室温后，筛余大于 4.75mm 的颗粒，分为大致相等的两份备用。

2）松散堆积密度：取试样一份，用漏斗或料勺从容量筒中心上方 50mm 处徐徐倒入，让试样以自由落体落下，当容量筒上部试样呈锥体，且容量筒四周溢满时，即停止加料。然后用直尺沿筒口中心线向两边刮平（试验过程应防止触动容量筒），称出试样和容量筒的总质量，精确至 1g。

3）紧密堆积密度：取试样一份分两次装入容量筒。装完第一层后，在筒底垫放一根直径为 10mm 的圆钢，将筒按住，左右交替击地面各 25 次。然后装入第二层，第二层装满后用同样的方法颠实（但筒底所垫钢筋的方向与第一层时的方向垂直）后，再加试样直至超过筒口，然后用直尺沿筒口中心向两边刮平，称出试样和容量筒的总质量，精确至 1g。

（4）结果计算与评定。

1）松散或紧密堆积密度按下式计算，精确至 $10kg/m^3$：

$$\rho_1 = \frac{G_1 - G_2}{V}$$

式中　ρ_1——松散堆积密度或紧密堆积密度，kg/m^3；

　　　G_1——容量筒和试样总质量，g；

　　　G_2——容量筒质量，g；

　　　V——容量筒的容积，L。

堆积密度取两次试验结果的算术平均值，精确至 $10kg/m^3$。

2）空隙率按下式计算，精确至 1%：

$$P_0 = \left(1 - \frac{\rho_1}{\rho_0}\right) \times 100$$

式中　P_0——空隙率，%；

　　　ρ_1——试样的松散（或紧密）堆积密度，kg/m^3；

　　　ρ_0——试样表观密度，kg/m^3。

空隙率取两次试验结果的算术平均值，精确至 1%。

B.3.6　石的表观密度和堆积密度试验

1. 石的表观密度试验（广口瓶法）

本方法不宜用于测定最大粒径大于 37.5mm 的碎石或卵石。

（1）仪器设备。

鼓风烘箱：能使温度控制在 105℃±5℃。

天平：称量 2kg，感量 1g。

广口瓶：1000mL，磨口，带玻璃片（约 100mm×100mm）。

方孔筛：孔径为 4.75mm 的筛一只。

温度计、搪瓷盘、毛巾等。

（2）试样制备。试样制备可参照前述的取样与处理方法。

（3）试验步骤。

1）按规定取样（表 B-6），并缩分至略大于规定的数量，风干后筛余小于 4.75mm 的颗粒，然后洗刷干净，分为大致相等的两份备用。

表 B-6　　　　　　　　　　表观密度试验所需试样数量

最大粒径/mm	<26.5	31.5	37.5	63.0	75.0
最少试样质量/kg	2.0	3.0	4.0	6.0	6.0

2）将试样浸水饱和，然后装入广口瓶中。装试样时，广口瓶应倾斜放置，注入饮用水，用玻璃片覆盖瓶口。以上下左右摇晃的方法排除气泡。

3）气泡排尽后，向瓶中添加饮用水直至水面凸出瓶口边缘。然后用玻璃片沿瓶口迅速滑行，使其紧贴瓶口水面。擦干瓶外水分后，称出试样、水、瓶和玻璃片总质量，精确至 1g。

4）将瓶中试样倒入浅盘，放在烘箱中于 105℃±5℃下烘干至恒重，待冷却至室温后，称出其质量，精确至 1g。

5）将瓶洗净并重新注入饮用水，用玻璃片紧贴瓶口水面，擦干瓶外水分后，称出水、瓶和玻璃片总质量，精确至 1g。

需要说明的是：试验时各项称量可以在 15～25℃ 范围内进行，但从试样加水静止的 2h 起至试验结束，其温度变化不应超过 2℃。

（4）结果计算与评定。

表观密度按下式计算，精确至 $10kg/m^3$：

$$\rho_0 = \left(\frac{G_0}{G_0 + G_2 - G_1} - \alpha_t \right)\rho_{水}$$

式中　ρ_0——表观密度，kg/m^3；

　　　$\rho_{水}$——1000，水的密度，kg/m^3；

　　　G_0——烘干试样的质量，g；

　　　G_1——试样，水及容量瓶的总质量，g；

　　　G_2——水及容量瓶的总质量，g；

　　　α_t——水温对表观密度影响的修正系数，见表 B-7。

表 B-7　　　　　　　　不同水温对砂的表观密度影响的修正系数

水温/℃	15	16	17	18	19	20	21	22	23	24	25
α_t	0.002	0.003	0.003	0.004	0.004	0.005	0.005	0.006	0.006	0.007	0.008

表观密度取两次试验结果的算术平均值，两次试验结果之差大于 $20kg/m^3$，须重新试验。对颗粒材质不均匀的试样，如两次试验结果之差超过 $20kg/m^3$，可取 4 次试验结果的算术平均值。

2. 石的堆积密度试验

（1）仪器设备。

天平：称量 10kg，感量 10g；称量 50kg 或 100kg；感量 50g 各一台。

容量筒：容量筒规格见表 B-8。

垫棒：直径 16mm，长 600mm 的圆柱。

直尺，小铲等。

表 B-8　　　　　　　　容量筒的规格要求

最大粒径/mm	容量筒容积/L	容量筒规格		
		内径/mm	净高/mm	壁厚/mm
9.5，16.0，19.0，26.5	10	208	294	2
31.5，37.5	20	294	294	3
53.0，63.0，75.0	30	360	294	4

（2）试样制备。试样制备可参照前述的取样与处理方法。

（3）试验步骤。

1）松散堆积密度。取试样一份，用小铲从容量筒中心上方 50mm 处徐徐倒入，让试样以自由落体落下，当容量筒上部试样呈锥体，且容量筒四周溢满时，即停止加料。除去凸出容量筒表面的颗粒，并以合适的颗粒填入凹陷部分，使表面稍凸起部分和凹陷部分的体积大致相等（试验过程应防止触动容量筒），称出试样和容量筒的总质量。

2）紧密堆积密度。取试样一份分三次装入容量筒。装完第一层后，在筒底垫放一根直径为 16mm 的圆钢，将筒按住，左右交替击地面各 25 次。再装入第二层，第二层装满后用同样的方法颠实（但筒底所垫钢筋的方向与第一层时的方向垂直），然后装入第三层如法颠实。试样装填完毕，再加试样直至超过筒口，并用钢尺沿筒口边缘刮去高出的试样，并以合适的颗粒填入凹陷部分，使表面稍凸起部分和凹陷部分的体积大致相等（试验过程应防止触动容量筒），称出试样和容量筒的总质量，精确至 10g。

（4）结果计算与评定。

1）松散或紧密堆积密度按下式计算，精确至 $10kg/m^3$：

$$\rho_1 = \frac{G_1 - G_2}{V}$$

式中　ρ_1——松散堆积密度或紧密堆积密度，kg/m^3；

　　G_1——容量筒和试样总质量，g；

　　G_2——容量筒质量，g；

　　V——容量筒的容积，L。

2）空隙率按下式计算，精确至 1%：

$$P_0 = \left(1 - \frac{\rho_1}{\rho_0}\right) \times 100$$

式中　P_0——空隙率，%；

　　ρ_1——试样的松散（或紧密）堆积密度，kg/m^3；

　　ρ_0——试样表观密度，kg/m^3。

3）堆积密度取两次试验结果的算术平均值，精确至 $10kg/m^3$。空隙率取两次试验结果的算术平均值，精确至 1%。

4）采用修约值比较法进行评定。

问题与讨论

（1）试分析砂、石取样时进行缩分的意义。

提示：使试样具有代表性。

（2）进行砂筛分时，试样准确称量 500g，但各筛的分计筛余量之和大于或小于 500g，试分析其可能的原因（称量错误不计）。

提示：试样前筛内有残余砂或筛分过程中砂丢失。

B.4　普通混凝土试验

B.4.1　试验依据

本试验依据《普通混凝土拌合物性能试验方法标准》（GB/T 50080—2002）、《普通混凝土力学性能试验方法标准》（GB/T 50081—2002）相关规定进行。

B.4.2　混凝土拌合物试样制备

1. 主要仪器设备

搅拌机；磅秤（称量 50kg，精确 50g）；天平（称量 5kg，精度 1g）；量筒（200cm³，1000cm³）；拌板；拌铲；盛器等。

2. 拌制混凝土的一般规定

A. 拌制混凝土的原材料应符合技术要求，并与施工实际用料相同，在拌合前，材料的温度应与室温（应保持在 20℃±5℃）相同，水泥如有结块现象，应用 64 孔/cm² 过筛，筛余团块不得使用。

B. 在决定用水量时，应扣除原材料的含水量，并相应增加其他各种材料的用量。

C. 拌制混凝土的材料用量以质量计，称量的精确度：骨料为 ±1%，水、水泥、掺合料、外加剂均为 ±0.5%。

D. 拌制混凝土所用的各种用具（如搅拌机、拌合铁板和铁铲、抹刀等），应预先用水湿润，使用完毕后必须清洗干净，上面不得有混凝土残渣。

3. 拌合方法

(1) 人工拌合。将称好的砂料、水泥放在铁板上，用铁铲将水泥和砂料翻拌均匀，然后加入称好的粗集料（石子），再将全部拌合均匀。将拌合均匀的拌合物堆成圆锥形，在中心作一凹坑，将称量好的水（约一半）倒入凹坑中，勿使水溢出，小心拌合均匀。再将材料堆成圆锥形作一凹坑，倒入剩余的水，继续拌合。每翻拌一次，用铁铲在全部拌合物面上压切一次，翻拌一般不少于 6 次。拌合时间（从加水算起）随拌合物体积不同，宜按下列规定进行：

拌合物体积为 30L 以下时，4～5min；

拌合物体积为 30～50L，5～9min；

拌合物体积超过 50L 时，9～12min。

(2) 机械拌合法。按照所需数量，称取各种材料，分别按石、水泥、砂依次装入料斗，开动机器徐徐将定量的水加入，继续搅拌 2～3min，将混凝土拌合物倾倒在铁板上，在经人工翻拌二次，使拌合物均匀一致后用作试验。

混凝土拌合物取样后应立即进行坍落度测定试验或试件成型。从开始加水时算起，全部操作须在 30min 内完成。试验前混凝土拌合物应经人工略加翻拌，以保证其质量均匀。

B.4.3 拌合物稠度试验

混凝土拌合物的和易性是一项综合技术性质，很难用一种指标全面反映其和易性。通常是以测定拌合物稠度（即流动性）为主，并辅以直观经验评定粘聚性和保水性，来确定和易性。混凝土拌合物的流动性用"坍落度或坍落扩展度"和"维勃稠度"指标表示。本处介绍坍落度和坍落扩展度的测定。

坍落度法适用于集料最大粒径不大于 40mm、坍落度值不小于 10mm 的混凝土拌合物稠度测定。

1. 主要仪器设备

坍落度筒（图 B-4）；金属捣棒（直径 16mm 长 500mm 两端磨圆）拌板；铁锹；小铲、钢尺等。

2. 试验步骤

(1) 湿润坍落度筒及底板，在坍落度筒内壁和底板上应无明水。底板应放置在坚实水平面上，并把筒放在底板中心，然后用脚踩住二边的脚踏板，坍落度筒在装料时保持固定的位置。

(2) 把按要求取得的混凝土试样用小铲分三层均匀的装入筒内，使捣实后每层高度为筒

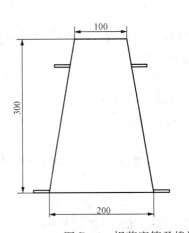

图 B-4　坍落度筒及捣棒

高的 1/3 左右。每层用捣棒插捣 25 次。插捣应沿螺旋方向由外向中心进行，各次插捣应在截面上均匀分布。插捣筒边混凝土时，捣棒可以稍稍倾斜。插捣底层时，捣棒应贯穿整个深度，插捣第二层和顶层时，捣棒应插透本层至下一层的表面；浇灌顶层时，混凝土应灌到高出筒口。插捣过程中，如混凝土沉落到低于筒口，则应随时添加。顶层插捣完后，刮去多余的混凝土，并用抹刀抹平。

（3）清除筒边底板上的混凝土后，垂直平稳地提起坍落度筒。坍落度筒的提离过程应在 5～10s 内完成；从开始装料到提坍落度筒的整个过程应不间断地进行，并应在 150s 内完成。

（4）提起坍落度筒后，测量筒高与坍落后混凝土试体最高点之间的高度差，即为该混凝土拌合物的坍落度值（以 mm 为单位，结果表达精确至 5mm）；坍落度筒提离后，如混凝土发生崩坍或一边剪坏现象，则应重新取样另行测定；如第二次试验仍出现上述现象，则表示该混凝土和易性不好，应予记录备查。

（5）观察坍落后的混凝土试体的黏聚性及保水性。黏聚性的检查方法是用捣棒在已坍落的混凝土锥体侧面轻轻敲打，此时如果锥体逐渐下沉，则表示黏聚性良好，如果锥体倒塌、部分崩裂或出现离析现象，则表示粘聚性不好。保水性以混凝土拌合物稀浆析出的程度来评定，坍落度筒提起后如有较多的稀浆从底部析出，锥体部分的拌合物也因失浆而骨料外露，则表明此混凝土拌合物的保水性能不好；如坍落度筒提起后无稀浆或仅有少量稀浆自底部析出，则表明此混凝土拌合物保水性良好。

（6）当混凝土拌合物的坍落度大于 220mm 时，用钢尺测量混凝土扩展后最终的最大直径和最小直径，在这两个直径之差小于 50mm 的条件下，用其算术平均值作为坍落扩展度值；否则，此次试验无效。

如果发现粗骨料在中央集堆或边缘有水泥浆析出，表示此混凝土拌合物抗离析性不好，应予记录。

B.4.4　拌合表观密度试验

1. 主要仪器设备

容量筒；台秤；振动台；捣棒等。

2. 试验步骤

（1）用湿布把容量筒外擦干净，称出筒质量 W_1，精确至 50g。

（2）混凝土的装料及捣实方法应根据拌合物的稠度而定。坍落度不大于 70mm 的混凝土，用振动台振实为宜，大于 70mm 的用捣棒捣实为宜。

采用捣棒捣实时，应根据容量筒的大小决定分层与插捣次数。用 5L 容量筒时，混凝土拌合物应分两层装入，每层的插捣次数应为 25 次。用大于 5L 的容量筒时，每层混凝土的高度应不大于 100mm，每层的插捣次数应按每 100cm² 截面不小于 12 次计算。各次插捣应均匀地分布在每层截面上，插捣底层时捣棒应贯穿整个深度，插捣第二层时，捣棒应插透本层至下一层的表面。每一层捣完后用橡胶锤轻轻沿容器外壁敲打 5~10 次，进行振实，直到拌合物表面插捣孔消失不见大气泡为止。

采用震动台振实时，应一次将混凝土拌合物灌到高出容量筒口。装料时可用捣棒稍加插捣，振动过程中如混凝土沉落到低于筒口，则应随时添加混凝土，振动直至表面出浆为止。

（3）用刮尺齐筒口将多余的混凝土拌合物刮去，表面如有凹陷应予填平。将容量筒外壁擦净，称出混凝土与容量筒总质量 W_2，精确至 50 克。

3. 试验结果计算

混凝土拌合物表观密度 γ_h（单位：kg/m^3）应按下列公式计算（精确至 $10kg/m^3$）：

$$\gamma_h = \frac{W_2 - W_1}{V} \times 1000$$

式中　V——容量筒的容积，L。

B.4.5　立方体抗压强度试验

本试验根据《普通混凝土力学性能试验方法标准》（GB/T 50081—2002）进行。

本试验采用立方体试件，以同一龄期者为一组，每组至少为 3 个同时制作并同样养护的混凝土试件。试件尺寸根据集料的最大粒径按表 B-9 选取。

表 B-9　试件尺寸及强度换算系数

试件尺寸/mm	集料最大粒径/mm	抗压强度换算系数
100×100×100	31.5	0.95
150×150×150	40	1
200×200×200	63	1.05

1. 主要仪器设备

压力试验机；振动台；试模；捣棒；小铁铲；金属直尺；抹刀等。

2. 试件制作

（1）试件制作符合下列规定：

1）每组试件所用的混凝土拌合物应由同一次拌合物中取出。

2）制作前，应将试模洗干净并将试模的内表面涂以一薄层矿物油脂或其他不与混凝土发生反应的脱模剂。

3）在试验室拌制混凝土时，其材料用量应以质量计，称量的精度：水泥、掺合料、水和外加剂为±0.5%；骨料为±1%。

4）取样或在试验室拌制混凝土时，应在拌制后最短的时间内成形，一般不宜超过 15min。

5）根据混凝土拌合物的稠度确定混凝土成型方法，坍落度不大于 70mm 的混凝土宜用振动振实；大于 70mm 的宜用捣棒人工捣实；检验现浇混凝土或预制构件的混凝土，试件成型方法宜与实际采用的方法相同。

（2）试件制作步骤。

1）取样或拌制好的混凝土拌合物应至少用铁锨再来回拌合 3 次。

2）用振动台拌实制作试件应按下述方法进行：

①将混凝土拌合物一次装入试模，装料时应用抹刀沿各试模壁插捣，并使混凝土拌合物高出试模口。

②试模应附着或固定在振动台上，振动时试模不得有任何跳动，振动应持续到表面出浆为止，不得过振。

3）用人工插捣制作试件应按下述方法进行：

①混凝土拌合物应分两层装入试模，每层的装料厚度大致相等。

②插捣应按螺旋方向从边缘向中心均匀进行。在插捣底层混凝土时，插捣棒应达到试模底面；插捣上层时，捣棒应贯穿上层后插入下层20～30mm。插捣时捣棒应保持垂直，不得倾斜。然后应用抹刀沿试模内壁插拔数次。

③每层插捣次数按在10 000mm^{2}面积内不得少于12次。

④插捣后应用橡皮锤轻轻敲击试模四周，直至插捣棒留下的空洞消失为止。

4）用插入式捣棒振实制作试件应按下述方法进行：

①将混凝土拌合物一次装入试模，装料时应用抹刀应用抹刀沿各试模壁插捣，并使混凝土拌合物高出试模口。

②宜用直径为 ϕ25mm 的插入式振捣棒，插入试模振捣时，振捣棒距试模底板10～20mm，且不得触及试模底板，振动应持续到表面出浆为止，且应避免过振，以防止混凝土离析；一般振捣时间为20s。振捣棒拔出时要缓慢，拔出后不得留有孔洞。

5）刮除试模上口多余的混凝土，待混凝土临近初凝时，用抹刀抹平。

3. 试件的养护

（1）试件成型后应立即用不透水的薄膜覆盖表面。

（2）采用标准养护的试件，应在温度为20℃±5℃的环境下静置1昼夜至2昼夜，然后编号、拆模。拆模后应立即放入温度为20℃±2℃，相对湿度为95％以上的标准养护室中养护，或在温度为20℃±2℃的不流动的 $Ca(OH)_2$ 饱和溶液中养护。标准养护室内的试件应放在支架上，彼此间隔为10～20mm，试件表面应保持潮湿，并不得被水直接冲淋。

（3）同条件养护试件的拆模时间可与实际构件的拆模时间相同，拆模后，试件仍需保持同条件养护。

（4）标准养护龄期为28d（从搅拌加水开始计时）。

4. 抗压强度试验

（1）试件自养护室取出后，随即擦干并量出其尺寸（精确至1mm），据以计算试件的受压面积 A（单位：mm^2）。

（2）将试件安放在下承压板上，试件的承压面应与成型时的顶面垂直。试件的中心应与试验机下压板中心对准。开动试验机，当上压板与试件接近时，调整球座，使接触面均衡。

（3）加压时，应连续而均匀地加荷，加荷速度应为：

混凝土强度等级＞C30时，取0.3～0.5MPa/s。

混凝土强度等级≥C30时，取0.5～0.8MPa/s。

混凝土强度等级≥C60时，取0.8～1.0MPa/s。

当试件接近破坏而迅速变形时，停止调整试验机油门，直至试件破坏，记录破坏荷载 F（单位：N）。

5. 试验结果计算

（1）混凝土立方体试件抗压强度 f_{cc} 按下式计算（结果精确到 0.1MP）：

$$f_{cc} = \frac{F}{A}$$

（2）强度值的确定应符合下列规定：

1）3 个试件测值的算术平均值作为该组试件的强度值（精确至 0.1MPa）。

2）3 个测定值中的最小值或最大值中有一个与中间值的差异超过中间值的 15%，则把最大值及最小值一并舍去，取中间值作为该组试件的抗压强度值。

3）如最大和最小值与中间值的差均超过中间值的 15%，则此组试件的试验结果无效。

（3）混凝土强度等级＜C60 时，用非标准试件测得到强度值均应乘以尺寸换算系数，其值为对 200mm×200mm×200mm 试件为 1.05；对 100mm×100mm×100mm 试件为 0.95。当混凝土强度等级≥C60 时，宜采用标准试件；使用非标准试件时，尺寸换算系数应由试验确定。

问题与讨论

（1）混凝土搅拌机在使用前，应用与所拌混凝土相同水胶比的砂浆在其中预拌一次，为什么？

提示：搅拌机内壁会黏附水。

（2）为何混凝土试件养护用水的 pH 值不应小于 7？

提示：水泥石易受酸腐蚀。

（3）某学生在成型混凝土强度试件时，发现混凝土过于干硬，难以密实，便加入少量水搅拌后再成型，试分析对试验结果的影响。

提示：加水改变了水胶比。

（4）在进行混凝土强度试验时，要求试块的侧面（与试模壁相接处的四面）受压，为什么？

提示：试块侧面较光滑、平整。

B.5 砂浆试验

B.5.1 试验的目的及依据

本试验用于工业与民用建筑用砂浆的基本性能试验。本试验按《建筑砂浆基本性能试验方法》（JGJ/T 70—2009）进行。

B.5.2 砂浆拌合物试样制备

1. 主要仪器设备

砂浆搅拌机；铁板（拌合用，约 1.5mm×2mm，厚约 3mm）；磅秤（称量 50kg，精度 50g）；台秤（称量 10kg，精度 5g）；拌铲；量筒；盛器等。

2. 一般规定

（1）试验室拌制砂浆进行试验所用材料应与现场材料一致，拌合时试验室的温度应保持在 20℃±5℃。

（2）拌制砂浆时材料称量精度是：水泥、外加剂为 0.5%；砂、石灰膏、黏土膏等为 1%。

（3）拌制前应将搅拌机、铁板、拌铲、抹刀等工具表面用水润湿，注意铁板上不得有积水。

3. 拌合方法

（1）人工拌合方法。按配合比称取各材料用量，将称量好的砂子倒在拌板上，然后加入水泥，用拌铲拌合至混合物颜色均匀为止。将混合物堆成堆，在中间做一凹槽，将称好的石灰膏（或黏土膏）倒入凹槽中（如为水泥砂浆，则将称好的水倒一半入凹槽中），再倒入部分水将石灰膏（或黏土膏）调稀；然后与水泥、砂共同拌合，并逐渐加水，直至拌合物色泽一致，和易性凭经验调整到符合要求为止，一般需拌合 5min。

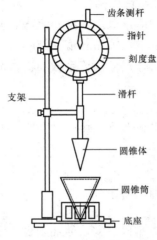

图 B-5　砂浆稠度仪

（2）机械拌合方法。按配合比先拌适量砂浆，使搅拌机内壁粘附一层砂浆，使正式拌合时的砂浆配合比成分准确。搅拌的用量总量不宜少于搅拌机容量的 20%。开动搅拌机，将水徐徐加入（混合砂浆需将石膏或黏土膏用水稀释至浆状），搅拌约 3min。

B.5.3　砂浆稠度测定

砂浆稠度试验主要是用于确定配合比或施工过程中控制砂浆稠度，从而达到控制用水量的目的。

1. 主要仪器设备

砂浆稠度仪（图 B-5）；捣棒直径 10mm，长 35mm，端部磨圆；台秤；拌锅；拦板；量筒；秒表等。

2. 试验步骤

（1）将盛浆容器和试锥表面用湿布擦净，用少量润滑油轻擦滑杆，并将滑杆多余的油用吸油纸擦净，使滑杆能自由滑动。

（2）将拌好的砂浆一次装入容器内，使砂浆表面低于容器口约 10mm，用捣棒自容器中心向边缘插捣 25 次，轻击容器5~6 次，使砂浆表面平整，立即将容器置于稠度测定仪的底座上。

（3）放松试锥滑杆的制动螺丝，使试锥尖端与砂浆表面接触，拧紧制动螺丝，将齿条侧杆下端接触滑杆上端，并将指针对准零点。

（4）突然松开制动螺丝，使试锥自由沉入砂浆中，同时计时，10s 时立即固定螺丝，将齿条侧杆下端接触滑杆上端，从刻度盘上读出下沉深度（精确至 1mm），即为砂浆的稠度值。

（5）圆锥筒内的砂浆，只允许测定一次稠度，重复测定时，应重新取样。

（6）同盘砂浆应以两次试验结果的算术平均值作为砂浆稠度测定值，并应精确至 1mm。

（7）如两次测定值之差大于 10mm，应另取砂浆搅拌后重新测定。

B.5.4　砂浆分层度测定

分层度试验是用于测定砂浆拌合物在运输、停放、使用过程中的离析、泌水等内部组分的稳定性。

1. 主要仪器设备

分层度测定仪（图 B-6）；水泥胶砂振动台；其他仪器同砂浆稠度试验。

2．试验步骤

（1）标准方法。

1）将砂浆拌合物按砂浆稠度试验方法测定稠度。

2）将砂浆拌合物一次装入分层度筒内，用木锤在容器四周距离大致相等的四个不同地方轻敲1~2次，如砂浆沉落到分层度筒口以下，应随时添加，然后刮去多余的砂浆，并用抹刀抹平。

3）静置30min后，去掉上节200mm砂浆，剩余的100mm砂浆倒出放在拌合锅内拌2min，再按稠度试验方法测定其稠度。前后测得的稠度之差即为该砂浆的分层度值（单位为mm）。

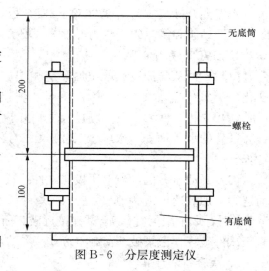

图B-6　分层度测定仪

取两次试验结果的算术平均值为砂浆分层度值。两次分层度试验值之差大于20mm时，应重做试验。

（2）快速测定法。

1）按稠度试验方法测定其稠度。

2）将分层度筒预先固定在振动台上，砂浆一次装入分层度筒内，振动20s。

3）去掉上节200mm砂浆，剩余100mm砂浆倒出放在拌合锅内拌2min，再按稠度试验方法测定其稠度。前后测定的稠度之差，即为该砂浆的分层度值。

（3）分层度结果判定。

1）应取两次实验结果的算术平均值作为该砂浆的分层度值，精确至1mm。

2）当两次分层度值之差大于10mm时，应重新取样测定。

B.5.5　砂浆抗压强度试验

1．主要仪器设备

试模（内壁边长70.7mm）；压力试验机；捣棒（直径10mm，长350mm，端部磨圆）；刮刀等。

2．试件制作

（1）将无底试模放在预先铺有吸水性较好的新闻纸（或其他未粘过胶凝材料的吸水性较好的纸）的普通砖上（砖的吸水率不小于10%，含水率不大于2%），试模内壁涂刷薄层机油或其他脱模剂。

（2）向试模内一次注满砂浆，用捣棒均匀由外向里按螺旋方向插捣25次，然后在四测用刮刀沿试模壁插捣数次，砂浆应高出试模顶6~8mm。当砂浆表面开始出现麻斑状态时（约15~30min），将高出试模口的砂浆沿试模顶面削去抹平。

3．试件养护

试件制作后应在20℃±5℃温度环境下停置24h±2h，当温度较低时，可适当延长时间，但不应该超过2d。然后将试件编号、拆模，并在标准养护条件下，继续养护至28d±3d，然后进行试压。

标准养护条件是：

水泥混合砂浆应为温度 20℃±2℃，相对湿度 60%～80%；

水泥砂浆和微沫砂浆应为温度 20℃±2℃，相对湿度大于 90%。

4. 抗压强度测定步骤

（1）试件从养护地点取出后，应尽快进行试验，以免试件内部的温度和湿度发生显著变化。

（2）先将试件擦干净，测量尺寸，并检查其外观。试件尺寸测量精确至 1mm，并据此计算试件的承压面积（A）。若实测尺寸与公称尺寸之差不超过 1mm，可按公称尺寸进行计算。

（3）开动压力机，当上压板与试件接近时，调整球座，使接触面均衡受压。加载应均匀而连续，加载速度应为 0.25～1.5kN/s（砂浆强度不大于 2.5MPa 时，取下限为宜；大于 5MPa 时，取上限为宜），当试件接近破坏而开始迅速接近变形时，停止调整压力机进油阀，直至试件破坏，记录破坏荷载（N_u）。

5. 试验结果计算

（1）单个试件的抗压强度按下式计算：

$$f_{m,cu} = K \frac{N_u}{A}$$

式中　$f_{m,cu}$——砂浆立方体抗压强度（MPa）精确至 0.1MPa；

　　　N_u——试件破坏荷载，N；

　　　A——试件承压面积，mm^2；

　　　K——换算系数，取 1.35。

（2）砂浆抗压强度试验值按下面方式判定：

1）砂浆立方体抗压强度以三个试件测值的算术平均值作为该组试件的抗压强度平均值，精确至 0.1MPa。

2）当三个试件的最大值或最小值与中间值之差超过 15%时，应把最大值及最小值一并舍去，以中间值作为该组试件的抗压强度值。

3）当两个侧值与中间值的差均超过 15%时，该组实验结果应为无效。

问题与讨论

（1）进行砂浆分层度试验时，试分析静置时间对试验结果的影响？

提示：时间过长，砂浆会凝结。

（2）测定砌筑砂浆抗压强度时，为何要用无底试模？

提示：砌筑砂浆中的水分会被砌体材料吸走一部分。

（3）为何水泥混合砂浆和水泥砂浆强度试件养护时的相对湿度要求不同？

提示：混合砂浆中的石灰膏在过于潮湿的环境中不利于凝结硬化。

B.6　建筑钢材试验

B.6.1　试验的目的及依据

测定钢材的屈服强度、抗拉强度与伸长率，注意观察拉力与变形之间的关系，检验钢材的力学及工艺性能。

检验钢筋承受规定弯曲程度的变形性能，确定其可加工性能，并显示其缺陷。

本试验依据《金属材料弯曲试验方法》(GB 232—2010)、《金属材料 室温拉伸试验方法》(GB/T 228.1—2010)进行。

B.6.2 取样与处理

自每批钢筋中任意抽取两根,于每根距端部 50mm 处各取一套试样(两根试件)。在每套试样中取一根作拉力试验,另一根作冷弯试验。

B.6.3 拉伸试验

1. 原理

试验是用拉力拉伸试样,一般拉至断裂,测定建筑钢材的一项或几项力学性能。

除非另有规定,试验一般在室温 10～35℃ 范围内进行。对温度要求严格的试验,试验温度应为 23℃±5℃。

2. 主要仪器设备

试验机:应为 1 级或优于 1 级准确度;钢筋切割机;游标卡尺;钢筋打点机或划线笔。

3. 试样

(1) 形状与尺寸。试样的形状与尺寸取决于要被试验的金属产品的形状与尺寸。通常从产品、压制坯或铸锭切取样坯经机加工制成试样。但具有恒定横截面的产品(型材、棒材、线材等)和铸造非铁合金可以不经机加工而进行试验。试样横截面可以为圆形、矩形、多边形、环形,特殊情况下可以为其他形状。试样的尺寸公差应符合该试样标准的规定要求。

(2) 试件制作和准备。拉伸试验用钢筋试件不进行车削加工,根据钢筋直径 a 确定试件的标距长度。原始标距 $l_0=5a$,如钢筋长度比原始标距长许多,可以标出相互重叠的几组原始标距(图 B-7)。

如受试验机量程限制,直径为 22～40mm 的钢筋可制成车削加工试件。应用小标记、细划线或细墨线标记原始标距,但不得用引起过早断裂的缺口作为标记。

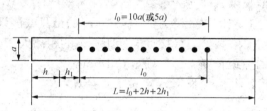

图 B-7 钢筋拉伸试件

a—试件原始直径;l_0—原始标距长度;

h—夹头长度;h_1—(0.5～1)a

(3) 夹持方法。应使用例如楔形夹头、螺纹夹头等合适的夹具夹持试样。确保夹持的试样受轴向拉力作用。当试验脆性材料或测定规定非比例延伸强度、规定总延伸强度、规定残余延伸强度或屈服强度时尤为重要。

4. 上屈服强度 R_{eH} 和下屈服强度 R_{eL} 的测定

呈现明显屈服(不连续屈服)现象的金属材料,相关产品标准应规定测定上屈服强度或下屈服强度或两者。如未具体规定,应测定上屈服强度和下屈服强度。可采用指针方法测上屈服强度和下屈服强度。

指针方法:试验时,读取侧力度盘指针首次回转前指示的最大力和不计初始瞬时效应时屈服阶段中指示的最小力或首次停止转动指示的恒定力。将其分别除以试样原始横截面积 S_0 得到上屈服强度和下屈服强度。

上屈服强度 R_{eH} 和下屈服强度 R_{eL} 分别按下式计算:

$$R_{eH}=\frac{F_{eH}}{S_0}$$

$$R_{eL} = \frac{F_{eL}}{S_0}$$

式中　F_{eH}——试样发生屈服而力首次下降前的最大力，kN；

　　　F_{eL}——在屈服期间，不计初始瞬时效应最小力，kN；

　　　S_0——原始横截面积，mm^2。

5. 抗拉强度 R_m 的测定

对于呈现明显屈服（不连续屈服）现象的金属材料，从测力度盘，读取过了屈服阶段之后的最大力；对于呈现无明显屈服（连续屈服）现象的金属材料，从测力度盘，读取试验过程中的最大力。

抗拉强度 R_m 按下式计算：

$$R_m = \frac{F_m}{S_0}$$

式中　F_m——最大力，kN；

　　　S_0——原始横截面积，mm^2。

6. 断裂伸长率 A 的测定

为了测定断后伸长度，应将试样断裂的部分仔细地配接在一起使其轴线处于同一直线上，并采取特别措施确保试样断裂部分适当接触后测量试样断后标距。这对小截面试样和低伸长度试样尤为重要。

应使用分辨力优于 0.1mm 的量具或测量装置测定断后标距 l_u（准确到±0.25mm）。

断裂处与最接近的标距标记的距离大于原始标距的 1/3 时，可用卡尺直接量出已被拉长的标距长度 l_1（精确至 0.1mm）。

断后伸长率 A 可按下式计算：

$$A = \frac{l_u - l_0}{l_0} \times 100\%$$

式中　l_u——断后标距，mm；

　　　l_0——原始标距，mm。

B.6.4　冷弯试验

1. 原理

弯曲试验是以圆形、方形、矩形或多边形横截面试样在弯曲装置上经受弯曲塑性变形，不改变加力方向，直至达到规定的弯曲角度。

弯曲试验时，试样两臂的轴线保持在垂直于弯曲轴的平面内。如弯曲 180°的弯曲试验，按照相关产品标准的要求，将试样弯曲至两臂相距规定距离且相互平行或两臂直接接触。

2. 主要仪器设备

试验机或压力机；弯曲装置；游标卡尺等。

3. 试验程序

（1）试件长度应根据试样直径（厚度）和使用的仪器设备来确定。

（2）半导向弯曲。试样一端固定，绕弯心直径进行弯曲，如图 B-8（a）所示，试样弯曲到规定的角度或出现裂纹、裂缝或断裂为止。

（3）导向弯曲。

1）试样放置于两个支点上，将一定直径的弯心在试样的两个支点中间施加压力，使试样弯曲到规定的角度，如图 B-8 (b) 或出现裂纹、裂缝或断裂为止。

2) 试样在两个支点上按一定弯心直径弯曲至两臂平行时，可一次完成试验，也可先弯曲到图 B-8 (b) 所示的状态，然后放置在试验机平板之间继续施加压力，压至试样两臂平行。此时可以加与弯心直径相同尺寸的衬垫进行试验，如图 B-8 (c) 所示。

当试样需要弯曲至两臂接触时，首先将试样弯曲到图 B-8 (b) 所示状态，然后放置至在试验机两平板间继续施加压力，直至两臂接触，如图 B-8 (d) 所示。

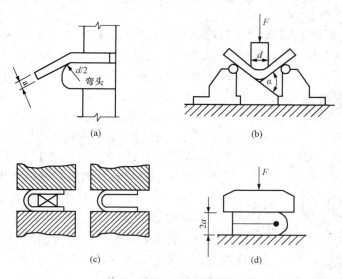

(a)　　　　　　　　　　(b)

(c)　　　　　　　　　　(d)

图 B-8　弯曲试验示意图

3) 试验应在平稳压力作用下，缓慢施加压力。两支辊间距离为 $l=(D+3a)\pm0.5a$，并且在试验过程中不允许有变化。

4) 试验应在 $10\sim35℃$ 或控制条件（$23℃\pm5℃$）下进行。

(4) 试验结果判定。应按相关的产品要求评定弯曲结果。如未规定具体要求，弯曲试验后不使用放大仪器观察，试样弯曲外表面，若无可见裂纹、裂缝或断裂，则评定试样合格。

问题与讨论

(1) 在进行钢材拉伸试验时，加荷速度对试验结果有何影响？

提示：加荷速度越快，所测的抗拉强度越高。

(2) 在测定伸长率时，如断裂点非常靠近夹持点（即不在中间部位断裂），对试验结果有何影响？

提示：试验结果偏低。

(3) 进行弯曲试验时，"横向毛刺、伤痕或刻痕"对试验结果有何影响，为什么？

提示：这些缺陷会导致应力集中。

(4) 钢材试验中，对温度有严格要求，如果试验温度偏高对屈服点、抗拉强度、伸长率和冷弯结果有何影响？

提示：在正温以上，温度越高，钢材强度越低，塑性越好。

B.7 石油沥青试验

B.7.1 试验的目的及依据

测定石油沥青的针入度、延度、软化点等主要技术性质，作为评定石油沥青的牌号主要依据。

本试验按《公路工程沥青及沥青混合料试验规程》（JTG E20—2011）规定进行。

B.7.2 软化点测定

方法概要：将规定质量的钢球放在内盛规定尺寸金属杯的试样盘上，以恒定的加热速度加热此组件，当试样软到足以使被包在沥青中的钢球下落规定距离（25.4mm）时，则此时

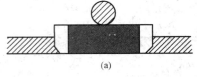

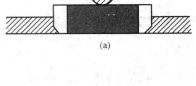

图 B-9 沥青软化测定仪

的温度作为石油沥青的软化点，以温度（℃）表示。

1. 主要仪器设备与材料

（1）主要仪器：沥青软化点测定仪，如图 B-9 所示；电炉及其他加热器；试验底板（金属板或玻璃板）；筛（筛孔为 0.3～0.5mm 的金属网）；平直刮刀（切沥青用）。

（2）主要材料：甘油滑石粉隔离剂（以质量计甘油 2 份、滑石粉 1 份）、新煮沸过的蒸馏水；甘油。

2. 试验准备

（1）将试样环置于涂有甘油滑石粉隔离剂的试样底板上。将预先脱水的试样加热溶化，不断搅拌，以防止局部过热，加热温度不得高于试样估计软化点 100℃，加热时间不超过 30min。用筛过滤。将准备好的沥青试样徐徐注入试样环内至略高出环面为止。

如估计软化点在 120℃ 以上时，则试样环和试样底板（不用玻璃板）均应预热至 80～100℃。

（2）试样在室温冷却 30min 后。用环夹夹着试样杯，并用热刮刀刮除环面上的试样，务使与环面齐平。

3. 试验步骤

（1）试样软化点在 80℃ 以下者：

1）将装有试样的试样环连同试样底板置于 5℃±0.5℃ 水的恒温水槽中至少 15min；同时将金属支架、钢球、钢球定位环等置于相同水槽中。

2）烧杯内注入新煮沸并冷却至 5℃ 的蒸馏水，水面略低于立杆上的深度标记。

3）从恒温水槽中取出盛有试样的试样环放置在支架中层板的圆孔中，套上定位环；然后把整个环架放入烧杯中，调整水面至深度标记，并保持水温为 5℃±0.5℃。环架上任何部分不得附有气泡。将 0～80℃ 的温度计由上层板中心孔垂直插入，使端部测温头底部与试样环下面齐平。

4）将盛有水和环架的烧杯移至放有石棉网的加热炉具上，然后将钢球放在定位环中间的试样中央，立即开动振荡搅拌器，使水微微振荡，并开始加热，使杯中水温在 3min 内调节至维持每分钟上升 5℃±0.5℃。在加热过程中，应记录每分钟上升的温度值，如温度上升速度超出此范围时，则试验应重作。

5）试样受热软化逐渐开始下坠，至与下层底板表面接触时，立即读取温度，准确至 0.5℃。

（2）式样软化点在 80℃以上者：

1）将装有试样的试样环连同试样底板置于装有 32℃±1℃甘油的恒温容器中至少 15min；同时将金属支架、钢球、钢球定位环等也置于甘油中。

2）在烧杯内注入预先加热至 32℃的甘油，其液面略低于立杆上的深度标记。

3）从恒温槽中取出装有试样的试样环，按 A 的方法进行测定，准确至 1℃。

4. 试验结果

同一试样平行试验两次，当两次测定值的差值符合重复性试验精密度要求时，取其平均值作为软化点试验结果，精确至 0.5℃。

当试样软化点小于 80℃时，重复性试验的允许差为 1℃，复现性试验的允许差为 4℃；当试样的软化点等于或大于 80℃时，重复性试验的允许差为 2℃，复现性试验的允许差为 8℃。

B.7.3　延度测定

方法概要：本方法适用于测定石油沥青的延度。石油沥青的延度是用规定的试件在一定温度下以一定速度拉伸到断裂时的长度，以 cm 表示。非经特殊说明，试验温度为 25℃±0.5℃，延伸速度为 5cm/min±0.25cm/min。

1. 主要仪器设备与材料

延度仪（配模具），如图 B-10 所示：甘油-滑石粉隔离剂（甘油 2 份、滑石粉 1 份，按质量计）；水浴（试验温度变化不大于 0.1℃）；温度计（0～50℃，分度 0.1℃和 0.5℃各 1 支）；筛（筛孔为 0.3～0.5mm 的金属网）；砂浴或可控制温度的密闭电炉；瓷皿或金属皿。

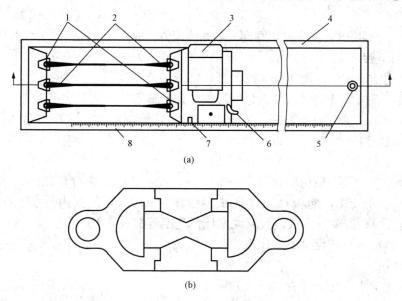

(a)

(b)

图 B-10　延度试验示意图

1—试模；2—试样；3—电机；4—水槽；5—泄水孔；6—开关柄；7—指针；8—标尺

2. 试验准备

（1）将隔离剂拌合均匀，涂于磨光的金属板上和模具侧模的内表面，并将试模组装在金属板上。

（2）将除去水分的试样，在砂浴上小心加热并防止局部过热，加热温度不得高于估计软化点100℃，用过滤筛，充分搅拌，勿混入气泡。然后将试样呈细流状，自试模的一端向另一端往返数次缓缓注入模中，最后略高出模具。

（3）试件在15～30℃的空气中冷却30min，然后置于25℃±0.1℃的水浴中，保持30min后取出，用热刮刀刮除高出模具的沥青，使沥青面与试模面齐平。沥青的刮法应自试模的中间刮向两端，且表面应刮得十分光滑。将试模连同金属板再浸入25℃±0.1℃的水浴中1～1.5h。

（4）检查延度仪拉伸速度是否符合要求。移动滑板使指针对准标尺的零点。保持水槽中水温为25℃±0.5℃。

3. 试验步骤

（1）试件移至延度仪的水槽中，将模具两端的孔分别套在滑板及槽端的金属柱上，水面距试件表面应不小于25mm，然后去掉侧模。

（2）确认延度仪水槽中水温为25℃±0.5℃时，开动延度仪，此时仪器不得有振动。观察沥青的拉伸情况。在测定时，如发现沥青细丝浮于水面或沉入槽底时，则就在水中加入乙醇或食盐水调整水的密度，至与试样的密度相近后，再进行测定。

（3）试件拉断时指针所指标尺上的读数，即为试样的延度，以cm表示。在正常情况下，试样应拉伸成锥尖状，在断裂时实际横断面为零。如不能得到上述结果，则应报告在此条件下无测定结果。

4. 试验结果处理

取平行测定3个结果平均值作为测定结果。若3次测定值不在其平均值的5％以内，但其中两个较高值在平均值的5％之内，则弃去最低测定值，取两个较高值的平均值作为测定结果。

B.7.4 针入度测定

本方法适用于测定针入度小于350的石油沥青的针入度。

方法概要：石油沥青的针入度以标准针在一定的荷重、时间及温度条件下，垂直穿入沥青试样的深度表示，单位为0.1mm。如未另行规定，标准针、针连杆与附加砝码的总质量为100g±0.05g，温度为25℃，贯入时间为5s。

1. 主要仪器设备

针入度计；标准针（应由硬化回火的不锈钢制成，其尺寸应符合规定）；试样皿；恒温水槽（容量不小于10L，能保持温度在试验温度的±0.1℃范围内）；筛（筛孔为0.3～0.5mm的金属网）；温度计（液体玻璃温度计，刻度范围0～50℃，分度0.1℃）；平底玻璃板皿；秒表；砂浴或可控温度的密闭电炉。

2. 试验准备

（1）将预先除去水分的沥青试样在砂浴或密闭电炉上小心加热，不断搅拌以防止局部过热，加热温度不得超过试样估计软化点100℃。加热时间不得超过30min，用筛过滤除去杂质。加热\搅拌过程中避免试样中混入空气。

（2）将试样倒入预先选好的试样皿中，试样深度应大于预计穿入深度10mm。

（3）试样皿在15～30℃的空气中冷却1～1.5h（小试样皿）或1.5～2h（大试样皿），防止灰尘落入试样皿。软化将试样皿移入保持规定试验温度的恒温水浴中。小试样皿恒温

1～1.5h，大试样皿恒温 1.5～2h。

（4）调节针入度仪的水平，检查针连杆和导轨，以确认无水和其他外来物，无明显摩擦。用三氯乙烯或其他合适的溶剂清洗标准针，并拭干，把标准针插入针连杆，用螺丝固紧。按试验条件，放好附加砝码。

3. 试验步骤

（1）取出达到恒温的盛样皿，放入水温控制在试验温度±0.1℃（可用恒温水槽中的水）的平底玻璃皿中的三腿支架上，试样表面以上的水层高度应不小于 10mm。

（2）将盛有试样的平底玻璃皿置于针入度仪的平台上。慢慢放下针连杆，用适当位置的反光镜或灯光反射观察，使针尖刚好与试样接触。拉下活杆，使其与针杆顶端轻轻接触，调节刻度盘或深度指示器的指针指示为零。

（3）开动秒表，在指针正指 5s 的瞬时，用手紧压按钮，使标准针自由下落贯入试样，经规定时间，停压按钮使针停止移动。

（4）拉下刻度盘拉杆与针连杆顶端接触，读取刻度盘指针或位移指示器的读数，准确至 0.1mm。

（5）同一试样平行试验至少 3 次，各测定点之间及与盛样皿边缘的距离不应小于 10mm。每次试验后应将盛有盛样皿的平底玻璃皿放入恒温水槽，使平底玻璃皿中水温保持试验温度。每次试验应换一根干净的标准针或将标准针用蘸有三氯乙烯或其他溶剂的棉花或布擦干净，再用棉花或布擦干。

（6）测定针入度大于 200 的沥青试样时，至少用 3 支标准针，每次试验后将针留在试样中，直至 3 次平行试验完成后，才能把标准针从试样中取出。

（7）测定针入度指数 PI 时，按同样的方法在 15℃，25℃，30℃（或 5℃）3 个或 3 个以上（必要时增加 10℃，20℃等）温度条件下分别测定沥青的针入度，但用于仲裁试验的温度条件应为 5 个。

4. 试验结果

同一试样 3 次平行试验结果的最大值和最小值之差在下表允许偏差范围内时，见表 B-10 计算 3 次试验结果的平均值，取整数作为针入度试验结，以 0.1mm 为单位。当试验值不符合要求时，应重新进行。

表 B-10　　　　　　　　　针入度测定允许差值

针入度/0.1mm	0～49	50～149	150～249	250～500
允许差值/0.1mm	2	4	12	20

问题与讨论

（1）制备沥青试样时，为何"加热温度不得高于试样估计软化点 100℃，加热时间不超过 30min"？

提示：高温、长时间作用下沥青易老化。

（2）进行沥青软化点试验时，温度的上升速度对试验结果会产生什么影响？

提示：升温速度快则测试结果偏高，反之偏低。

（3）为何要规定"测定针入度大于 200 的沥青试样时，至少用 3 支标准针，每次试验后将针留在试样中，直至 3 次平行试验完成后，才能把标准针取出"？

提示：针入度大的沥青较软。

B.8 沥青混合料试验

B.8.1 沥青混合料试件制作（击实法）

1. 目的和依据

标准击实法适用于马歇尔试验，间接抗拉试验等所使用的 $\phi101.6mm \times 63.5mm$ 圆柱体试件的成型。大型击实法适用于 $\phi152.4 \times 95.3mm$ 的大型圆性体试件的成型。供试验室进行沥青混合料物理力学性质试验使用。

本试验按《公路工程沥青及沥青混合料试验规程》（JTG E20—2011）规定进行。沥青混合料试件制作时的矿料规格及试件数量应符合试验规程的规定。

2. 仪器设备

（1）击实仪：由击实锤、$\phi98.5$ 平圆形压实头及带手柄的导向棒（直径 15.9mm）组成。

（2）标准击实台。

（3）试验室用沥青混合料拌合机。

（4）脱模器。

（5）试模：每种至少 3 组。

（6）烘箱：大、中型各一台，装有温度调节器。

（7）天平或电子秤：用于称量矿料的，感量不大于 0.5g；用于称量沥青的，感量不大于 0.1g。

（8）沥青运动黏度测定设备：毛细管黏度计、赛波特重油黏度计或布洛克菲尔德黏度计。

（9）工具：插刀或大螺丝刀。

（10）温度计：分度值不大于 1℃。

（11）其他：电炉或煤气炉、沥青熔化锅、拌合铲、标准筛、滤纸（或普通纸）、胶布、卡尺、秒表、粉笔、棉纱等。

3. 准备工作

（1）决定制作沥青混合料试件的拌合与压实温度。

1）按规定测定沥青的黏度，绘制黏度曲线，按表 B-11 的要求确定适宜于沥青混合料拌合及压实的等黏温度。

表 B-11　　　　　　　　　适宜于沥青混合料拌合及压实的等黏温度

沥青结合料种类	黏度与测定方法	适宜于拌合的沥青结合料黏度	适宜于压实的沥青结合料黏度
石油沥青 （含改性沥青）	表观黏度，T0625 运动黏度，T0619 赛波特黏度，T0623	0.17Pa·s±0.02Pa·s 170mm²/s±20mm²/s 80s±10s	0.28Pa·s±0.03Pa·s 280mm²/s±30mm²/s 1400s±15s
煤沥青	因格拉度，T0622	25±3	〈±5

注：液体沥青混合料的压实成型温度按石油沥青要求执行。

2）当缺乏沥青黏度测定条件时，试件的拌合与压实温度可按表 B-12 选用，并根据沥青品种和标号作适当调整。针入度小、稠度大的沥青取高限，针入度大、稠度小的沥青取低限，一般取中值。对改性沥青，应根据改性剂的品种和用量，适当提高混合料的拌合和压实温度，对大部分聚合物改性沥青，需要在基质沥青的基础上提高 15～30℃左右，掺加纤维时，尚需再提高 10℃左右。

表 B‐12　　　　　　　　　　　　　沥青混合料拌合及压实温度参考表

沥青结合料种类	拌合温度/℃	压实温度/℃
石油沥青	130～160	120～150
煤沥青	90～120	80～110
改性沥青	160～175	140～170

3）常温沥青混合料的拌合及压实在常温下进行。

（2）在试验室人工配制沥青混合料时，材料准备按下列步骤进行：

1）将各种规格的矿料置 105℃±5℃的烘箱中烘干至恒重（一般不少于 4～6h）。根据需要，粗集料可先用水冲洗干净后烘干，也可将粗、细集料过筛后用水冲洗再烘干备用。

2）按规定试验方法分别测定不同粒径规格粗、细集料及填料（矿粉）的各种密度，按 T0603 测定沥青的密度。

3）将烘干分级的粗、细集料，按每个试件设计级配要求称其质量，在一金属盘中混合均匀，矿粉单独加热，置烘箱中预热至沥青拌合温度以上约 15℃（采用石油沥青时通常为 163℃；采用改性沥青时通常需 180℃）备用。一般按一组试件（每组 4～6 个）备料，但进行配合比设计时宜对每个试件分别备料。当采用替代法时，对粗集料中粒径大于 26.5mm 的部分，以 13.2～26.5mm 粗集料等量代替。常温沥青混合料的矿料不应加热。

4）将规定方法采集的沥青试样，用恒温烘箱、油浴或电热套熔化加热至规定的沥青混合料拌合温度备用，但不得超过 175℃。当不得已采用燃气炉或电炉直接加热进行脱水时，必须使用石棉垫隔开。

5）用沾有少许黄油的棉纱擦净试模、套筒及击实座等置 100℃左右烘箱中加热 1h 备用。常温沥青混合料用试模不加热。

4. 拌制沥青混合料

本处所用沥青为黏稠石油沥青或煤沥青。

（1）将沥青混合料拌合机预热至拌合温度以上 10℃左右备用。

（2）将每个试件预热的粗、细集料置于拌合机中，用小铲子适当混合，然后再加入需要数量的已加热至拌合温度的沥青，开动拌合机一边搅拌，一边将拌合叶片插入混合料中拌合 1～1.5min，然后暂停拌合，加入单独加热的矿粉，继续拌合至均匀为止，并使沥青混合料保持在要求的拌合温度范围内。标准的总拌合时间为 3min。

5. 成形方法

（1）马歇尔标准击实法的成型步骤如下：

1）将拌好的沥青混合料均匀称取一个试件所需的用量（标准马歇尔试件约 1200g，大型马歇尔试件约 4050g）。当已知沥青混合料的密度时，可根据试件的标准尺寸计算并乘以 1.03 得到要求的混合料数量。当一次拌合几个试件时，宜将其倒入经预热的金属盘中，用小铲适当拌合均匀分成几份，分别取用。在试件制作过程中，为防止混合料温度下降，应连盘放在烘箱中保温。

2）从烘箱中取出预热的试模及套筒，用沾有少许黄油的棉纱擦拭套筒、底座及击实锤底面，将试模装在底座上，垫一张圆形的吸油性小的纸，按四分法从四个方向用小铲将混合料铲人试模中，用插刀或大螺丝刀沿周边插捣 15 次，中间 10 次。插捣后将沥青混合料表面整平成凸圆弧面。对大型马歇尔试件，混合料分两次加入，每次插捣次数同上。

3）插入温度计，至混合料中心附近，检查混合料温度。

4）待混合料温度符合要求的压实温度后，将试模连同底座一起放在击实台上固定。在装好的混合料上面垫一张吸油性小的圆纸，再将装有击实锤及导向棒的压实头插入试模中，然后开启电动机或人工将击实锤从 457mm 的高度自由落下击实规定的次数（75 次、50 次或 35 次）。对大型马歇尔试件，击实次数为 75 次（相应于标准击实 50 次的情况）或 112 次（相应于标准击实 75 次的情况）。

5）试件击实一面后，取下套筒，将试模掉头，装上套筒，然后以同样的方法和次数击实另一面。

6）试件击实结束后，立即用镊子取掉上下面的纸，用卡尺量取试模上口的高度并由此计算试件高度，如高度不符合要求时，应作废，并按下式确定调整后混合料质量，以保证高度符合 63.5mm±1.3mm（标准试件）或 95.3mm±2.5mm（大型试件）的要求。

$$调整后混合料质量 = \frac{要求试件高度 \times 原用混合料质量}{所得试件的高度}$$

（2）卸去套筒和底座，将装有试件的试模横向放置冷却至室温后（不少于 12h），置脱模机上脱出试件。

（3）将试件仔细置于干燥洁净的平面上，供试验用。

B.8.2 压实沥青混合料试件的密度试验（水中重法）

1. 目的和适用范围

水中重法适用于测定几乎不吸水的密实的 Ⅰ 型沥青混合料试件的表观相对密度或表观密度。

2. 仪具与材料

（1）浸水天平或电子秤：当最大称量在 3kg 以下时，感量不大于 0.1g，最大称量 3kg 以上时，感量不大于 0.5g，最大称量 10kg 以上时，感量不大于 5g，应有测量水中重的挂钩。

（2）网篮。

（3）溢流水箱：使用洁净水，有水位溢流装置，保持试件和网篮浸入水中后的水位一定。试验时的水温应在 15~25℃ 范围内，并与测定集料密度时的水温相同。

（4）试件悬吊装置：天平下方悬吊网篮及试件的装置，吊线应采用不吸水的细尼龙线绳，并有足够的长度。对轮碾成型的板块状试件可用铁丝悬挂。

（5）秒表。

（6）电风扇或烘箱。

3. 方法与步骤

（1）选择适宜的浸水天平或电子秤最大量程应不小于试件质量的 1.25 倍，且不大于试件质量的 5 倍。

附录 🏠

（2）除去试件表面的浮粒，称取干燥试件的空中质量（m_a），读取准确度，根据选择的天平的感量决定为 0.1g、0.5g 或 5g。

（3）挂上网篮，浸入溢流水箱的水中，调节水位，将天平调平或复零，把试件置于网篮中（注意不要使水晃动），待天平稳定后立即读数，称取水中质量（m_w）。

（4）对从路上钻取的非干燥试件，可先称取水中质量（m_w），然后用电风扇将试件吹干至恒重（一般不少于 12h，当不需要进行其他试验时，也可用 60℃±5℃烘箱烘干至恒重），再称取空中质量（m_a）。

4. 计算

（1）按下式计算用水中重法测定的沥青混合料试件的表观相对密度及表观密度，取 3 位小数：

$$\gamma_a = \frac{m_a}{m_a - m_w}$$

$$\rho_a = \frac{m_a}{m_a - m_w}\rho_w$$

式中　γ_a——试件的表观相对密度，无量纲；

　　　ρ_a——试件的表观密度，g/cm³；

　　　ρ_w——常温水的密度，取 1g/cm³；

　　　m_a——干燥试件的空中质量，g；

　　　m_w——试件的水中质量，g。

（2）当试件为几乎不吸水的密实沥青混合料时，以表观相对密度代替毛体积相对密度，按《公路工程沥青及沥青混合料试验规程》（JTG E20—2011）中 T0706 的方法计算试件的理论最大相对密度及空隙率、沥青的体积百分率、矿料间隙率、粗集料骨架间隙率、沥青饱和度等各项体积指标。

B.8.3　沥青混合料马歇尔稳定度试验

1. 目的和适用范围

马歇尔稳定度试验是对标准击实的试件在规定的温度和速度等条件下受压，测定沥青混合料的稳定度和流值等指标所进行的试验。

本方法适用于马歇尔稳定度试验和浸水马歇尔稳定度试验，标准马歇尔稳定度试验主要用于沥青混合料的配合比设计或沥青路面施工质量检验。浸水马歇尔稳定度试验（根据需要，也可进行真空饱水马歇尔试验）主要是检验沥青混合料受水损害时抵抗剥落的能力，通过测试其水稳定性检验配合比设计的可行性。

2. 仪器与材料

（1）沥青混合料马歇尔试验仪：分为自动式和手动式。自动马歇尔试验仪应具备控制装置、记录荷载-位移曲线、自动测定荷载与试件的垂直变形，能自动显示和存储或打印试验结果等功能。

（2）恒温水槽：控温准确度为 1℃，深度不小于 150mm。

（3）真空饱水容器：包括真空泵及真空干燥器。

（4）烘箱。

（5）天平：感量不大于 0.1g。

（6）温度计：分度1℃。

（7）马歇尔试件高度测定器。

（8）其他：卡尺，棉纱，黄油。

3. **标准马歇尔试验方法**

（1）准备工作。

1）按标准击实法成型马歇尔试件，标准马歇尔试件的尺寸应符合直径（ϕ101.6mm±0.2mm)×(63.5mm±1.3mm)的要求。

2）测量试件的直径及高度：

用卡尺测量试件中部的直径，用马歇尔试件高度测定器或用卡尺在十字对称的四个方向量测离试件边缘10mm处的高度，准确至0.1mm，并以其平均值作为试件的高度。如试件高度不符合63.5mm±1.3mm要求或两侧高度差大于2mm时，此试件作废。

3）按规定的方法测定试件的密度、空隙率、沥青体积百分率、沥青饱和度、矿料间隙率等物理指标。

4）将恒温水浴调节至要求的试验温度，对黏稠石油沥青或烘箱养生过的乳化沥青混合料为60℃±1℃，对煤沥青混合料为37.8℃±1℃，对空气养生的乳化沥青或液体沥青混合料为25℃±1℃。

（2）试验步骤。

1）将试件置于已达规定温度的恒温水槽中保温，保温时间对标准马歇尔试件需30～40min，试件应垫起，离容器底部不小于5cm。

2）将马歇尔试验仪的上下压头放入水槽或烘箱中达到同样温度。将上下压头从水槽或烘箱中取出擦拭干净内面。再将试件取出置于下压头上，盖上上压头，然后装在加载设备上。

3）在上压头的球座上放妥钢球，并对准荷载测定装置（应力环或传感器）的压头。然后调整压力环中百分表对准零或将荷重传感器的读数复位为零。

4）将流值测定装置安装在导棒上，使导向套管轻轻地压住上压头，同时将流值计读数调零。

5）启动加载设备，使试件承受荷载，加载速度为50mm/min±5mm/min。当试验荷载达到最大值的瞬间，取下流值计，同时读取压力环中百分表或荷载传感器读数及流值计的流值读数。

6）从恒温水槽中取出试件至测出最大荷载值的时间，不应超过30s。

4. **浸水马歇尔试验方法**

浸水马歇尔试验方法与标准马歇尔试验方法的不同之处在于，试件在已达规定温度恒温水槽中的保温时间为48h，其余均与标准马歇尔试验方法相同。

5. **真空饱水马歇尔试验的方法**

试件先放入真空干燥器中，关闭透水胶管，开动真空泵，使干燥器的真空度达到98.3kPa（730mmHg）以上，维持15min，然后打开进水胶管，靠负压进入冷水流使试件全部浸入水中，浸水15min后恢复常压，取出试件再放入已达规定温度的恒温水槽中保温48h，进行马歇尔试验，其余与标准马歇尔试验方法相同。

6. 结果计算与处理

（1）试件的稳定度及流值。

1）由荷载测定装置读取的最大值即为试样的稳定度，以 kN 计。

2）由流值计及位移传感器测定装置读取的试件垂直变形，即为试件的流值（FL），以 mm 计，准确至 0.1mm。

（2）试件的马歇尔模数。

试件的马歇尔模数按下式计算：

$$T = \frac{MS}{FL}$$

式中　T——试件的马歇尔模数，kN/mm；

　　　MS——试件的稳定度，kN；

　　　FL——试件的流值，mm。

（3）试件的浸水残留稳定度。

试件的浸水残留稳定度依下式计算：

$$MS_0 = \frac{MS_1}{MS} \times 100$$

式中　MS_0——试件的浸水残留稳定度，kN；

　　　MS_1——试件的浸水 48h 后的稳定度，kN。

（4）试件的真空饱水残留稳定度。

试件的真空饱水残留稳定度依下式计算：

$$MS_0' = \frac{MS_2}{MS} \times 100$$

式中　MS_0'——试件的真空饱水残留稳定度，kN；

　　　MS_2——试件真空饱水后浸水 48h 后的稳定度，kN。

当一组测定值中某个测定值与平均值之差大于标准差的 k 倍时，该测定值应予舍弃，并以其余测定值的平均值作为试验结果。当试件数目 n 为 3、4、5、6 个时，k 值分别为 1.15、1.46、1.67、1.82。

B.8.4　沥青混合料车辙试验

1. 目的和适用范围

沥青混合料的车辙试验是在规定尺寸的板块状压实试件上，用固定荷载的橡胶轮反复行走后，测定其在变形稳定期每增加变形 1mm 的碾压次数，即动稳定度，以次/mm 表示。

车辙试验的试验温度与轮压可根据有关规定和需要选用，非经注明，试验温度为 60℃，轮压为 0.7MPa。计算动稳定度的时间原则上为试验开始后 45～60min 之间。

本方法适用于轮碾成型机碾压成型的长 300mm，宽 300mm，厚 50mm 的板块状试件，也适用于现场切割制作长 300mm，宽 150mm，厚 50mm 的板块状试件。

2. 仪具与材料

（1）车辙试验机：主要由试件台、试验轮、加载装置、试模、变形测量装置、温度检测装置等部分组成。

（2）恒温室：能保持恒温室温度 60℃±1℃（试件内部温度 60℃±0.5℃）。

（3）台秤：称量 15kg，感量不大于 5g。

3. 方法与步骤

（1）准备工作。

1）试验轮接地压强测定：测定在 60℃ 时进行，在试验台上放置一块 50mm 厚的钢板，其上铺一张毫米方格纸，上铺一张新的复写纸，以规定的 700N 荷载试验轮静压复写纸，即可在方格纸上得出轮压面积，并由此求得接地压强。当压强不符合 0.7MPa±0.05MPa 时，荷载应予以适当调整。

2）用轮碾成型法制作车辙试验试块。在试验室或工地制备成型的车辙试件，其标准尺寸为 300mm×300mm×50mm。也可以从路面切割得到 300mm×300mm×50mm 的试件。

3）将试件脱模按规定的方法测定密度及空隙率等各项物理指标。如经水浸，应用电风扇将其吹干，然后再装回原试模中。

（2）试验步骤。

1）将试件连同试模一起，置于达到试验温度 60℃±1℃ 的恒温室中，保温不少于 5h，也不得多于 24h。在试件的试验轮不行走的部位上，粘贴一个热电偶温度计（也可在试件制作时预先将热电偶导线埋入试件一角），控制试件温度稳定在 60℃±0.5℃。

2）将试件连同试模移置于轮辙试验机的试验台上，试验轮在试件的中央部位，其行走方向须与试件碾压或行车方向一致。开动车辙变形自动记录仪，然后启动试验机，使试验轮往返行走，时间约 1h，或最大变形达到 25mm 时为止。试验时，记录仪自动记录变形曲线及试件温度。

4. 结果计算与处理

（1）从变形曲线上读取 45min（t_1）及 60min（t_2）时的车辙变形 d_1 及 d_2，准确至 0.01mm。

当变形过大，在未到 60min 变形已达 25mm 时，则以达到 25mm（d_2）时的时间为 t_2，将其前 15min 为 t_1，此时的变形量为 d_1。

（2）沥青混合料试件的动稳定度按下式计算：

$$DS = \frac{(t_2 - t_1) \times 42}{d_2 - d_1} c_1 c_2$$

式中　DS——沥青混合料的动稳定度，次/mm；

d_1——时间 t_1（一般为 45min）的变形量，mm；

d_2——时间 t_2（一般为 60min）的变形量，mm；

c_1——试验机类型修正系数，曲柄连杆驱动试件的变速行走方式为 1.0，链驱动试验轮的等速方式为 1.5；

c_2——试件系数，试验室制备的宽 300mm 的试件为 1.0，从路面切割的宽 150mm 的试件为 0.80。

同一沥青混合料至少平行试验 3 个试件，当 3 个试件动稳定度变异系数小于 20% 时，取其平均值作为试验结果。变异系数大于 20% 时应分析原因，并追加试验。如计算动稳定度值大于 6000 次/mm 时，记作＞6000 次/mm。

问题与讨论

（1）为何马歇尔试件成型时，试模及套筒需要预热？

提示：冷的试模及套筒会导致试件快速冷却。

（2）在沥青混合料密度试验中，是如何根据沥青混合料配合比及沥青用量计算理论密度（ρ_t）、空隙率（VV）、沥青体积百分率（VA）、沥青饱和度（VFA）、矿料间隙率（VMA）等物理指标的？

提示：见密度试验部分。

（3）除了进行标准马歇尔稳定度试验外，常常还进行浸水马歇尔稳定度试验和真空饱水马歇尔试验，其目的是什么？

提示：见马歇尔稳定度试验。

（4）进行沥青混合料车辙试验时，动稳定度计算所用的试验机类型修正系数 c_1 为何不同？

提示：曲柄连杆驱动试件的变速行走方式和链驱动试验轮的等速方式对试验结果有不同的影响。

B.9 普通黏土砖强度试验

B.9.1 试验目的及依据

本试验依据《砌墙砖试验方法》（GB/T 2542—2003）、《烧结普通砖》（GB 5101—2003）规定的方法检验和评定普通黏土砖的强度。

B.9.2 主要仪器设备

压力机（量程为 300 至 500kN）、钢尺等。

B.9.3 试件制备

10 块砖为 1 组，将试样断为半砖，半砖长不得小于 10cm。用 32.5 级的普通硅酸盐水泥调制成稠度适当的水泥净浆。将半砖放入室温的净水中浸泡 10～20min 取出，并以断口相反方向用水泥浆黏结，中间黏结层厚不得大于 5mm，上顶面和下底面同样用厚度不大于 3mm 的水泥净浆抹平，使得制成的试件上下两面保持相互平行，并垂直于侧面（图 B-11）。制作好的试样应置于不低于 10℃ 的不通风的室内养护 3d，进行试验。

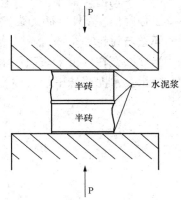

图 B-11 抗压强度试验示意图

B.9.4 试验步骤

用钢尺测量每个试件连接面或受压面的长、宽尺寸各两个，分别取其平均值，精确至 1mm。再将试件平放在加压板的中央，并垂直于受压面加荷。加荷要均匀平稳，不得发生冲击和振动，加荷速度为（5±0.5）kN/s。直至试件破坏为止，记录最大破坏荷载 P。

B.9.5 试验结果计算

1. 每个试件的抗压强度按下式计算，精确至 0.1MPa

$$f_{p,i} = \frac{P}{LB}$$

式中　$f_{p,i}$——单块试件的抗压强度，MPa；

　　　P——单块试件的最大破坏荷载，N；

　　L、B——试件受压面（连接面）的长度和宽度，mm。

2. 强度评定

分别按下式计算出强度平均值 f_p、标准差 S、变异系数 δ：

$$f_p = \frac{1}{n}\sum_{i=1}^{n} f_{p,i}$$

$$S = \sqrt{\frac{1}{9}\sum_{i=1}^{10}(f_{p,i}-f_p)^2}$$

$$\delta = \frac{S}{f_p}$$

式中　f_p——十块试件抗压强度算术平均值，MPa；

　　　$f_{p,i}$——单块试件的抗压强度，MPa；

　S、δ——十块试件的抗压强度标准差和变异系数，MPa。

（1）平均值—标准值方法评定。变异系数 $\delta \leqslant 0.21$ 时，按抗压强度平均值 f_p、强度标准值 f_k 指标评定砖的强度等级。样本量 $n=10$ 时的强度标准值按下式计算（精确至 0.1MPa）：

$$f_k = f_p - 1.8S$$

（2）平均值—最小值方法评定。变异系数 $\delta > 0.21$ 时，按抗压强度平均值 f_p、单块最小抗压强度值 f_{min} 评定砖的强度等级。

问题与讨论

为什么要在砖上下表面用水泥浆抹平？

提示：水泥浆抹平使试件受力均匀。砌体结构的砂浆饱满度对承载力有重要影响。

参 考 文 献

[1] 李立寒，张南鹭. 道路建筑材料 [M]. 北京：人民交通出版社，2004.

[2] 高琼英. 建筑材料 [M]. 武汉：武汉理工大学出版社，2002.

[3] 葛勇，张宝生. 建筑材料 [M]. 北京：中国建材出版社，1996.

[4] 柳俊哲. 建筑材料 [M]. 哈尔滨：东北林业大学出版社，2001.

[5] 湖南大学，天津大学，同济大学，南京工学院. 土木工程材料 [M]. 北京：中国建筑工业出版社，2002.

[6] 彭小芹. 土木工程材料 [M]. 重庆：重庆大学出版社，2002.

[7] 张雄. 建筑功能材料 [M]. 北京：中国建筑工业出版社，2000.

[8] 李铭臻. 新编建筑材料 [M]. 北京：中国建材工业出版社，1998.

[9] 黄晓明，吴少鹏，赵永利. 沥青与沥青混合料 [M]. 南京：东南大学出版社，2002.

[10] 吕伟民. 沥青混合料设计原理与方法 [M]. 上海：同济大学出版社，2001.

[11] 符芳. 建筑材料 [M]. 南京：东南大学出版社，1995.

[12] 陈志源，李启令. 土木工程材料 [M]. 武汉：武汉理工大学出版社，2003.

[13] 李永盛，丁浩民，等. 建筑装饰工程材料 [M]. 上海：同济大学出版社，2000.